好吃好做的

家常菜

1688

198道 蔬菜菌豆 + **206道** 畜禽蛋 + **104道** 美味水产 + **508个** 营养小贴士 + **672个** 相宜相忌

〈中国美食烹饪大师〉
甘智荣
主编

黑龙江出版集团
黑龙江科学技术出版社

图书在版编目（CIP）数据

好吃好做的家常菜1688 / 甘智荣主编. -- 哈尔滨：
黑龙江科学技术出版社，2016.9（2019.11重印）
ISBN 978-7-5388-8888-1

Ⅰ. ①好… Ⅱ. ①甘… Ⅲ. ①家常菜肴－菜谱 Ⅳ.
①TS972.12

中国版本图书馆CIP数据核字(2016)第180496号

好吃好做的家常菜1688

HAOCHI HAOZUO DE JIACHANGCAI 1688

主　　编	甘智荣
责任编辑	马远洋
摄影摄像	深圳市金版文化发展股份有限公司
策划编辑	深圳市金版文化发展股份有限公司
封面设计	深圳市金版文化发展股份有限公司
出　　版	黑龙江科学技术出版社
	地址：哈尔滨市南岗区建设街41号　邮编：150001
	电话：（0451）53642106　传真：（0451）53642143
	网址：www.lkcbs.cn　www.lkpub.cn
发　　行	全国新华书店
印　　刷	深圳市雅佳图印刷有限公司
开　　本	723 mm×1020 mm　1/16
印　　张	34
字　　数	530千字
版　　次	2016年9月第1版
印　　次	2019年11月第2次印刷
书　　号	ISBN 978-7-5388-8888-1
定　　价	49.80元

PREFACE 序言

外面的各种快餐吃久了，是不是最想念那种家常的味道？

"家常味"是一种说不清、道不明，却又十分清晰地保存在味蕾之中的味道。滋味不一定要有多么浓醇，原材料不见得有多么金贵，但是一定是又香、又合胃口的，吃下去既能熨帖肠胃，又能慰藉心情。因此，本书就为您介绍最下饭的家常菜，只要轻轻松松学上几道，你就是最受欢迎的大厨啦。

本书第一章中，我们先讲一下炒前准备和烹饪秘诀。想要做出好吃的家常菜，首先要会挑选新鲜的原材料。看着菜市场、超市琳琅满目的食材，你是不是觉得根本就无从下手？不会挑菜会担心被黑心商贩糊弄？有了原材料，会不会正确处理呢？另外，你知道多少必要的烹饪小窍门呢？第一章的内容，帮助您完成从厨房菜鸟，到理论高手的华丽变身。

接下来，从第二章到第六章，我们分别为您介绍爽口蔬菜、珍味菌豆、浓香畜肉、鲜嫩禽蛋和美味水产。这些小炒菜的菜谱分类明确、详细，保证让您一看就懂，一学就会。

素菜是我们日常饮食中不可缺少的食物，包括各种蔬果、菌类、豆类，如白菜、西红柿、金针菇、豆腐等。这些食物不仅可以为人体提供身体必需的多种维生素和矿物质，而且富含膳食纤维，能够帮助人体清理体内的垃圾和毒素，促进身体正常代谢。在第二、第三章中，为您介绍爽口蔬菜和珍味菌豆，教您做美味可口的家常菜。

畜肉富含蛋白质和矿物质元素，能长肌肉、强壮身体，同样也是一日三餐

中必不可少的。第四章为您介绍浓香畜肉家常菜，不需要很长的烹饪时间，却能让您大饱口福。

与畜肉相比，禽肉脂肪含量更低，更加有利于健康。蛋类是非常好的营养品，可煮、可蒸、可炒，可以单独食用，又可以搭配其他食材食用。在第五章中，我们为您精选独具特色的鲜嫩禽蛋家常菜，让你简单轻松学做这些美食。

在第六章中，为您准备的是美味水产家常菜。水产是鲜美的代言，各种鱼、虾、蚝、蚌，天生带有一种既鲜又美的特质。水产的家常做法，更加注重凸显鲜味和香味，保证都是您家餐桌上最受欢迎的菜肴。

本书所有菜谱都配有精美大图和详细做法说明，以及超级详细和直观的步骤图。如果你不想看文字，那也没关系，每道菜谱都配有二维码，只要拿出手机扫一扫，就有详细的做菜视频等着你呢，快来试一试吧！

CONTENTS 目录

PART 1 简单易学，让家常菜更下饭

PART 2 爽口蔬菜

CONTENTS 目录

PART 3　珍味菌豆

CONTENTS 目录

PART 4　浓香畜肉

CONTENTS 目录

PART 5　鲜嫩禽蛋

CONTENTS 目录

PART 6　美味水产

CONTENTS 目录

PART 1

简单易学，
让家常菜更下饭

　　吃多了餐馆里重口味的菜，家常的味道、营养和健康逐渐成为我们所追求的。生命最重要的物质基础来源于食物，所以，吃什么、怎么吃就成了营养的关键所在。但是，怎么样炒出家常的味道，最大限度地保留营养是很重要的。本章将为你详细介绍炒前准备技巧和烹饪小窍门。

炒前准备

炒菜之前的准备工作非常重要。从选锅，到选油，再到挑选食材，洗、切，所有的这些准备工作都需要细致地做好，才能炒一桌好菜。

◆ 选锅 ◆

想要做得一手好菜，就要有顺手的烹饪"装备"，比如锅。不要小看锅的重要性，如果有一口导热性恰到好处的锅，即使随便炒个青菜，也能喷香四溢。对于父母那一辈人来说，用惯的老锅就是家里的"金不换"的宝贝。

对于厨艺新手来说，市面上可以选择的锅有以下几种：

▶ 不锈钢锅

不锈钢锅使用特殊工艺使锅体表面具有一层氧化薄膜，增强了其耐酸、碱、盐等水溶液的性能，同时能耐高温、耐低温，而且美观卫生。但是，不锈钢锅不宜用来长时间存放菜汤、酱油、盐等酸、碱类物质，以免其中对人体健康不利的微量元素被溶解出来。

▶ 不粘锅

不粘锅锅底有一层特氟龙或陶瓷涂层，因此能使食物不粘锅底，同时比其他锅更加省油，可以帮助减少脂肪的摄入，适合追求健康的现代人使用。

使用不粘锅需注意不要选择金属锅铲，以免划破不粘涂层。

▶ 铁锅

铁锅是最我国最传统的锅具，也是"农家菜"特别香的秘密。铁锅炒菜特别香的原因是，生铁导热较慢，食材能均匀受热，火候也容易控制。铁锅又可分为生铁锅和熟铁锅。生铁锅导热更慢，更不易煳锅，并可避免油温过高，有益健康。此外，铁锅也是被世界卫生组织推荐使用的"最安全的锅"，因为生铁在冶炼过程中不需加入其他微量元素，而炒菜时微量的铁质溶出对人体是有益无害的。

▶ 电炒锅

随着生活节奏越来越快，电炒锅越来越多地出现在都市人的厨房中。电炒锅既可以用来炒菜，也可以进行煎、炸操作，煲汤、炖肉也不错，而且具有方便、清洁及可以自由调节温度等诸多优点。电炒锅是轻松便捷的新选择，只要插上电源即可使用，无需炉灶，并且可以自由调节温度，使初学烹饪、缺乏经验的人也能轻松掌握火候。

• 选油 •

面对五花八门的食用油，你会挑吗？你知道哪些食用油适合炒，哪些食用油适合凉拌吗？你家里经常出现的菜品是哪些，烹制这些菜品你用对油了吗？

▨ 花生油

花生油适合炒制各类食材，其热稳定性很好，因此也是高温油炸的首选油，制作炖菜和凉拌菜时则不宜选用。纯正花生油在冬季或放入冰箱时呈半固体混浊状态，但不完全凝结。由于花生容易感染黄曲霉，而黄曲霉毒素具有强致癌性，因此一定要购买品质有保证的高级花生油。

▨ 玉米油

玉米油主要由不饱和脂肪酸组成，具有降低胆固醇、防治心血管疾病的保健功效，并且口感好，不易变质。玉米油结构稳定，适合于炒菜和煎炸。若用来烹制肉类，肉质中的脂肪还有助于人体对玉米油中维生素E的吸收，是营养佳选。

▨ 调和油

调和油是几种食用油经过搭配调和而成的，其特性根据其原料不同而有所差别，但都具有良好的风味和稳定性，适合烹制家常大部分菜品。

✖ 葵花籽油

葵花籽油含抗氧化成分，营养价值较高，适合温度不太高的炖炒，不宜用于高温煎炸。葵花籽油尤其适合烹制海鲜类、菌菇类食材及海带、紫菜、芦笋等食材，因其味道和这些食材的味道比较接近。

✖ 大豆油

质量越好的大豆油颜色越浅，最优质的大豆油应是完全透明的，无任何浑浊、杂质。大豆油有种豆腥味，不宜烹制清淡的菜品，以免串味，但若用来烹制加了豆瓣酱调味的菜品则可增香。另外，大豆油应避免高温加热及反复使用，因此不宜作为油炸用油。

✖ 橄榄油

橄榄油富含单不饱和脂肪酸，营养价值很高，它具有独特的清香，用来炒菜、凉拌都可增加食物的风味，尤其适合淋在新鲜的蔬菜沙拉和刚炸好的牛排上，也是很好的腌渍、烘焙用油。

✖ 色拉油

色拉油最大的特点是可以生吃，因此是制作沙拉、凉拌菜的最佳选择。色拉油也可用于烹调菜品，并具有不起沫、油烟少等优点。

• 选食材 •

如何挑选到好的食材，相信是很多厨房菜鸟急需掌握的知识点。那么到底怎么才能够选到最新鲜的食材呢？

首先，一定要多买当地盛产的时令食材。本地食材在当地销售，由于没有经过长时间、长距离的运输，营养成分损失较少，尤其是蔬菜、水果等保鲜期比较短的食材。另外，当季食材往往比反季节食材更加新鲜好吃。

其次，在买菜的时间选择上，可以起个大早去市场。去菜市场买菜可以货比三家，因此菜品一般都比较新鲜。但最新鲜的菜往往在一大早就被人"抢"走，剩下的品质越来越差，因此要吃到最新鲜的菜，起个大早很有必要。

如果要买海鲜，时间充裕的话，一定要去批发市场。海鲜批发市场不仅品种多，而且品质好，并且因为摊位较多，价格也相对公道。

·• 切菜也有秘诀 •·

烹饪任何菜肴，都很难离开刀工这道重要的工序，大多数食材都需要经过刀工的处理才能用于烹饪。

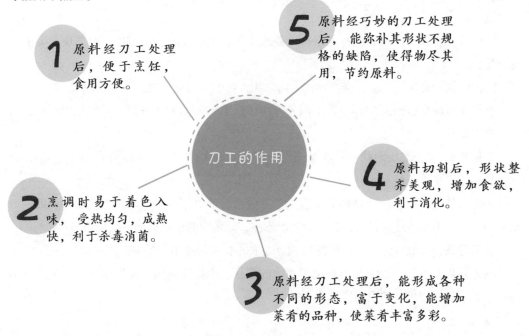

1 原料经刀工处理后，便于烹饪，食用方便。

5 原料经巧妙的刀工处理后，能弥补其形状不规格的缺陷，使得物尽其用，节约原料。

刀工的作用

2 烹调时易于着色入味，受热均匀，成熟快，利于杀毒消菌。

4 原料切割后，形状整齐美观，增加食欲，利于消化。

3 原料经刀工处理后，能形成各种不同的形态，富于变化，能增加菜肴的品种，使菜肴丰富多彩。

·• 刀工的基本要求 •·

刀工处理是烹制过程的重要组成部分。一切原料在烹饪前都必须经过特定的刀工处理，使其具有各种形状，如丁、丝、片、块等。有时对已烹制成熟的某些成菜，也需要进行适当的刀工处理才便于食用。

①**适应烹调的需要。**由于菜肴有多种烹调方法，这就要求原料的形状也要适应烹调方法的需要。因此，烹调前就要不同的刀法对原料进行刀工处理。

②**规格整齐、均匀。**原料经刀工处理后，不论是丁、丝、片、块、条、粒等形状都应做到粗细均匀、长短相等、厚薄一致、大小相称，而且要互不牵连、截然断开。

③**掌握质地，因料而异。**烹饪原料有老、嫩、软、硬、脆、韧之分，有带骨、无骨，肉多骨少或骨多肉少之别。刀工处理时，必须根据原料质地的不同，运用不同的刀法进行处理。

根据原料的不同性质（脆嫩、软韧、老硬）采用不同的运刀方法，切成不同的形状，可使食物在烹制时受热均匀，容易入味。

◆ 块

块的种类有很多，常见的有象眼块（菱形块）、大小方块、长方块、劈柴块、大小滚刀块等。

① **象眼块：** 又叫菱形块，将原料改刀切厚片，再改刀切条，斜刀交叉切成。

② **大小方块：** 边长为3.3厘米以上叫大方块，低于3.3厘米叫小方块，一般是用切和剁的刀法加工而成。

③ **长方块：** 长方块形状如骨牌又叫骨牌块。一般认为，长方块厚为0.8厘米，宽1.6厘米，长5~8厘米，呈长方形。

④ **劈柴块：** 形似劈材。这种形状多用于茭白、黄瓜等原料。例如，拌黄瓜时黄瓜一刀切开两瓣，再拍松片成劈材块，其长短薄厚不一，就像旧时做饭劈柴一样。

⑤ **排骨块：** 类似猪排骨，形状在3.3厘米左右，长短薄厚不一的块。

⑥ **滚刀块：** 这种块是用滚刀法加工而成的形状。先将原料的一头斜切一刀，滚动一下再切一刀，这样切出来的块叫滚刀块。

◆ 片

常见的片有柳叶片、象眼片、月牙片、薄片等。

① **柳叶片：** 这种片薄而窄长，形似柳叶，一般用切的方法制成。

② **象眼片：** 又称菱形片，是将原料改成象眼块（菱形块），再用刀切成薄片而成。

③ **月牙片：** 先将圆形原料切成半圆形，然后再改切成薄片即成。

④ **厚片、薄片：** 片的厚度在0.5~1.0厘米叫厚片，0.3厘米以下叫薄片，一般用切和片的刀法加工而成。

◆ 段

对旺火速成的菜肴，原料要适当切得薄一些、小一些，以便快熟入味；对小火慢成的菜肴，原料则要切得厚一些、大一些，以免烹调时原料变形。

◆ 球

球形菜料是用挖球器制出来的，多见于地方菜。主要以脆性原料为主基料，例如土豆、南瓜、黄瓜、萝卜等，还有用花刀的方法切成块加热或制成球状，即剖球。

◆ 条

先把原料片成厚片，再切成条。

① **条：** 形状长4.5厘米，宽和厚1.5厘米。

② **细条：** 形状长4厘米，宽和厚1厘米。

◆ 丝

切丝要把原料先加工成片状，然后再切成丝。片的厚薄直接决定了丝的粗细和均匀度，所以在切片时应讲究均匀度。丝的长度大约为5厘米。

①**阶梯式：** 把片与片叠起来，排成斜坡，呈阶梯状，由前到后依次切下去，这种方法应用广泛。

②**卷筒式：** 将原料一片一卷叠成圆筒形状，这种叠法适用于片形较大较薄，性质韧性的原料，例如豆腐皮、蛋皮、海带等。

◆ 丁、粒、米、末、蓉

先把原料片成厚片切成条或细丝，再将条或细丝切成丁、粒、米、末、蓉。

①**丁：** 大丁为2~1.5厘米见方，小丁1.1~1.4厘米见方，碎丁1.0~0.8厘米见方。

②**粒：** 仅小于碎丁。大粒0.6厘米左右，小粒0.4厘米左右。

③**米：** 是将原料切细丝，再切成如小米大小，均匀的细状，0.3厘米见方。

④**末：** 是剁碎的原料，例如肉末、姜末、蒜末等。

⑤**蓉：** 肉类原料中多指剁后馅料再用刀背砸细成泥状。

◆ 花刀

混合刀法又叫花刀。操作方法是：将原料平铺，用反斜刀法在原料表面划出距离均匀深浅一致的刀纹，然后再转个角度用直刀法切。由于剖法不同，加热后所形成的形态也不一样。

花刀主要有麦穗形花刀、荔枝形花刀（常用材料有腰子、鱿鱼等）、梳子形花刀（一般多用于质地较硬的原料）、蓑衣形花刀、菊花形花刀、卷形花刀、球形花刀。

烹饪秘诀

掌握一些简单、实用的烹饪秘诀，比如火候、调料等，往往能收到意想不到的效果。掌握这些秘诀，保证让你做出来的菜更加美味。

• 火候 •

天下美味都离不开火。大厨炒菜时，将锅边轻轻一转，锅里就"着了火"，一瞬间又灭下去，可就那么一瞬间，锅里便有了"灵气"，再简单的食材也能变成一道佳肴。

如果想使炒菜更香，掌握好火候很重要。在使用圆底锅炒菜时，火的大小显得尤为重要，因为圆底锅的锅底和炉灶的直接接触面积很小，如果火不够大，那么锅内中上部的食材处于受热不均的状态，只能依靠从锅底慢慢传上来的热量被加热，炒出来的菜自然口感不佳，特别是对于脆嫩易熟的原料、形状碎小的原料，急火快炒才能保证好味道。整形大块的原料在烹调中，由于受热面积小，需长时间才能成熟，火力则不宜过旺。

如果在烹调前通过初步加工改变了原料的质地和特点，那么火候运用也要改变。如原料经过了切细、过油、焯水等处理，可适当调小火力。此外，原料数量越少，火力相对就要减弱，反之则增强。

有些菜根据烹调要求要使用两种或两种以上火力，需灵活调整，如清炖牛肉需先旺火，后小火；而余鱼脯需先小火，后中火；干烧鱼则需先旺火，再中火，后小火烧制。

• 调料 •

调料有酸、甜、苦、辣、咸的区别，不同的调料对于菜肴的味道有着不同的作用和影响。盐、糖、生抽、料酒等这些常用的调料里面都隐藏着怎么样的秘密呢？

◆ 白糖——增鲜提味

白糖是由甘蔗或者甜菜榨出的糖蜜制成的精糖。在制作酸味的菜肴汤羹时，加入少量白糖，可以使味道格外可口。如西红柿具有微酸的味道，所以在炒西红柿时适量加些白糖，可以使西红柿的香味更佳。

此外，适合用白糖增味的家常菜还有醋熘菜肴、酸辣汤、酸菜鱼等。

◆ 醋——去腥解腻

醋具有去膻、除腥、解腻、增香等作用。放醋的最佳时间在"两头"，即食材刚下锅时与临出锅前，前者如酸辣土豆丝，先下醋可以保护土豆中的维生素，并使其口感脆而不面；后者如糖醋排骨、干锅手撕包菜，后放醋可除腥、增香。但由于醋兼具酸味与香味，后下醋的一些菜肴往往仅需其香味去腥，而不需其酸味，这时可以用锅勺将醋迅速扑浇在锅边烧热的地方，使酸味物质遇热迅速挥发，而留其香味融入菜肴。

◆ 啥时候放盐？菜说了算！

烹调前先放盐的菜肴：

在烧整条鱼或者炸鱼块的时候，在烹制之前，先用适量盐腌渍食物，再进行烹制，有助于咸味的渗入。

在刚烹制时就放盐的菜肴：

做红烧肉、红烧鱼块的时候，肉、鱼经过煎炸之后，即应放入盐及调味品，然后旺火烧开，小火煨炖。

熟烂后放盐的菜肴：

骨头汤、猪蹄汤等荤汤，在熟烂后放盐调味，这样才能使肉中蛋白质、脂肪较充分地溶在汤中，使汤更鲜美。同理，炖豆腐时，也应当熟后放盐。

◆ 剁椒、泡椒——人人爱

剁椒辣而鲜咸，在制作时加入了盐、蒜、生姜、白酒等，最适合搭配口感鲜嫩的食材，可以使食材鲜而不淡，微辣适口，令人食欲大增。

泡椒则是用泡菜水腌制出来的辣椒。泡椒色泽亮丽，口感清脆微酸，辣而不燥，最适合与鱼类食材搭配，还可以增进食欲。

剁椒和泡椒一起做成的双椒鱼头，是道经典的开胃家常菜，风味独特，其做法很简单：在腌渍好的鱼头上，一半铺上剁椒，另一半铺上切碎的剁椒，入锅蒸熟，再浇上热油即可。

◆ 生抽、老抽——酱香必备

酱油是我国传统的调味品，具有独特的酱香，因而成为制作家常菜的必备调料，一般分为生抽和老抽两种。制作不同的菜品时应选择合适的酱油，不可混用，或一瓶酱油用到底。

从颜色上看，生抽颜色较淡，成红褐色；老抽颜色很深，呈棕褐色并具有一定的光泽。从味道上分辨，生抽较咸，而老抽有一种微甜的口感。从用途上看，生抽一般用于调味，适用于炒菜；老抽则用来给食材着色，多用于烹制红烧菜品。

除了生抽和老抽的分法，酱油还可按其卫生指标分为"佐餐酱油"和"食用酱油"，两者所含的菌落指数不同，前者可以生吃，如制作凉拌菜或蘸食；后者一般不能用来生吃，需要加热才能食用。在选购时需仔细查看标签。

烹饪时加入酱油的时间要依据食材的不同而有所区别。烹制动物性食材如鱼、肉时，酱油要早点加，以便于食材入味；一般的炒菜，最好在菜快出锅时再加，这样可以避免酱油中的氨基酸被高温破坏，从而保存其营养价值和原有的风味。

◆ 料酒——去腥、增香

料酒是一种烹饪用酒，其酯类和氨基酸含量高，所以香味浓郁，具有去腥、解腻、增香的作用，是烹制动物类食材时必不可少的调料，可用于生肉、生鱼的腌渍，也可直接用于烹调。

料酒可使食材更容易熟，质地更松软，这是因为在烹调过程中加入料酒后，其所含的酒精可以帮助溶解食材中的有机物质。其后酒精会受热挥发，而不会留存在菜肴中，因此也不会影响菜品的口感，其中的水分还可代替烹调用水，增加菜品的滋味。

料酒中的氨基酸是其香味的主要来源，而且氨基酸还可以与食盐结合生成氨基酸钠盐，使鱼、肉的滋味更加鲜美；氨基酸还能与白糖结合生成芳香醛，释放出诱人的香气，因此将料酒与白糖一同使用是个不错的选择。

◆ 香辛料——必不可少

花椒：油热后放入花椒可以防止油沸，还能增加菜的香味。

八角：也叫大茴香，无论卤、酱、烧、炖，都可以用到它去腥、添香。

胡椒：适用于炖、煎、烤肉类，能达到香中带辣、美味醒胃的效果。

香叶：为干燥后的月桂树叶，用以去腥添香，多用于炖肉。

桂皮：为干燥后的月桂树皮，用以去腥添香，多用于炖肉。

小茴香：用以去腥添香，多用于炖肉，其茎叶部分即茴香菜。

炒菜好吃的秘诀

同样的菜，同样的调料，同样的锅，为什么有的人做出来就很好吃，有的人做出来就让人难以下咽呢？做菜也有很多小窍门，只要摸到门道，就一定能做出可口美味的菜肴。

少用盐和味精

吸取过量的盐份和味精对身体绝无好处，可考虑用香料、调味醋、柑橘汁来取代盐。将大蒜和洋葱粉（不是蒜盐和葱盐）加进肉类和汤中，味道也不错。

烧焦的食物不要吃

自制烧烤类食物时很容易烧焦，烧焦的食物不仅味道不佳，口感也不太好，还会损害健康。因此要尽量少用明火烤肉，以降低食物烧焦的机会。而使用微波炉做烧烤是不错的选择。

出锅时再放盐

青菜在制作时应少放盐，否则容易出汤，导致水溶性维生素丢失。炒菜出锅时再放盐，这样盐分不会渗入菜中，而是均匀撒在表面，能减少摄盐量；或把盐直接撒在菜上，舌部味蕾受到强烈刺激，能唤起食欲。

鲜鱼类可采用清蒸、油浸等少油、少盐的方法。肉类也可以做成蒜泥白肉、麻辣白肉等菜肴，既可改善风味又可减少盐的摄入。

蔬菜先洗后切

蔬菜先洗后切与先切后洗营养差别很大！以新鲜绿叶蔬菜为例：在洗、切后马上测其维生素C的损失率是0~1%；切后浸泡10分钟，维生素C会损失16%；切后浸泡30分钟，则维生素C会损失30%以上。

此外还要注意，切菜时一般不宜切太碎。可用手折断的菜，尽量少用刀，因为铁会加速维生素C的氧化，比如生菜、白菜、菠菜等叶类菜的处理。

煮汤的秘诀

煮汤看起来简单，但是其中有很多讲究，比如冷水下锅还是开水下锅？下锅前要不要焯水？用大火还是用小火？盐要什么时候放？怎样让汤味道鲜美？看看下面这些煮汤的秘诀吧。

· 下料 ·

肉类要先氽一下，去掉肉中残留的血水，保证煲出的汤色正。鸡要整只煲，可保证煲好汤后鸡肉质细腻不粗糙。另外，不要过早放盐，盐会使肉里含的水分很快跑出来，也会加快蛋白质的凝固，影响汤的鲜味。

· 火候 ·

煨汤的要诀是：旺火烧沸，小火慢煨。这样才能使食品内的蛋白质浸出物等鲜香物质尽可能地溶解出来。只有文火才能使浸出物溶解得更多，既清澈，又浓醇。火不要过大，火候以汤沸腾为准。开锅后，小火慢煲，一般情况下需要40分钟左右。

· 汤变清 ·

要想汤清、不浑浊，必须用微火烧，使汤只开锅、不滚腾。因为大滚大开，会使汤里的蛋白质分子凝结成许多白色颗粒，汤汁自然就浑浊不清了。

· 汤变爽 ·

有些油脂过多的原料烧出来的汤特别油腻，遇到这种情况，可将少量紫菜置于火上烤一下，然后撒入汤内，可解去油腻。

· 汤变鲜 ·

熬汤最好是用冷水。如果一开始就往锅里倒热水，肉的表面突然受到高温，肉的外层蛋白质就会马上凝固，使得外层蛋白质不能充分地溶解到汤里。只有一次加足冷水，并慢慢地加温，蛋白质才会充分溶解到汤里，汤的味道才鲜美。另外，熬汤不要过早放盐，盐会使肉里含的水分很快跑出来，也会加快蛋白质的凝固，酱油也不宜早加，葱、姜和酒等调料不要放得太多。

· 汤变美 ·

买50克稍肥一点的猪肉，切成片或丁，再将铁锅烧热，将猪肉或猪肉馅烧热后，立即把滚开的水倒入锅中。锅会发出炸响并翻起大水花。熬上一会儿，一锅乳白色的"高汤"便出来了。然后根据自己的喜好加入菜和调料，如做豆腐白菜煲，可将豆腐及调料放入，加盖炖10来分钟后，再放入白菜，待锅开时，就可以起锅食用了。

2

爽口蔬菜

蔬菜是人们日常饮食中不可缺少的食物之一，可以为人体提供身体必需的多种维生素和矿物质，这是其他食物所无法比拟的。蔬菜中富含膳食纤维，能够帮助人体清理体内的"垃圾"。本章就为您介绍爽口蔬菜做成的家常菜，您可以根据自己的口味进行选择制作。

不要让蔬菜的营养流失

我们吃蔬菜是为了吸收里面的营养，但是，蔬菜在加工、烹调过程中，由于方法不当往往会造成大量的营养损失。那么怎样做才能最大限度地保存蔬菜中的营养呢？请参考以下方法。

蔬菜买回家不要马上整理

人们往往习惯于把蔬菜买回来以后马上就进行整理。然而，圆白菜的外叶、莴笋的嫩叶、毛豆的荚都是"活"的，它们的营养物质仍然在向食用部分，如叶球、笋肉、豆粒流动，暂时保留它们有利于保存蔬菜的营养物质。整理以后，营养容易流失，菜的品质下降。因此，对不打算马上烧的蔬菜，不要立即整理。

炒菜时要旺火快炒

炒菜时先熬油已经成为很多人的习惯了，要么不烧油锅，一烧油锅必然弄得油烟弥漫。其实，这样做是有害的。炒菜时最好将油温控制在200℃以下，这样的油温，当蔬菜放入油锅时无爆炸声，避免了脂肪变性而降低营养价值，甚至产生有害物质。

炒菜时，"旺火快炒"营养素损失少；炒的时间越长，营养素损失越多。但炒比炸好，在油炸食物时，维生素B_1损失60%，维生素B_2损失90%以上。特别是油温高达355℃时，更易发生脂肪变性，产生有毒物质。

特殊食材处理有妙招

✖ 去皮后易"变黑"的食材用水泡

某些食材在去皮后会与空气中的氧发生反应，表面"变黑"，如山药、土豆、茄子、丝瓜、苹果等。应对的方法是准备一碗清水，在水里倒入少许白醋则更好，将去皮之后的食材迅速泡进水里，就可阻止其与空气中的氧发生反应，防止变黑。

✖ 青菜焯水很重要

青菜在烹制前先用沸水焯1~2分钟，不仅可以去除其中具有苦涩味道的物质，还可以缩短炒制时间，保持脆嫩的口感。在沸水中加入少许油和盐，还能使青菜的色泽更翠绿。

黄瓜炒木耳

材料	黄瓜180克，水发木耳100克，胡萝卜40克，姜片、蒜片、葱段各少许	调料	盐、鸡粉、白糖各2克，水淀粉10毫升，食用油适量

相宜	黄瓜+黄花菜　改善情绪 黄瓜+大蒜　　排毒瘦身	相克	黄瓜+柑橘　　破坏维生素

1.去皮的胡萝卜洗净，切成片；黄瓜洗净，切开，去瓤，用斜刀切段。

2.用油起锅，倒入姜片、蒜片、葱段，爆香。

3.放入胡萝卜、木耳、黄瓜，炒匀；加盐、鸡粉、白糖，炒匀调味。

4.倒入适量水淀粉勾芡，炒匀后盛出即可。

小贴士　黄瓜含有多种维生素、膳食纤维等营养成分，具有清热解毒、健脑安神、美容养颜等功效。

黄瓜炒土豆丝

材料	土豆120克，黄瓜110克，葱末、蒜末各少许	调料	盐3克，鸡粉、水淀粉、食用油各适量

相宜	土豆+黄瓜　有利身体健康 土豆+豆角　除烦润燥	相克	土豆+香蕉　引起面部生斑 土豆+柿子　导致消化不良

1.黄瓜洗净切成丝；土豆洗净去皮，切成细丝。

2.锅中注水烧开，加少许盐，倒入土豆丝，煮至断生后捞出。

3.用油起锅，下入蒜末、葱末、爆香，倒入黄瓜丝，翻炒出汁水。

4.放入土豆丝，炒熟，加盐、鸡粉，炒至入味，淋入水淀粉勾芡即可。

小贴士　土豆富含糖类和多种维生素，有滋润皮肤、强身健体的作用。此外，土豆还含有较多的膳食纤维，有助于改善肠道菌群平衡、润肠通便。

开心果西红柿炒黄瓜

材料	开心果仁55克，黄瓜90克，西红柿70克	调料	盐2克，橄榄油适量

相宜	开心果+红椒　　促进食欲 开心果+鸡肉　　养神抗衰、润肠排毒	相克	开心果+羊肉　　引起腹胀、胸闷

 1.黄瓜洗净，切开，去瓤，斜刀切段；西红柿洗净，切小瓣。

 2.煎锅中淋入适量橄榄油，用大火烧热。

 3.倒入黄瓜段，炒匀；放入西红柿，炒至变软；加适量盐调味。

 4.撒上开心果仁，中火翻炒至食材入味即可。

小贴士	开心果仁有较好的滋补作用，含有维生素A、叶酸、烟酸以及铁、磷、钾、钠、钙等多种矿物质，具有抗衰老、增强体质、温肾暖脾、补益虚损等作用。

咸蛋黄炒黄瓜

材料	黄瓜160克，彩椒12克，咸蛋黄60克，高汤70毫升	调料	盐、胡椒粉各少许，鸡粉2克，水淀粉、食用油各适量

相宜	黄瓜+木耳　排毒瘦身 黄瓜+虾米　保肝护肾	相克	黄瓜+柑橘　破坏维生素

 1.黄瓜切开，去瓤，斜刀切段；彩椒切菱形片；咸蛋黄切小块。

 2.用油起锅，倒入黄瓜、彩椒片，炒匀，注入适量高汤，放入蛋黄，炒匀。

 3.盖上盖，用小火焖约5分钟，至食材熟透。

 4.揭盖，加盐、鸡粉、胡椒粉，炒匀调味，淋入水淀粉勾芡即可。

小贴士　黄瓜含有维生素C、糖类、钙、铁、镁、磷、钾等营养成分，具有美容养颜、减肥、清热解毒等功效。

酱烧黄瓜卷

材料	黄瓜260克，黄豆酱25克，红椒圈、蒜末各少许	调料	鸡粉3克，白糖4克，盐2克，水淀粉、食用油各适量
相宜	黄瓜+木耳　排毒瘦身 黄瓜+虾米　保肝护肾	相克	黄瓜+柑橘　破坏维生素

1.黄瓜洗净，切薄片，放入盘中，撒上适量盐，腌渍10分钟。

2.用油起锅，倒入蒜末、红椒圈，爆香；倒入黄豆酱，炒匀。

3.注入清水，加鸡粉、白糖，炒匀；倒入水淀粉勾芡；关火后盛出调味汁，装入碗中，备用。

4.将腌渍好的黄瓜片卷成卷，串在竹签上，制成黄瓜卷，摆放在盘中，浇上调味汁即可。

小贴士　黄瓜含有膳食纤维、维生素C、磷、铁等营养成分，具有清热利水、解毒消肿、生津止渴、降血糖等功效。

金钩黄瓜

材料	黄瓜220克，红椒35克，虾米30克，姜片、蒜末、葱段各少许	调料	盐2克，鸡粉2克，蚝油5克，料酒4毫升，水淀粉3毫升，食用油适量

相宜	黄瓜+乌鱼　健脾利气 黄瓜+虾米　保肝护肾	相克	黄瓜+菠菜　降低营养价值 黄瓜+桂圆　破坏维生素

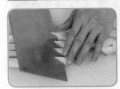 1.黄瓜去皮，切小块；红椒切小块。

 2.用油起锅，放入姜片、蒜末、葱段，爆香。

 3.倒入虾米炒匀，淋入料酒炒香，放入黄瓜、红椒，炒匀，加少许清水，炒至食材熟软。

 4.加盐、鸡粉、蚝油，炒匀调味，倒入水淀粉勾芡，炒匀即可。

小贴士　蛋黄中含有维生素B₁和维生素B₂，可以防止口角炎、唇炎，对改善大脑和神经系统功能有利，能安神定志，还能提高人体免疫的功能，儿童宜多食。

蚝油黄瓜蒸咸蛋

材料	黄瓜150克，咸蛋黄60克，葱花、蒜末各少许	调料	盐、鸡粉各2克，蚝油10克，芝麻油5毫升，水淀粉、食用油各适量

相宜	蛋黄+豆制品 黄瓜+豆腐	促进B族维生素的吸收 降低血脂	相克	黄瓜+花菜 黄瓜+小白菜	破坏维生素C 降低营养价值

1.黄瓜洗净，切段，每段挖一个孔；咸蛋黄切碎，放入碗中，加蒜末、蚝油拌匀。

2.取一盘，摆放好黄瓜段，在孔中填入咸蛋黄碎。

3.将黄瓜放入电蒸笼蒸11分钟，取出。

4.用油起锅，加盐、鸡粉、水淀粉、芝麻油，制成调味汁，浇在黄瓜上，撒上葱花即可。

小贴士　咸蛋黄含有蛋白质、卵磷脂、维生素、铁、钙、钾等营养成分，具有养心安神、增强免疫力、滋阴润燥等作用。与黄瓜搭配，具有增强免疫力、益智健脑的作用，是一道既营养又美味的佳品。

黄瓜拌油条

材料	黄瓜200克，红椒10克，油条20克，蒜末少许	调料	盐2克，白糖2克，陈醋10毫升，鸡粉2克，辣椒油6毫升

相宜	黄瓜+黄花菜　改善情绪 黄瓜+大蒜　排毒瘦身	相克	黄瓜+柑橘　破坏维生素

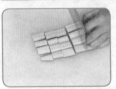 1.黄瓜洗净，去瓤，再切成小段，备用。

 2.将备好的红椒洗净，切成圈，备用。

 3.取备好的油条，将油条切成小块。

 4.取一个碗，倒入黄瓜、蒜末，放入油条、红椒，加盐、白糖、陈醋、鸡粉、辣椒油，拌匀即可。

小贴士　　黄瓜具有除湿、利尿、降脂、镇痛、促消化的功效，尤其是黄瓜中所含的纤维素能促进肠内腐败食物排泄，对肥胖者和高血压、高血脂患者有利。

川味酸辣黄瓜条

材料	黄瓜150克，红椒40克，泡椒15克，花椒3克，姜片、蒜末、葱段各少许	调料	白糖3克，辣椒油3毫升，盐2克，白醋4毫升，食用油适量

相宜	黄瓜+乌龟　健脾利气 黄瓜+鱿鱼　增强免疫力	相克	黄瓜+橘子　破坏维生素C

 1.黄瓜洗净，切条；红椒洗净，切丝；泡椒洗净，去蒂，切开。

 2.锅中注水烧开，加食用油，倒入黄瓜条，略煮后捞出，备用。

 3.用油起锅，倒入姜片、蒜末、葱段、花椒，爆香；倒入红椒丝、泡椒，炒匀。

 4.放入黄瓜条，加白糖、辣椒油、盐、白醋，炒匀调味即可。

小贴士　黄瓜具有除湿、利尿、降脂、镇痛、促消化的功效。黄瓜中丰富的纤维素能促进肠内腐败食物排泄，对肥胖者和高血压、高血脂患者有利。

西红柿青椒炒茄子

材料	青茄子120克，西红柿95克，青椒20克，花椒、蒜末各少许	调料	盐2克，白糖、鸡粉各3克，水淀粉、食用油各适量

相宜	茄子+黄豆　通气、顺肠、润燥消肿 茄子+牛肉　强身健体	相克	茄子+蟹　　伤肠胃 茄子+墨鱼　引起腹泻

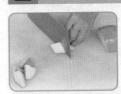
1.青茄子洗净，切滚刀块；西红柿洗净，切小块；青椒洗净，切小块。

2.热锅注油，烧至三四成热，倒入茄子，中小火略炸；放入青椒块，炸出香味，一起捞出，沥干油。

3.用油起锅，下入花椒、蒜末爆香，倒入炸过的食材、西红柿，炒出水分。

4.加盐、白糖、鸡粉，炒匀调味，淋入水淀粉勾芡，炒匀即成。

小贴士　　茄子含有膳食纤维、维生素P、镁、铁、锌、钾等营养成分，具有改善血液循环、预防血栓、增强免疫力等功效。

西红柿炒包菜

材料	西红柿120克，包菜200克，圆椒60克，蒜末、葱段各少许	调料	番茄酱10克，盐4克，鸡粉2克，白糖2克，水淀粉4毫升，食用油适量

相宜	西红柿+芹菜　　降血压、健胃消食 西红柿+蜂蜜　　补血养颜	相克	西红柿+红薯　　易引起呕吐、腹泻 西红柿+猕猴桃　　降低营养价值

1.圆椒洗净，切小块；西红柿洗净，切瓣；包菜洗净，切小块。

2.锅中注水烧开，加少许食用油、盐，放入包菜，煮至断生，捞出。

3.用油起锅，倒入蒜末、葱段，爆香；放入西红柿、圆椒，翻炒匀；加入包菜，翻炒片刻。

4.加番茄酱、盐、鸡粉、白糖，炒匀调味；淋入水淀粉勾芡即可。

小贴士	西红柿含有丰富的维生素C和可溶性膳食纤维，具有止血、降压、利尿、健胃消食、生津止渴、清热解毒、凉血平肝等功效，还能美容润肤。

西红柿炒扁豆

材料	西红柿90克，扁豆100克，蒜末、葱段各少许	调料	盐、鸡粉各2克，料酒4毫升，水淀粉、食用油各适量

相宜	扁豆+山药　增强人体免疫力 扁豆+花菜　补肾脏、健脾胃	相克	扁豆+橘子　对健康不利 扁豆+蛤蜊　易导致腹痛、腹泻

1.将备好的西红柿洗净，再切成小块。

2.锅中注水烧开，加少许食用油、盐，倒入扁豆，煮至断生后捞出。

3.用油起锅，放入蒜末、葱段爆香，倒入西红柿，炒出汁水，放入扁豆，炒匀。

4.淋入料酒，炒匀提鲜；注入清水，转小火，加入盐、鸡粉，炒匀调味；大火收汁，倒入水淀粉勾芡即可。

小贴士　西红柿含有维生素C、钙、磷、钾、镁、铁、锌、铜等营养成分，有清热祛暑、养阴凉血、生津止渴等作用，比较适合糖尿病患者食用。

西红柿炒山药

材料	去皮山药200克，西红柿150克，大葱10克，大蒜5克，葱段5克	调料	盐、白糖各2克，鸡粉3克，水淀粉、食用油各适量

相宜	西红柿+芹菜　　降压、降脂 山药+芝麻　　预防骨质疏松	相宜	西红柿+鱼肉　　健胃消食 山药+鲫鱼　　利尿消肿

 1.山药洗净，切块；西红柿洗净，切小瓣；大蒜洗净，切片；大葱洗净，切段。

 2.锅中注水烧开，加盐、食用油，倒入山药，煮至断生后捞出。

 3.用油起锅，倒入大蒜、大葱、西红柿、山药，炒匀。

 4.加盐、白糖、鸡粉，炒匀；倒入水淀粉勾芡；加入葱段，翻炒至熟即可。

小贴士　西红柿含有番茄红素、膳食纤维、维生素C、钙、铁、硒等营养成分，具有美容养颜、促进新陈代谢、延缓衰老等功效。

西红柿炒丝瓜

材料	西红柿170克，丝瓜120克，姜片、蒜末、葱花各少许	调料	盐2克，鸡粉2克，水淀粉3毫升，食用油适量

相宜	西红柿+丝瓜　　减肥瘦身 丝瓜+菊花　　　清热养颜、洁肤除斑	相克	西红柿+螃蟹　　引起腹痛、腹泻 丝瓜+芦荟　　　引起腹痛、腹泻

 1.将丝瓜洗净，切小块；西红柿洗净，切小块。

 2.用油起锅，放入姜片、蒜末、葱花，爆香。

 3.倒入丝瓜，炒匀；倒入少许清水，放入切好的西红柿，炒匀。

 4.加盐、鸡粉，炒匀调味；倒入少许水淀粉勾芡，炒匀后盛出即可。

小贴士　　丝瓜的热量较低，其所含的木聚糖能结合大量水分，延长食物在肠道停留的时间，不仅能清热、降血脂、帮助瘦身，还很适合糖尿病患者食用。

腊肠西红柿汤

材料	西红柿100克，腊肠60克	调料	鸡粉2克，盐少许

相宜	西红柿+芹菜　降血压、健胃消食 西红柿+蜂蜜　补血养颜	相克	西红柿+红薯　易引起呕吐、腹泻 西红柿+猕猴桃　降低营养价值

1.西红柿洗净，切丁；腊肠洗净，切小丁块。

2.用油起锅，倒入腊肠丁，炒匀；放入西红柿丁，炒至变软。

3.倒入适量的清水，盖上盖，用中火煮约2分钟。

4.揭盖，加鸡粉、盐，炒匀调味即可。

小贴士　西红柿含有胡萝卜素、维生素C、B族维生素、磷、钾、镁、铁、锌、铜等营养成分，具有健胃消食、生津止渴、清热解毒等功效。

油泼生菜

材料	生菜叶260克，剁椒30克，蒜末少许	调料	食用油适量

相宜	生菜+兔肉　促进消化和吸收 生菜+蒜　　杀菌、解毒	相克	生菜+黄瓜　破坏维生素 生菜+柿子　引起肠胃不适

1.锅中注入适量清水，用大火烧开，加入适量盐，再加入少许食用油。

2.锅中放入生菜叶，煮至断生后捞出。

3.另起锅，注入适量食用油，烧至三四成热，关火，待用。

4.取一盘子，放入焯软的生菜叶，撒上剁椒、蒜末，往盘中浇上锅中的热油即成。

小贴士　　生菜含有维生素B$_6$、维生素C、膳食纤维和镁、磷、钙、铁、铜、锌等微量元素，具有促进血液循环、改善肠胃功能等作用。

炝拌生菜

材料	生菜150克，蒜瓣30克，干辣椒少许	调料	生抽4毫升，白醋6毫升，鸡粉2克，盐2克，食用油适量

相宜	生菜+豆腐皮　滋阴补肾、减肥健美 生菜+海带　　润肠通便	相克	蒜+红枣　多食消化不良 蒜+羊肉　多食燥热

 1.将洗净的生菜叶撕成小块，备用。

 2.蒜瓣切细末，放入碗中，加生抽、白醋、鸡粉、盐，拌匀。

 3.用油起锅，倒入干辣椒，炝出香味，关火后盛入碗中，制成味汁。

 4.取一个盘子，放入生菜，摆放好；把味汁浇在生菜上即可。

小贴士　生菜含有维生素、莴苣素等营养成分，有清热安神、清肝利胆、养胃等功效。尤其适合"三高"、肥胖、便秘及需要减肥瘦身的人群食用。

糖醋辣白菜

材料	白菜150克，红椒30克，花椒、姜丝各少许	调料	盐3克，陈醋15毫升，白糖2克，食用油适量

相宜	白菜+猪肉　补充营养、通便 白菜+猪肝　保肝护肾	相克	白菜+甘草　引起身体不适 白菜+白术　影响药效

 1.白菜切去叶，菜梗切成粗丝，放入碗中，加盐，拌匀，腌渍30分钟；红椒切成细丝。

 2.用油起锅，倒入花椒，爆香，捞出；再倒入姜丝，炒匀；放入红椒丝，翻炒片刻，盛出装碗。

 3.锅底留油烧热，加陈醋、白糖，炒至白糖溶化，倒入碗中。

 4.将腌好的白菜洗去多余的盐分，装入碗中，倒入调好的汁水，拌匀，撒上红椒丝和姜丝，拌至入味即可。

小贴士　大白菜含有维生素C、膳食纤维、钙、磷、铁等营养成分，具有通利肠胃、除烦解渴、清热解毒、增强免疫力等功效。

黄豆白菜炖粉丝

材料	熟黄豆150克，水发粉丝200克，白菜120克，姜丝、葱段各少许，清水适量	调料	盐2克，鸡粉少许，生抽5毫升，食用油适量

相宜	黄豆+白菜　保护乳腺 黄豆+红枣　补血、养颜	相克	黄豆+菠菜　不利营养的吸收 黄豆+核桃　多食导致消化不良

1.取备好的白菜洗净，切成粗丝，备用。

2.用油起锅，下入姜丝、葱段，爆香，倒入白菜丝，炒至变软；淋入生抽，炒匀。

3.注入清水，大火煮沸；倒入黄豆，加盐、鸡粉调味，盖上盖，用中火煮5分钟。

4.揭盖，倒入粉丝，搅散，煮至熟软即可。

小贴士　白菜味道清甜，含有大量的膳食纤维和维生素C、钙、铁、镁等营养物质，具有益胃生津、清热除烦等作用。

鸡油上海青

材料	上海青80克,高汤500毫升,火腿丝、鸡油各适量	调料	盐2克,鸡粉2克,水淀粉4毫升,食用油适量

相宜	上海青+黑木耳　平衡营养 上海青+豆腐　　清肺止咳	相克	上海青+黄瓜　破坏维生素C 上海青+南瓜　降低营养

1.上海青切去多余的叶子,切成瓣。

2.热锅中倒入食用油,放入上海青,炒匀;倒入高汤,翻炒片刻至软,盛出装盘。

3.热锅中注入高汤,倒入火腿丝,加入适量盐、鸡粉,搅匀调味。

4.倒入上海青,略微煮片刻;加入水淀粉勾芡;将上海青摆入盘中,再浇上鸡油即可。

小贴士　　上海青含有糖类、粗纤维、胡萝卜素、维生素等成分,具有促进消化、清热解毒等功效。

油淋菠菜

材料	菠菜150克，剁椒20克，葱花少许	调料	盐1克，食用油适量

相宜	菠菜+猪肝　提供丰富的营养 菠菜+胡萝卜　保持心血管的畅通	相克	菠菜+韭菜　引起腹泻 菠菜+虾皮　不利于钙吸收

1.锅中注水烧开，加入适量盐、食用油。

2.倒入洗净的菠菜，焯煮片刻至断生。

3.捞出焯好的菠菜，稍放凉后挤干水分，摆盘；撒上葱花，放上剁椒。

4.锅中注入10毫升左右的油，烧至六成热，浇在菠菜上即可。

小贴士　菠菜含有叶绿素、膳食纤维、维生素K、铁元素等多种营养物质，具有补血、润肠通便、防癌抗癌、增强抵抗力等多种作用。

蒜香皮蛋菠菜

材料	去皮胡萝卜90克，菠菜250克，皮蛋1个，蒜头35克	调料	盐、鸡粉各2克，食用油适量

相宜	菠菜+鸡蛋　预防贫血、营养不良 菠菜+花生　美白皮肤	相克	菠菜+鳝鱼　导致腹泻 菠菜+奶酪　不利于钙吸收

 1.胡萝卜修整成"凸"字型，改切成片；菠菜切长段；皮蛋切块。

 2.锅中注水烧开，倒入菠菜段，焯煮至断生，捞出装盘，待用。

 3.用油起锅，倒入蒜头，爆香；放入胡萝卜片、皮蛋块，炒匀。

 4.注入适量清水，加入盐、鸡粉，炒匀，煮约2分钟至熟，浇在菠菜上即可。

小贴士　　菠菜含有维生素C、胡萝卜素、铁、钙、磷等营养成分，具有益气补血、利五脏、调中气、活血脉等功效。

培根炒菠菜

材料	菠菜165克，培根200克，蒜片少许

调料	盐2克，鸡粉2克，料酒5毫升，生抽3毫升，白胡椒粉2克，食用油适量

相宜	培根+白菜　　开胃消食 菠菜+花生　　美白皮肤

相克	培根+茶　　　易造成便秘 菠菜+韭菜　　多食可能引起腹泻

1.菠菜洗净，切段；培根洗净，切段。

2.用油起锅，倒入蒜片，用大火爆香。

3.倒入培根，翻炒片刻；加适量料酒、生抽、白胡椒粉，炒匀。

4.放入菠菜段，炒至软；加盐、鸡粉，炒至食材入味，盛出即可。

小贴士	菠菜含有胡萝卜素、维生素C、维生素K、矿物质、辅酶Q10等成分，具有行气补血、促进食欲等功效。

肉丝扒菠菜

材料	菠菜400克，肉丝150克，枸杞15克，熟白芝麻20克，蒜末适量	调料	盐2克，鸡粉1克，生抽、料酒各5毫升，水淀粉、食用油各适量

相宜	菠菜+羊肝　恢复活力 菠菜+猪肉　补铁、补血	相克	菠菜+鳝鱼　导致腹泻 菠菜+黄豆　不利于钙吸收

1.将备好的菠菜洗净，再切成两段。

2.热锅注油烧热，倒入蒜末，爆香；放入菠菜，炒至熟软；加盐，炒匀，盛出，装碗待用。

3.锅中注油，倒入肉丝，稍炒片刻；倒入蒜末，加入料酒、生抽，注入清水，放入枸杞，加盐、鸡粉，炒匀。

4.淋入水淀粉勾芡，关火后盛出肉丝和汤汁，浇在菠菜上，撒上熟白芝麻即可。

小贴士　菠菜含有膳食纤维、维生素K、铁元素等营养物质，具有补血、润肠通便、防癌抗癌、增强抵抗力等作用。

西芹百合炒白果

材料	西芹150克，鲜百合100克，白果100克，彩椒10克	调料	鸡粉2克，盐2克，水淀粉3毫升，食用油适量

相宜	西芹+牛肉　降压降脂、美容瘦身 百合+银耳　滋阴养颜、改善睡眠	相克	西芹+甲鱼　易导致肠胃不适 百合+虾皮　降低营养价值

 1.彩椒洗净，切成大块；西芹洗净，切成小块。

 2.锅中注水烧开，倒入白果、彩椒、西芹、百合，略煮一会儿，捞出备用。

 3.热锅注油，倒入焯好水的食材，加入少许盐、鸡粉，翻炒均匀。

 4.淋入少许水淀粉，翻炒片刻即可。

小贴士	西芹含有膳食纤维及多种矿物质、维生素，具有镇静安神、利尿消肿、增强免疫力等功效。

西芹炒油渣

材料	猪肥肉200克，西芹120克，腰果35克，红椒10克	调料	盐、鸡粉各2克，水淀粉、食用油各适量

相宜	西芹+牛肉 猪肥肉+冬瓜	降压降脂、美容瘦身 减少脂肪吸收	相克	西芹+甲鱼 猪肥肉+花生	易导致肠胃不适 升高血脂

1.西芹、红椒洗净后用斜刀切段；猪肥肉洗净，切成薄片，备用。

2.锅中注水烧开，倒入食用油，放入西芹、红椒，煮至断生后捞出。

3.热锅注油，烧至五成热，倒入腰果，炸至金黄色，捞出，装盘待用。

4.锅底留油烧热，倒入肥肉，小火炒至出油，盛出多余的油分；转大火，倒入焯过水的食材炒匀；加盐、鸡粉、水淀粉、腰果炒匀即可。

小贴士　　西芹含有膳食纤维及多种维生素、矿物质、植物化合物，具有降血压、镇静安神、健胃、利尿等功效。

芹菜腊肉

| 材料 | 腊肉300克，芹菜100克，红椒30克，蒜末、葱段各少许 | 调料 | 盐2克，鸡粉2克，辣椒油2毫升，料酒8毫升，水淀粉8毫升 |

| 相宜 | 芹菜+牛肉　营养瘦身
芹菜+核桃　润发明目、养血 | 相克 | 芹菜+鸡肉　伤元气
芹菜+醋　损伤牙齿 |

1.芹菜洗净，切段；红椒洗净，切条。

2.锅中注水烧开，倒入腊肉，汆去盐分，捞出，沥干水分，备用。

3.用油起锅，倒入备好的腊肉，炒香；放入葱段、蒜末，炒匀。

4.倒入红椒、芹菜，快速炒匀；加辣椒油、盐、鸡粉、料酒，炒匀提味；倒入水淀粉勾芡即可。

| 小贴士 | 　芹菜含有维生素B$_1$、维生素B$_2$、维生素C、维生素P，以及钙、铁、磷等矿物质，具有降血压、降血脂、预防动脉粥样硬化等作用。 |

凉拌嫩芹菜

| 材料 | 芹菜80克，胡萝卜30克，蒜末、葱花各少许 | 调料 | 盐3克，鸡粉少许，芝麻油5毫升，食用油适量 |

| 相宜 | 芹菜+茭白　降血压、血脂
芹菜+红枣　补血养颜 | 相克 | 芹菜+南瓜　易导致腹胀、腹泻
芹菜+螃蟹　易导致腹泻 |

1.将备好的芹菜洗净，再切成小段，备用。

2.将备好的胡萝卜洗净，再切成细丝。

3.锅中注水烧开，加食用油、盐，放入胡萝卜片、芹菜段，煮至断生后捞出，沥干，备用。

4.将沥干水的食材放入碗中，加盐、鸡粉，撒上蒜末、葱花，淋入芝麻油，搅拌至食材入味即可。

小贴士　芹菜与胡萝卜搭配，含有丰富的膳食纤维、胡萝卜素、维生素C、维生素P、钙、铁、磷，能为人体补充所需的营养物质，既能润肤、明目、瘦身，又有助于通利二便。

蛋丝拌韭菜

材料	韭菜80克，鸡蛋1个，生姜15克，白芝麻、蒜末各适量	调料	白糖、鸡粉各1克，生抽、香醋、花椒油、芝麻油各5毫升，辣椒油10毫升，食用油适量

相宜	韭菜+鸡蛋　　补肾、行气 韭菜+黄豆芽　排毒瘦身	相克	韭菜+白酒　　导致胃肠不适 韭菜+牛奶　　影响钙的吸收

1.锅中注水烧开，倒入洗净的韭菜，煮至断生，捞出，放凉后切成小段；生姜切成末，备用。

2.鸡蛋打成蛋液，倒入油锅中煎至两面微焦，制成蛋皮，再切成丝。

3.取一碗，倒入姜末、蒜末、生抽、白糖、鸡粉、香醋、花椒油、辣椒油、芝麻油、拌匀，制成酱汁。

4.另取一碗，倒入韭菜、蛋丝，拌匀；撒上白芝麻，淋上部分酱汁，拌匀；摆入盘中，浇上剩余酱汁，撒上白芝麻即可。

小贴士	韭菜含有糖类、胡萝卜素、钙、磷、铁等多种营养物质，具有祛寒散瘀、滋阴壮阳、补虚、健胃、提神、止汗、固涩等功效。

蒜香葫芦瓜

| 材料 | 葫芦瓜450克，去皮胡萝卜110克，蒜末少许 | 调料 | 盐、鸡粉各2克，芝麻油5毫升，水淀粉、食用油各适量 |

| 相宜 | 葫芦瓜+胡萝卜　清热、明目
葫芦瓜+鸡蛋　改善体质 | 相宜 | 葫芦瓜+洋葱　增强免疫力
葫芦瓜+冬瓜　利水消肿 |

 1.葫芦瓜洗净切片；胡萝卜洗净切片。

 2.用油起锅，倒入备好的蒜末，爆香。

 3.放入胡萝卜片、葫芦瓜片，炒匀。

 4.注入适量清水，加入盐、鸡粉，炒匀；倒入水淀粉勾芡；加芝麻油，翻炒片刻，盛出即可。

小贴士　葫芦瓜富含膳食纤维、维生素C、胡萝卜素和多种矿物质，具有利水消肿、止渴除烦、通淋散结的功效，尤其适合夏、秋季节食用。

胡萝卜鸡肉茄丁

材料	去皮茄子100克，鸡胸肉200克，去皮胡萝卜95克，蒜片、葱段各少许	调料	盐2克，白糖2克，胡椒粉3克，蚝油5克，生抽、水淀粉各5毫升，料酒10毫升，食用油适量

相宜	鸡肉+枸杞　补五脏、益气血 鸡肉+红豆　提供丰富的营养	相克	鸡肉+芥菜　影响身体健康 鸡肉+李子　多食易引起不适

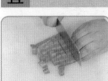 1.茄子洗净，切丁；胡萝卜洗净，切丁。

 2.鸡胸肉切丁，加盐、料酒、水淀粉、食用油，腌渍10分钟，下油锅炒至转色，盛出装盘。

 3.另起锅注油，倒入胡萝卜丁、葱段、蒜片、茄子丁，炒匀；加入料酒、清水、盐，搅匀，大火焖5分钟。

 4.揭盖，倒入鸡肉丁，加蚝油、胡椒粉、生抽、白糖，炒至入味即可。

小贴士　鸡肉中含有优质蛋白质和丰富的维生素P，以及钙、磷、铁等营养成分，而且脂肪含量比较低，具有延缓衰老、清热解毒、降低胆固醇含量、降血压等功效。

胡萝卜凉薯片

材料	去皮凉薯200克，去皮胡萝卜100克，青椒25克	调料	盐、鸡粉各1克，蚝油5克，食用油适量

相宜	胡萝卜+香菜　　开胃消食 胡萝卜+绿豆芽　排毒瘦身	相克	胡萝卜+柑橘　降低营养价值 胡萝卜+红枣　降低营养价值

 1.凉薯洗净切片；胡萝洗净切薄片；青椒洗净切成块，备用。

 2.热锅注油，倒入胡萝卜，炒匀；放入凉薯，炒至食材熟透。

 3.倒入青椒，炒匀；加盐、鸡粉，炒匀。

 4.注入少许清水，炒匀；放入蚝油，炒至入味即可。

小贴士　　胡萝卜含有胡萝卜素、钾、钙等营养物质，具有滋润肌肤、抗衰老、保护视力、帮助改善夜盲症等功效。

红烧萝卜

材料	去皮白萝卜400克，鲜香菇3个	调料	盐、鸡粉各1克，白糖2克，生抽、老抽各5毫升，水淀粉、食用油各适量

相宜	白萝卜+紫菜 清肺热、治咳嗽 白萝卜+豆腐 促进营养吸收	相克	白萝卜+黄瓜 破坏维生素C 白萝卜+猪肝 降低营养价值

 1.白萝卜洗净，切滚刀块；鲜香菇洗净，用斜刀对半切开，备用。

 2.用油起锅，倒入香菇，炒出香味。

 3.注入适量清水，放入白萝卜，炒匀；加盐、生抽、老抽、白糖、鸡粉，炒匀。

 4.加盖，用大火烧开后转中火焖20分钟；揭盖，加水淀粉勾芡即可。

小贴士	白萝卜含有膳食纤维、维生素E、维生素C、多种含硫化合物，具有能促进新陈代谢、增强食欲、化痰清热、解毒生津、利尿通便等功效。常吃白萝卜还有助于降低血脂、软化血管。

芝麻油胡萝卜

材料	胡萝卜200克，鸡汤50毫升，姜片、葱段各少许	调料	盐3克，鸡粉2克，芝麻油适量

相宜	胡萝卜+香菜 开胃消食 胡萝卜+绿豆芽 排毒瘦身	相克	胡萝卜+柠檬 破坏维生素C 胡萝卜+草莓 破坏维生素C

 1.将备好的胡萝卜洗净，再切成丝，备用。

 2.锅置火上，倒入芝麻油，烧热，放入备好的姜片、葱段，爆香。

 3.倒入切好的胡萝卜，翻炒均匀。

 4.加入鸡汤，再放入盐、鸡粉，炒匀即可。

小贴士 胡萝卜含有胡萝卜素、B族维生素、维生素C、钙、铁等营养成分，具有降血糖、增强免疫力、益肝明目等功效。

胡萝卜丝炒包菜

材料	胡萝卜150克，包菜200克，圆椒35克	调料	盐、鸡粉各2克，食用油适量

相宜	包菜+木耳　健胃补脑 包菜+猪肉　补充营养、通便	相克	包菜+黄瓜　降低营养价值 包菜+肝脏　损失营养成分

1.胡萝卜洗净，切成丝；圆椒洗净，切细丝；包菜洗净，切粗丝。

2.用油起锅，倒入切好的胡萝卜，炒匀。

3.放入备好的包菜、圆椒，炒匀。

4.注入少许清水，炒至食材断生；加盐、鸡粉，炒匀调味即可。

小贴士　包菜有润脏腑、益心力、清热止痛、增强食欲、促进消化、预防便秘等功效，对睡眠不佳、失眠多梦、皮肤粗糙、皮肤过敏、关节屈伸不利、胃脘疼痛等病症患者有食疗作用。

萝卜干炒杭椒

材料	萝卜干200克，青椒80克，蒜末、葱段各少许	调料	鸡粉2克，豆瓣酱15克，盐、食用油各适量

相宜	萝卜干+金针菇　可治消化不良 萝卜干+猪肉　　消食、通便	相克	萝卜干+人参　降低药效 萝卜干+猪肝　降低营养价值

 1.萝卜干洗净切粒；青椒洗净，去籽，切粒。

 2.锅中注水烧开，倒入萝卜干，煮去多余的盐分，捞出，沥干待用。

 3.用油起锅，倒入切好的蒜末、葱段、青椒，爆香。

 4.放入萝卜干，快速炒匀；加入豆瓣酱、盐、鸡粉，炒匀调味即可。

小贴士　　萝卜干含有含硫化合物、挥发油、钙、磷、铁等营养成分，具有理气、通便、改善食欲等功效。

川味烧萝卜

材料	白萝卜400克，红椒35克，白芝麻4克，干辣椒15克，花椒5克，蒜末、葱段各少许	调料	盐2克，鸡粉1克，豆瓣酱2克，生抽4毫升，水淀粉、食用油各适量

相宜	白萝卜+羊肉　降低血脂 白萝卜+牛肉　补五脏、益气血	相克	白萝卜+人参　降低药效 白萝卜+黑木耳　易引发皮炎

1.白萝卜洗净，切成条形；红椒洗净，斜切成圈。

2.用油起锅，倒入花椒、干辣椒、蒜末、爆香；放入白萝卜条，炒匀；加入豆瓣酱、生抽、盐、鸡粉，炒至熟软。

3.注入适量清水，炒匀，盖上盖，烧开后用小火煮约10分钟。

4.揭盖，放入红椒圈，炒至断生；用水淀粉勾芡，撒上葱段，炒香；盛出装盘，撒上白芝麻即可。

小贴士　　白萝卜含有维生素C、芥子油等营养成分，具有清热生津、消食化滞、开胃健脾、顺气化痰等功效。

白菜梗拌胡萝卜丝

材料	白菜梗120克，胡萝卜200克，青椒35克，蒜末、葱花各少许	调料	盐3克，鸡粉2克，生抽3毫升，陈醋6毫升，芝麻油适量

相宜	胡萝卜+绿豆芽　排毒瘦身 白菜+青椒　　促进消化	相克	胡萝卜+柑橘　降低营养价值 白菜+羊肝　　破坏维生素

1.白菜梗洗净切粗丝；胡萝卜洗净切细丝；青椒洗净切成丝。

2.锅中注水烧开，加少许盐，倒入胡萝卜丝，煮1分钟；放入白菜梗、青椒，搅散，再煮半分钟，捞出，沥干待用。

3.把焯好的食材装入碗中，加盐、鸡粉、生抽、陈醋、芝麻油、蒜末、葱花，搅拌至食材入味。

4.取一个干净的盘子，盛入拌好的材料即成。

小贴士　胡萝卜含有胡萝卜素、维生素B$_1$、维生素B$_2$、钙、铁等营养成分，有补益脾胃、补血强身等功效。

榨菜炒白萝卜丝

材料	榨菜头120克，白萝卜200克，红椒40克，姜片、蒜末、葱段各少许	调料	盐2克，鸡粉2克，豆瓣酱10克，水淀粉、食用油各适量

相宜	白萝卜+紫菜　清肺热、预防咳嗽 白萝卜+豆腐　促进营养吸收	相克	白萝卜+橘子　不利于营养吸收 白萝卜+黄瓜　破坏维生素

1.白萝卜洗净，切成丝；榨菜头洗净，切成丝；红椒洗净，切成丝。

2.锅中注水烧开，加食用油、盐，倒入榨菜丝，煮半分钟；倒入白萝卜丝，再煮1分钟，捞出，沥干待用。

3.锅中注油烧热，放入姜片、蒜末、葱段、红椒丝，爆香。

4.倒入榨菜丝、白萝卜丝，炒匀；加鸡粉、盐、豆瓣酱，炒匀调味；倒入水淀粉勾芡即可。

小贴士　　白萝卜含有较多的钾，有助于身体排出多余的钠，从而有利于预防高血压。白萝卜还含有香豆酸等活性成分，能降血糖和胆固醇，促进脂肪代谢，适合糖尿病和肥胖症患者食用。

胡萝卜丝炒豆芽

材料	胡萝卜80克，黄豆芽70克，蒜末少许	调料	盐2克，鸡粉2克，水淀粉、食用油各适量

相宜	黄豆芽+牛肉　预防感冒、防止中暑 胡萝卜+香菜　开胃消食	相克	黄豆芽+猪肝　破坏维生素 胡萝卜+红枣　降低营养价值

 1.将洗净去皮的胡萝卜切片，改切成丝。

 2.锅中注水烧开，加入适量食用油，倒入胡萝卜，煮半分钟；倒入黄豆芽，续煮半分钟，捞出待用。

 3.锅中注油烧热，倒入蒜末，爆香，倒入焯好的胡萝卜和黄豆芽，拌炒片刻。

 4.加入鸡粉、盐翻炒匀，再倒入适量水淀粉，快速拌炒均匀，盛入盘中即成。

小贴士　胡萝卜营养丰富，含较多的胡萝卜素、膳食纤维等营养物质，对人体具有多方面的保健功能，因此被誉为"小人参"。胡萝卜还含有大量的植物纤维，可加强肠道的蠕动，具有促进消化、通便的作用。

咖喱花菜

材料	花菜200克，姜末少许	调料	咖喱粉10克，盐2克，鸡粉1克，食用油适量

相宜	花菜+辣椒　防癌抗癌 花菜+香菇　降低血脂	相克	花菜+牛肝　不利身体健康 花菜+豆浆　降低营养价值

1.将花菜洗净，切成小朵，备用。

2.锅中注水烧开，加少许食用油、盐，放入花菜，煮至断生后捞出。

3.用油起锅，撒上姜末，用大火爆香；加入适量咖喱粉，炒香。

4.倒入花菜，快速炒匀；加盐、鸡粉，炒匀调味即可。

小贴士　花菜含有膳食纤维、胡萝卜素、B族维生素、钙、磷、钾、镁、铁、锌等营养成分，具有清热解渴、增强免疫力、开胃、美白等功效。

红椒西红柿炒花菜

材料	花菜250克，西红柿120克，红椒10克	调料	盐2克，鸡粉2克，白糖4克，水淀粉6毫升，食用油适量

相宜	花菜+蜂蜜　　止咳润肺 西红柿+花菜　抗氧化、软化血管	相克	花菜+猪肝　　阻碍营养物质的吸收 西红柿+红薯　引起腹痛不适

 1.花菜洗净切成小朵；西红柿洗净切成小瓣；红椒洗净切成片。

 2.锅中注水烧开，倒入花菜，淋入食用油，煮至断生；放入红椒，略煮一会儿，捞出。

 3.用油起锅，倒入焯过水的花菜和红椒，翻炒均匀。

 4.放入西红柿，用大火快炒；加盐、鸡粉、白糖、水淀粉，炒匀即可。

小贴士　　西红柿含有胡萝卜素、B族维生素、维生素C、钙、磷、钾、镁、铁、锌等营养成分，具有降血压、健胃消食、生津止渴、清热解毒等功效。

铁板花菜

材料	花菜300克，红椒15克，香菜20克，蒜末、干辣椒、葱段各少许	调料	盐3克，鸡粉2克，料酒5毫升，生抽4毫升，辣椒酱10克，食用油适量

相宜	花菜+辣椒　防癌抗癌 花菜+香菇　降低血脂	相克	花菜+牛肝　不利身体健康 花菜+豆浆　降低营养价值

 1.红椒洗净，切小段；香菜洗净，切小段；花菜洗净，切小朵。

 2.锅中注水烧开，加盐、食用油，倒入花菜，煮至断生，捞出。

 3.用油起锅，倒入蒜末、干辣椒、葱段，爆香；放入红椒、花菜，翻炒匀；加料酒、生抽、鸡粉、盐、辣椒酱，炒匀。

 4.倒入清水，煮至食材熟透；淋入水淀粉勾芡；盛入预热的铁板中，放上备好的香菜即可。

小贴士	花菜含有多种维生素、矿物质，具有防癌抗癌、软化血管、保肝护肾、瘦身排毒、增强免疫力等功效。

糖醋花菜

材料	花菜350克，红椒35克，蒜末、葱段各少许	调料	番茄汁25克，盐3克，白糖4克，料酒4毫升，水淀粉、食用油各适量

相宜	花菜+辣椒　防癌抗癌 花菜+香菇　降低血脂	相克	花菜+牛肝　降低营养价值 花菜+豆浆　降低营养价值

 1.花菜洗净切成小块；红椒洗净切成小块。

 2.锅中注水烧开，加少许盐，放入花菜、红椒块，煮至断生后捞出。

 3.用油起锅，下入蒜末、葱段，爆香；倒入焯煮过的食材，翻炒匀。

 4.淋入料酒，炒香；注入清水，放入番茄汁、白糖，搅拌至糖分溶化；加盐调味，淋入水淀粉勾芡即可。

小贴士 　花菜中的维生素C含量较高，常食能增强人体免疫力，促进肝脏解毒，增强体质，提高抗病能力。

椰香西蓝花

材料	西蓝花200克，草菇100克，香肠120克、牛奶、椰浆各50毫升，胡萝卜片、姜片、葱段各少许	调料	盐3克，鸡粉2克，水淀粉、食用油各适量

相宜	草菇+豆腐　降压降脂 草菇+虾仁　补肾壮阳	草菇+猪肉　补脾益气 草菇+牛肉　增强免疫力

1.西蓝花洗净，切小朵；草菇洗净，对半切开；香肠洗净，用斜刀切片。

2.锅中注水烧开，加食用油、盐；倒入草菇、西蓝花，煮至断生后捞出。

3.用油起锅，放入胡萝卜片、姜片、葱段，大火爆香；放入香肠，炒香；倒入清水，收拢食材。

4.放入焯煮过的食材，炒匀；倒入牛奶、椰浆，中火续煮片刻；加盐、鸡粉调味，淋入水淀粉勾芡即可。

小贴士	草菇营养丰富，味道鲜美，含有维生素和特有的多糖类，有消食祛热、补脾益气的作用。此外，草菇还含有磷、钾、钙等营养元素。

干贝芥菜

材料	芥菜700克，水发干贝15克，干辣椒5克	调料	盐、鸡粉各1克，食粉、食用油适量

相宜	芥菜+粳米　健脾养胃 芥菜+黄鱼　利尿止血	芥菜+豆腐　降压止血 芥菜+猪肉　健脾养胃、护肾

1.取备好的干辣椒，切成细丝；芥菜洗净。

2.锅中注水烧开，加入食粉，倒入芥菜，煮至断生，捞出过凉水，去掉叶子后对半切开。

3.用油起锅，放入干辣椒，爆香后捞出。

4.注入适量清水，倒入干贝、芥菜，煮至食材熟透；加盐、鸡粉调味即可。

小贴士

　　芥菜含有膳食纤维、维生素C及多种矿物质，具有提神醒脑、解除疲劳、明目、通便等多种功效。

黑椒豆腐茄子煲

材料	茄子160克，日本豆腐200克，蒜片少许，罗勒叶、枸杞各适量	调料	盐、黑胡椒粉各2克，鸡粉3克，生抽、老抽各3毫升，水淀粉、蚝油、食用油各适量

相宜	茄子+黄豆 茄子+苦瓜	通气、顺肠、润燥消肿 清心明目	相克	茄子+蟹 茄子+墨鱼	郁积腹中、伤肠胃 引起腹泻

1.茄子洗净，切段；日本豆腐洗净，切块。

2.热锅注油，烧至六成热，倒入茄子，炸至微黄色，捞出，沥干油，待用。

3.用油起锅，倒蒜片爆香；加水、盐、生抽、老抽、蚝油、鸡粉、黑胡椒粉，炒匀；倒入茄子、日本豆腐，煮入味，加水淀粉勾芡。

4.将食材盛入砂锅中，小火焖10分钟，最后放入罗勒叶、枸杞做装饰即可。

小贴士

茄子含有糖类、膳食纤维、多种维生素、钙、磷、铁、钾等营养成分，具有降低血压、延缓衰老、抗辐射等功效，常吃茄子还能减少黄褐斑、老年斑的生成。

咸蛋黄茄子

材料	熟咸蛋黄5个，茄子250克，红椒10克，罗勒叶少许	调料	盐2克，鸡粉3克，食用油适量

相宜	茄子+黄豆　通气、顺肠、润燥消肿 茄子+苦瓜　清心明目	相克	茄子+蟹　　郁积腹中、伤肠胃 茄子+墨鱼　引起腹泻

 1.茄子洗净切滚刀块；红椒洗净切丁；熟咸蛋黄剁成泥，备用。

 2.热锅注油，烧至六成热，倒入茄子，炸至微黄色，捞出沥干油，装盘。

 3.用油起锅，倒入熟咸蛋黄，加适量盐、鸡粉，翻炒入味。

 4.放入红椒、茄子，炒至熟；盛出装盘，放上红椒、罗勒叶做装饰即可。

小贴士　　咸蛋黄含有蛋白质、维生素A、B族维生素、维生素D、钙、磷、铁等营养成分，具有保肝护肾、健脑益智、延缓衰老等功效。

东北酱茄子

材料	茄子600克，葱段15克，蒜末10克	调料	黄豆酱20克，鸡粉2克，白糖2克，水淀粉10毫升，食用油适量

相宜	茄子+苦瓜　清心明目 茄子+羊肉　预防心血管疾病	相克	茄子+螃蟹　易伤肠胃 茄子+墨鱼　易引起腹泻

1.茄子洗净，切成条，放入凉水中，冲洗一下，捞出，沥干。

2.锅中注油，烧至六成热，倒入茄子，炸至微黄色，捞出，沥干油。

3.锅底留油，倒入蒜末、黄豆酱，炒香；倒入清水，加鸡粉、白糖，搅匀调味。

4.倒入茄子、葱段，炒匀；淋入水淀粉勾芡即可。

小贴士　　茄子具有活血化瘀、清热消肿、宽肠之效，适用于肠风下血、热毒疮痈、皮肤溃疡等。茄子还含有黄酮类化合物，具有抗氧化功能。

桃仁茄子

材料	茄子300克，核桃仁25克，甜辣酱5克，生粉20克，鸡蛋1个，姜片、葱段各少许	调料	盐2克，鸡粉3克，料酒、生抽各5毫升，水淀粉、芝麻油、食用油各适量

相宜	茄子+黄豆　　消肿、消炎 核桃仁+黑芝麻　补肝益肾、乌发润肤	相克	茄子+鱿鱼　　引起不适 核桃仁+白酒　导致血热

1.茄子洗净，去皮，再切成滚刀块，备用。

2.碗里打入鸡蛋，搅散，放入生粉、茄子，拌匀；另取一碗，注入清水，加盐、鸡粉、料酒、生抽、水淀粉、芝麻油，拌匀，制成汁液。

3.热锅注油烧热，放入装有核桃仁的漏勺，油炸片刻，捞出，沥干油；油烧至六成热，倒入茄子，炸至金黄色，捞出，沥干油。

4.用油起锅，放入姜片、甜辣酱炒匀；注油，倒入调好的汁液炒匀；放茄子、葱段炒匀；盛出装盘，放上核桃仁、剩余的葱段即可。

小贴士	核桃仁含有蛋白质、膳食纤维、维生素B$_1$、胡萝卜素等营养成分，具有益智健脑、开胃润肠、促进新陈代谢等功效。

手撕茄子

材料	茄子段120克，蒜末少许	调料	盐、鸡粉各2克，白糖少许，生抽3毫升，陈醋8毫升，芝麻油适量

相宜	茄子+黄豆　通气、顺肠、润燥消肿 茄子+苦瓜　清心明目	相克	茄子+蟹　郁积腹中、伤肠胃 茄子+墨鱼　引起腹泻

 1.蒸锅上火烧开，放入洗净的茄子段，盖上盖，用中火蒸约30分钟，取出。

 2.待茄子放凉后撕成细条状，装在碗中。

 3.加入盐、白糖、鸡粉，淋上适量生抽。

 4.注入少许陈醋、芝麻油，撒上备好的蒜末，搅拌至食材入味即可。

小贴士　　茄子含有维生素C、维生素P、水苏碱、胆碱、钙、磷、铁等营养成分，具有清热活血、美容、抗衰老、保护血管等作用。

鱼香茄子烧四季豆

材料	茄子160克，四季豆120克，肉末65克，青椒20克，红椒15克，姜末、蒜末、葱花各少许	调料	鸡粉2克，生抽3毫升，料酒3毫升，陈醋7毫升，水淀粉、豆瓣酱、食用油各适量

相宜	茄子+黄豆　通气、顺肠、润燥消肿 茄子+苦瓜　清心明目	相克	茄子+蟹　郁积腹中、伤肠胃 茄子+墨鱼　引起腹泻

 1.青椒洗净切条形；红椒洗净切条；茄子洗净切条；四季豆洗净切长段。

 2.热锅注油，烧至六成热，倒入四季豆，炸1分钟，捞出，沥干油；倒入茄子，炸至变软，捞出后焯水，捞出，沥干水分。

 3.用油起锅，倒入肉末炒匀；放入姜末、蒜末、豆瓣酱炒匀；倒入青椒、红椒炒匀；加水、鸡粉、生抽、料酒炒匀。

 4.倒入茄子、四季豆，炒匀，中小火焖5分钟至熟；加陈醋、水淀粉，炒至入味，盛出装盘，撒上葱花即可。

小贴士　　茄子具有活血化瘀、清热消肿、宽肠之效，适用于肠风下血、热毒疮痈、皮肤溃疡等。茄子还含有黄酮类化合物，具有抗氧化功能。

豆瓣茄子

材料	茄子300克，红椒40克，姜末、葱花各少许	调料	盐、鸡粉各2克，生抽、水淀粉各5毫升，豆瓣酱15克，食用油适量

相宜	茄子+黄豆　通气、顺肠、润燥消肿 茄子+苦瓜　清心明目	相克	茄子+蟹　郁积腹中、伤肠胃 茄子+墨鱼　引起腹泻

1.去皮的茄子洗净，切成条；红椒洗净，切成粒。

2.热锅注油，烧至四成热，放入茄子，炸至金黄色，捞出，沥干油。

3.锅底留油，放入姜末、红椒，用大火炒香；倒入豆瓣酱，炒匀。

4.放入茄子，加入清水，翻炒匀；加盐、鸡粉、生抽，炒匀；淋入水淀粉勾芡；盛出装碗，撒上葱花即可。

小贴士　茄子含有维生素C、维生素P、膳食纤维、黄酮、多糖等营养成分和抗氧化物质，具有清热活血、美容、抗衰老、保护血管等作用。

捣茄子

材料	茄子200克，青椒40克，红椒45克，蒜末、葱花各少许	调料	生抽8毫升，番茄酱15克，陈醋5毫升，芝麻油2毫升，盐、食用油各适量

相宜	茄子+黄豆　通气、顺肠、润燥消肿 茄子+苦瓜　清心明目	相克	茄子+蟹　　郁积腹中、伤肠胃 茄子+墨鱼　引起腹泻

1. 茄子洗净去皮，切成条；青椒、红椒洗净，切去蒂。

2. 热锅注油，烧至三四成热，放入青椒、红椒，炸至虎皮状，捞出，沥干油。

3. 蒸锅上火烧开，放入茄子，盖上盖，大火蒸15分钟，取出茄子，放凉待用。

4. 将青椒、红椒装入碗中，用木臼棒捣碎；加入茄子、蒜末，继续捣碎；加生抽、盐、番茄酱、陈醋、芝麻油，搅拌至食材入味即可。

小贴士　　茄子含有维生素及多种矿物质，具有清热活血、消肿止痛、增强免疫力等功效。茄子皮中的抗氧化物质含量很高，能帮助预防、淡化色斑，预防老年斑的形成。

酱焖茄子

材料	茄子180克，红椒15克，黄豆酱40克，姜末、蒜末、葱花各少许	调料	盐2克，鸡粉2克，白糖4克，蚝油15克，水淀粉5毫升，食用油适量

相宜	茄子+黄豆　通气、顺肠、润燥消肿 茄子+牛肉　强身健体	茄子+兔肉　可保护心血管 茄子+狗肉　可预防心血管疾病

 1.茄子洗净，切成条，再切上花刀；红椒洗净，切成块，备用。

 2.热锅注油烧热，放入茄子，炸至金黄色，捞出，沥干油。

 3.锅底留油，放入姜末、蒜末、红椒，爆香；加入备好的黄豆酱，炒匀；倒入少许清水，放入炸好的茄子，翻炒片刻。

 4.加蚝油、鸡粉、盐，翻炒一会儿；放入白糖，炒匀调味；倒入水淀粉勾芡；盛出装盘，撒上葱花即可。

小贴士　茄子含有膳食纤维、维生素及钙、磷、铁等营养成分。中医认为，茄子属于寒凉性质的食物。夏季常食，有助于清热解暑，对于易长痱子、生疮疖的人，尤为适宜。

臊子鱼鳞茄

材料	茄子120克，肉末45克，姜片、蒜末、葱花各少许	调料	盐3克，鸡粉少许，白糖2克，豆瓣酱6克，剁椒酱10克，生抽4毫升，陈醋6毫升，生粉、水淀粉、食用油各适量

相宜	茄子+黄豆	通气、顺肠、润燥消肿		茄子+兔肉	可保护心血管
	茄子+牛肉	强身健体		茄子+狗肉	可预防心血管疾病

1.茄子切开，再切上鱼鳞花刀，装入盘中，均匀地撒上生粉，静置片刻。

2.热锅注油，烧至五六成热，倒入茄块，中火炸至金黄色，捞出，沥干油。

3.用油起锅，倒入肉末，炒至变色；放入蒜末、姜片，炒香；加入豆瓣酱、剁椒酱，炒出辣味。

4.注水，淋上生抽，倒入茄块，加鸡粉、盐、白糖，炒匀，略煮至茄块变软；加陈醋调味，淋入水淀粉勾芡；盛出装盘，撒上葱花即可。

小贴士	茄子含有葫芦巴碱、水苏碱、维生素、钙、磷、铁等营养成分，具有软化血管、降血脂、降血压、防癌抗癌等功效。

擂辣椒

材料	青椒300克，蒜末少许	**调料**	盐3克，鸡粉3克，豆瓣酱10克，生抽5毫升，食用油适量

相宜	青椒+鳝鱼　可开胃爽口 青椒+苦瓜　美容养颜		青椒+空心菜　降压止痛 青椒+肉类　　促进消化和吸收

 1.将备好的青椒洗净，去蒂，备用。

 2.热锅注油，烧至五成热，倒入青椒，炸至呈虎皮状，捞出，沥干油。

 3.把青椒倒入碗中，加入蒜末，用木臼棒捣碎。

 4.放入适量豆瓣酱、生抽，快速拌匀；加盐、鸡粉，搅拌至食材入味即可。

小贴士　青椒含有维生素C、胡萝卜素、叶酸、镁、钾等营养成分，具有刺激肠胃蠕动、促进消化液分泌、改善食欲等功效。

木耳彩椒炒芦笋

材料	去皮芦笋75克，水发珍珠木耳110克，彩椒50克，干辣椒10克，姜片、蒜末各少许	调料	盐、鸡粉各2克，料酒5毫升，水淀粉、食用油各适量

相宜	芦笋+木耳　清肺、润燥 芦笋+冬瓜　清脂、瘦身	相克	芦笋+羊肉　导致腹痛 芦笋+羊肝　降低营养价值

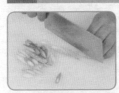 1.芦笋洗净，切成段；彩椒洗净，切成粗条。

 2.锅中注水烧开，倒入珍珠木耳、芦笋段、彩椒条，焯煮片刻，捞出，沥干水分。

 3.用油起锅，放入姜片、蒜末、干辣椒，爆香。

 4.倒入焯煮好的食材，淋入料酒，炒匀；注入清水，加盐、鸡粉、水淀粉，翻炒至熟即可。

小贴士　珍珠木耳含有大量木耳多糖、多种矿物质及少量粗纤维、维生素等营养成分，具有清涤肠胃、防治疾病的功效。

荷兰豆炒彩椒

材料 荷兰豆180克，彩椒80克，姜片、蒜末、葱段各少许

调料 料酒3毫升，蚝油5克，盐2克，鸡粉2克，水淀粉3毫升，食用油适量

相宜
荷兰豆+蘑菇	开胃消食	荷兰豆+虾仁	提高营养价值
荷兰豆+红糖	健脾、通乳、利水	荷兰豆+豆芽	利尿消炎

1.取备好的彩椒洗净，切成条，备用。

2.锅中注水烧开，加食用油、盐，倒入荷兰豆、彩椒，煮至断生，捞出。

3.用油起锅，放入姜片、蒜末、葱段，爆香；倒入荷兰豆、彩椒，翻炒匀。

4.淋入料酒，加入蚝油，炒匀；加盐、鸡粉，炒匀调味；淋入水淀粉勾芡即可。

小贴士 荷兰豆含维生素C，不仅能抗坏血病，还能阻断人体中亚硝胺的合成，阻断外来致癌物的活化，提高免疫机能。荷兰豆还含有膳食纤维，能使人产生饱腹感，抑制饮食量，帮助减肥、瘦身。

彩椒木耳炒百合

材料	鲜百合50克，水发木耳55克，彩椒50克，姜片、蒜末、葱段各少许	调料	盐3克，鸡粉2克，料酒2毫升，生抽2毫升，水淀粉、食用油各适量
相宜	彩椒+肉类　促进消化和吸收 百合+银耳　可治疗失眠	相克	百合+虾皮　降低营养价值

1.彩椒洗净切小块；木耳洗净切成小块。

2.锅中注水烧开，加少许盐，放入木耳、彩椒、百合，煮至断生，捞出。

3.用油起锅，放入姜片、蒜末、葱段，爆香；倒入焯好的食材，淋入适量料酒，翻炒均匀。

4.加生抽、盐、鸡粉，炒匀调味；淋入水淀粉勾芡，炒匀即可。

小贴士　百合含有百合苷、钙、磷、铁及维生素等营养物质，有润肺止咳、清心安神之功效，还能提高机体的免疫力。

葱椒莴笋

材料	莴笋200克，红椒30克，葱段、花椒、蒜末各少许
调料	盐4克，鸡粉2克，豆瓣酱10克，水淀粉8毫升，食用油适量

相宜	莴笋+香菇	利尿通便	莴笋+香干	强壮筋骨
	莴笋+猪肉	补脾益气	莴笋+黑木耳	降低血压

1.去皮的莴笋洗净，用斜刀切成段，再切成片；红椒洗净，切小块。

2.锅中注水烧开，倒入食用油、盐，放入莴笋片，煮至八成熟，捞出，沥干水分。

3.用油起锅，放入红椒、葱段、蒜末、花椒，爆香。

4.倒入焯过水的莴笋，翻炒匀；加豆瓣酱、盐、鸡粉，炒匀调味；淋入水淀粉勾芡即可。

小贴士　莴笋含有膳食纤维、钙、磷、铁、胡萝卜素等多种营养物质，具有利五脏、通经脉、清胃热等功效。其含钾量较高，有利于促进排尿，减少对心房的压力，对高血压和心脏病患者有益。

蒜苗炒莴笋

材料	蒜苗50克，莴笋180克，彩椒50克	调料	盐3克，鸡粉2克，生抽、水淀粉、食用油各适量

相宜	莴笋+蒜苗 防治高血压 莴笋+香菇 利尿通便	相克	莴笋+蜂蜜 可能引起消化不良 莴笋+乳酪 可能引起消化不良

1.蒜苗洗净切段；彩椒洗净切丝；去皮的莴笋洗净，切成丝。

2.锅中注水烧开，加食用油、盐，倒入莴笋丝，煮至断生，捞出。

3.用油起锅，放入蒜苗，炒香；倒入莴笋丝，翻炒匀；放入彩椒，炒匀。

4.加盐、鸡粉、生抽，炒匀调味；倒入适量水淀粉勾芡即可。

小贴士　　莴笋含有矿物质、维生素、锌、铁营养成分，具有利尿、降低血压、预防心律紊乱的作用。莴笋还含有丰富的膳食纤维，有助于减肥瘦身、通便。

鱼香笋丝

材料 竹笋200克，红椒5克，蒜苗20克，红椒末、葱花、姜末、蒜末各少许，豆瓣酱10克

调料 盐2克，鸡粉2克，白糖3克，陈醋4毫升，水淀粉4毫升，食用油适量

相宜
竹笋+鸡肉　暖胃益气、补精填髓
竹笋+莴笋　治疗肺热痰火

相克
竹笋+羊肉　导致腹痛
竹笋+羊肝　对身体不利

1.去皮的竹笋洗净，切条；蒜苗洗净，切段；红椒洗净，切条。

2.锅中注水烧开，倒入笋条，略煮去涩味，捞出，沥干水分。

3.热锅注油，倒入蒜末、葱花、姜末、红椒末，爆香；加入豆瓣酱，炒香。

4.放入红椒、笋条，炒匀；撒上蒜苗，加盐、白糖、鸡粉、陈醋、水淀粉，炒至食材入味即可。

小贴士　竹笋具有清热化痰、益气和胃、治消渴、利水道、利膈爽胃、帮助消化、祛食积、防便秘等功效。另外，竹笋含脂肪、淀粉很少，属天然低脂、低热量食品，是肥胖者减肥的佳品。

上汤冬瓜

材料	冬瓜300克，金华火腿20克，瘦肉30克，水发香菇3克，清鸡汤200毫升	调料	盐2克，鸡粉3克，水淀粉适量

相宜	冬瓜+海带　降低血压 冬瓜+芦笋　降低血脂		冬瓜+火腿　治疗小便不爽 冬瓜+甲鱼　润肤、明目

1.冬瓜洗净切片；瘦肉洗净切丝；香菇洗净切丝；火腿洗净切细丝。

2.把切好的火腿丝放在冬瓜上，待用。

3.蒸锅中注入适量清水烧开，放入冬瓜，盖上盖，大火蒸20分钟，揭盖，取出冬瓜，待用。

4.锅置火上，倒入鸡汤，放入火腿、瘦肉、香菇，加适量清水略煮，撇去浮沫；加盐、鸡粉调味，倒入水淀粉勾芡，浇在冬瓜上即可。

小贴士　冬瓜具有清热解毒、利水消肿、减肥美容的功效，能减少体内脂肪，有利于减肥。常吃冬瓜，还可以使皮肤光洁，对慢性支气管炎、肠炎、肺炎等感染性疾病也有一定的食疗作用。

虾皮蚝油焖冬瓜

材料	冬瓜250克，虾皮60克，姜片、蒜末、葱段各少许	**调料**	盐2克，鸡粉2克，蚝油8克，料酒、水淀粉、食用油各适量

相宜	冬瓜+螃蟹	减肥健美	虾皮+豆腐	利于消化、补钙
	冬瓜+鸡肉	排毒养颜	虾皮+豆苗	增强体质、促进食欲

 1.去皮的冬瓜洗净，切小块，装入盘中，待用。

 2.用油起锅，放入姜片、蒜末、葱段，爆香；倒入虾皮，炒匀；淋入料酒，炒香；倒入冬瓜，翻炒匀。

 3.加入蚝油，炒匀；注入适量清水，盖上盖，用小火焖煮3分钟。

 4.揭盖，加盐、鸡粉调味，淋入水淀粉勾芡即可。

小贴士 冬瓜含有糖类、维生素、钙、铁、镁、磷、钾等营养物质，具有清热祛暑、补钙的功效。虾皮含有钙、磷、铁等成分，有促进骨骼生长和维持骨密度的作用，儿童和中老年人宜多食。

丝瓜炒蟹棒

材料	丝瓜200克，彩椒80克，蟹柳130克，姜片、蒜末、葱段各少许	调料	料酒8毫升，水淀粉5毫升，盐2克，鸡粉2克，蚝油8克

相宜	丝瓜+鸭肉　清热去火 丝瓜+鱼　　增强免疫力	相克	丝瓜+菠菜　可能引起腹泻 丝瓜+芦荟　引起腹痛、腹泻

 1.丝瓜洗净切小块；彩椒洗净切小块；蟹柳剥去塑料皮，切段。

 2.用油起锅，倒入姜片、蒜末、葱段，爆香。

 3.倒入丝瓜、彩椒，炒匀；加盐、鸡粉，炒匀调味。

 4.倒入蟹柳，翻炒匀；淋入料酒，炒香；加入蚝油，炒匀；淋入水淀粉勾芡即可。

小贴士　丝瓜含有膳食纤维、糖类、钙、磷、铁、皂苷、植物黏液、木糖胶、丝瓜苦味质、瓜氨酸等，有利尿通淋、润肠通便的作用。

苦瓜黑椒炒虾球

材料	苦瓜200克，虾仁100克，泡小米椒30克，黑胡椒粉、姜片、蒜末、葱段各少许	调料	盐3克，鸡粉2克，食粉少许，料酒5毫升，生抽6毫升，水淀粉、食用油各适量

相宜	苦瓜+茄子	延缓衰老	相克	苦瓜+黄瓜	降低营养价值
	苦瓜+洋葱	增强免疫力		苦瓜+牛奶	不利于营养物质的吸收

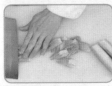

1.苦瓜洗净，用斜刀切成片；虾仁洗净，去除虾线，装入碗中，加盐、鸡粉、水淀粉、食用油，腌渍入味。

2.锅中注水烧开，撒少许食粉，倒入苦瓜片，煮至断生，捞出；再倒入虾仁，氽煮至呈淡红色，捞出。

3.用油起锅，倒入黑胡椒粉、姜片、蒜末、葱段，爆香；放入泡小米椒、虾仁，炒干水汽。

4.淋入料酒，炒香；放入苦瓜片，炒透；加鸡粉、盐、生抽，炒至入味，淋入水淀粉勾芡即成。

小贴士	苦瓜含有维生素C及钾、钠、钙、镁、铁、锰、磷等微量元素，有降血糖、健脾开胃、滋润皮肤、止渴消暑等功效。

豉香佛手瓜

材料	佛手瓜500克，彩椒15克，豆豉少许	调料	盐2克，鸡粉、白糖各1克，水淀粉5毫升，食用油适量

相宜	佛手瓜+豆腐　降低血脂 佛手瓜+土豆　排毒瘦身	相克	佛手瓜+花生　导致腹泻 佛手瓜+香菜　降低营养价值

1.佛手瓜洗净，去瓤，切成块；彩椒洗净，切块。

2.锅中注水烧开，加盐、食用油，倒入佛手瓜、彩椒，煮至断生，捞出，沥干水分，备用。

3.用油起锅，倒入豆豉，爆香；放入切好的佛手瓜、彩椒，炒匀。

4.加盐、鸡粉、白糖、水淀粉，炒至食材熟透即可。

小贴士　佛手瓜含有维生素C、胡萝卜素、锌、钙等营养成分，具有益智健脑、保护视力、补锌、补钙等功效。经常吃佛手瓜可利尿排钠，有扩张血管、降压的保健功能，是心脏病、高血压病患者的保健蔬菜。

酱香菜花豆角

材料	花菜270克，豆角380克，熟五花肉200克，洋葱100克，青彩椒50克，红彩椒60克，豆瓣酱40克，姜片少许	调料	盐、鸡粉各1克，水淀粉5毫升，食用油适量

相宜	花菜+香菇　　降低血脂 花菜+西红柿　降压降脂	相克	花菜+牛肝　　降低营养 花菜+豆浆　　降低营养价值

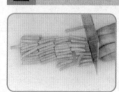 1.洋葱洗净，切块；青彩椒、红椒洗净，切菱形片；熟五花肉切片；豆角洗净，切小段；花菜洗净，去梗，剩余部分切小块。

 2.沸水锅中倒入花菜，焯煮片刻；放入豆角，煮至断生，捞出，沥干水分。

 3.起锅注油，倒入五花肉，拨散；放入姜片，炒至油脂析出；放入豆瓣酱，炒匀。

 4.倒入花菜、豆角，炒匀；加盐、鸡粉，注入清水，炒匀；倒入青红彩椒、洋葱，炒至熟软；淋入水淀粉勾芡即可。

小贴士　　花菜含有膳食纤维、胡萝卜素、维生素C、钙、磷等营养物质，具有抗癌防癌、促进食欲等功效。

川香豆角

材料	豆角350克，蒜末5克，干辣椒3克，花椒8克，白芝麻10克	调料	盐2克，鸡粉3克，蚝油、食用油各适量

相宜	豆角+香菇　益气补虚 豆角+虾皮　健胃补肾、理中益气	相克	豆角+茶　　影响消化、导致便秘 豆角+柿子　引起肠胃不适

1.将洗净的豆角切成小段，备用。

2.用油起锅，倒入蒜末、花椒、干辣椒，爆香。

3.加入豆角，炒匀，倒入少许清水，翻炒至熟。

4.加盐、蚝油、鸡粉，翻炒至入味；盛出装盘，撒上白芝麻即可。

小贴士　　豆角含有膳食纤维、糖类、水、维生素A、维生素C、维生素E及钙、钠、铁等营养成分，具有益气补血、解渴健脾、益肝补肾等功效。

鸳鸯豆角

| 材料 | 豆角120克，酸豆角100克，肉末35克，剁椒酱15克，红椒20克，泡小米椒12克，蒜末、姜末、葱花各少许 | 调料 | 盐2克，鸡粉少许，料酒4毫升，水淀粉、食用油各适量 |

| 相宜 | 豆角+香菇　益气补虚
豆角+虾皮　健胃补肾、理中益气 | 相克 | 豆角+茶　　　影响消化、导致便秘
豆角+桂圆　引起腹胀 |

1.豆角洗净，切长段；泡小米椒切小段；红椒洗净，切条；酸豆角洗净，切长段。

2.锅中注水烧开，倒入豆角，煮至断生后捞出；再倒入酸豆角，煮去多余盐分，捞出。

3.用油起锅，倒入肉末，炒至转色；倒入蒜末、姜末、葱花，炒香；倒入泡小米椒，放入剁椒酱，炒香。

4.注入少许清水，倒入焯过水的材料，撒上红椒条，炒匀；淋入料酒，加盐、鸡粉调味，淋入水淀粉勾芡，盛出即可。

小贴士　豆角含有植物B族维生素、维生素C以及皂苷、血球凝集素等营养素，有清醒头脑、解渴健脾、益气生津等功效。

肉末芽菜煸豆角

材料	肉末300克，豆角150克，芽菜120克，红椒20克，蒜末少许	调料	盐2克，鸡粉2克，豆瓣酱10克，生抽、食用油各适量

相宜	猪肉+茄子　　增加血管弹性 猪肉+黑木耳　降低心血管病发病率	相克	猪肉+田螺　　容易伤肠胃 猪肉+茶　　　容易造成便秘

1.豆角洗净切小段；红椒洗净切小块。

2.锅中注水烧开，加食用油、盐，倒入豆角段，煮至断生，捞出。

3.用油起锅，倒入肉末，炒至变色；加入生抽，略炒；放入豆瓣酱，炒匀；加入蒜末，炒香。

4.倒入豆角、红椒，炒香；放入芽菜，用中火炒匀；加盐、鸡粉调味即可。

小贴士　　猪肉含有全面的必需氨基酸、维生素B$_1$、维生素B$_2$、磷脂、烟酸等营养成分，具有理中益气、补肾健胃、增强免疫力、和五脏、生精髓等功效。

虾仁炒豆角

材料	虾仁60克，豆角150克，红椒10克，姜片、蒜末、葱段各少许	调料	盐3克，鸡粉2克，料酒4毫升，水淀粉、食用油各适量

相宜	豆角+粳米　　补肾健脾、除湿利尿 豆角+黑木耳　降糖、降压	相克	豆角+茶　　　影响消化、导致便秘 豆角+桂圆　引起腹胀

1.豆角洗净，切段；红椒洗净，切条；虾仁洗净，去除虾线，放在碗中，加盐、鸡粉、水淀粉、食用油，腌渍10分钟。

2.锅中注水烧开，加食用油、盐，倒入豆角，煮至断生，捞出。

3.用油起锅，放入姜片、蒜末、葱段，爆香；倒入红椒、虾仁，翻炒几下；淋入料酒，炒至变色。

4.倒入豆角，翻炒匀；加鸡粉、盐，炒匀调味；注入少许清水，收拢食材，略煮一会儿；淋入水淀粉勾芡，盛出即可。

小贴士	常吃豆角能使人头脑清晰，有解渴健脾、益气生津的功效。此外，豆角还含有维生素C，有极好的抗氧化的作用，常食能延缓衰老、美容养颜。

土豆炖油豆角

材料	土豆300克，油豆角200克，红椒40克，蒜末、葱段各少许	调料	豆瓣酱15克，盐2克，鸡粉2克，生抽5毫升，老抽3毫升，水淀粉5毫升，食用油适量

相宜	土豆+辣椒　健脾开胃 土豆+醋　　可清除土豆中的龙葵素	相克	土豆+柿子　易形成胃结石 土豆+石榴　易引起身体不适

1.油豆角洗净切段；去皮的土豆洗净，切成丁；红椒洗净，切小块。

2.热锅注油，烧至五成热，倒入土豆，炸至金黄色，捞出，沥干油。

3.锅底留油，放入蒜末、葱段爆香，倒入油豆角炒至转色，放入土豆炒匀，加水、豆瓣酱、盐、鸡粉、生抽、老抽，炒匀调味。

4.盖上盖，小火焖5分钟；揭盖，加入红椒，炒匀；盖上盖，略焖片刻；大火收汁，淋入水淀粉勾芡即可。

小贴士	油豆角含有氨基酸、膳食纤维及多种维生素、矿物质，其所含的氨基酸比例比较合理，有利于人体消化吸收，能促进身体发育、增强免疫力。

鱼香扁豆丝

材料	扁豆200克，彩椒35克，姜片、蒜片、葱段各少许	调料	豆瓣酱5克，白糖3克，陈醋10毫升，辣椒油5毫升，食用油适量

相宜	扁豆+花菜　补肾脏、健脾胃 扁豆+猪肉　补中益气、健脾胃	相克	扁豆+橘子　对健康不利 扁豆+蛤蜊　易导致腹痛、腹泻

1.彩椒洗净，切细丝；扁豆洗净，切粗丝。

2.用油起锅，倒入姜片、蒜片，炒匀；放入葱段，炒匀；放入豆瓣酱，炒香。

3.倒入切好的扁豆，炒至变软；放入切好的彩椒，翻炒均匀。

4.加白糖、陈醋，炒匀；淋入辣椒油，炒匀即可。

小贴士　　新鲜扁豆含有膳食纤维、多种维生素及钙、磷、铁等营养成分，具有健脾和中、消暑化湿等功效。

蒜香豆豉蒸秋葵

材料	秋葵250克，豆豉20克，蒜泥少许	调料	蒸鱼豉油、橄榄油各适量

相宜	秋葵+猪肝　增强免疫力 秋葵+鸡蛋　滋阴润燥	相克	秋葵+白糖　对身体不利 秋葵+柿子　引起肠胃不适

1.秋葵洗净，斜刀切段，摆在盘中，待用。

2.热锅内注入适量橄榄油烧热，倒入蒜泥、豆豉，爆香，关火，将炒好的蒜油浇在秋葵上。

3.蒸锅上火烧开，放入秋葵，盖上盖，大火蒸20分钟至熟透。

4.揭盖，将秋葵取出，淋上蒸鱼豉油即可。

小贴士　秋葵含有阿拉伯聚糖、半乳聚糖、鼠李聚糖、蛋白质、草酸钙等成分，具有养胃护胃、增强免疫力等功效。

虾米炒秋葵

材料	虾米20克，鲜百合50克，秋葵100克，木耳40克，蒜末、葱段各少许	调料	料酒8毫升，盐2克，鸡粉2克，水淀粉4毫升，食用油适量

相宜	秋葵+羊肉	滋补、强身健体	相克	秋葵+白糖	对身体不利
	秋葵+猪肉	增强免疫力		秋葵+柿子	引起肠胃不适

1.木耳洗净，切小块；秋葵洗净，切成小块。

2.锅中注水烧开，加少许食用油，倒入木耳、秋葵，煮半分钟，捞出，沥干水分。

3.用油起锅，放入蒜末、葱段，爆香；倒入虾米，炒匀；淋入料酒，炒香；放入百合，略炒片刻。

4.倒入木耳、秋葵，加盐、鸡粉，炒匀调味；淋入水淀粉勾芡即可。

小贴士	秋葵含有一种黏性液质及阿拉伯聚糖、半乳聚糖、蛋白质等营养成分，常食能帮助消化、增强体力，促进人体新陈代谢，预防高血压。

莲藕炒秋葵

材料	去皮莲藕250克，去皮胡萝卜150克，秋葵50克，红彩椒10克	调料	盐2克，鸡粉1克，食用油5毫升

相宜	莲藕+猪肉　滋阴血、健脾胃 莲藕+鳝鱼　强肾壮阳	相克	莲藕+菊花　腹泻 莲藕+人参　药性相反

 1.胡萝卜洗净切片；莲藕洗净切片；红彩椒洗净切片；秋葵洗净，斜刀切片。

 2.锅中注水烧开，加少许食用油、盐，倒入胡萝卜、莲藕、红彩椒、秋葵，煮至断生，捞出。

 3.用油起锅，倒入焯好的食材，翻炒均匀。

 4.加入适量盐、鸡粉，炒匀调味，关火后盛出，装入盘中即可。

小贴士　　莲藕含有淀粉、膳食纤维、维生素C、铁等多种营养物质，具有清热解毒、消暑、保护血管、增强人体免疫等功能。

酱爆藕丁

材料	莲藕丁270克，甜面酱30克，熟豌豆50克，熟花生米45克，葱段、干辣椒各少许	调料	盐2克，鸡粉少许，食用油适量

相宜	莲藕+猪肉　滋阴血、健脾胃 莲藕+鳝鱼　强肾壮阳	相克	莲藕+菊花　腹泻 莲藕+人参　药性相反

1.锅中注水烧开，倒入莲藕丁，煮至断生，捞出，沥干水分。

2.用油起锅，撒上葱段、干辣椒，爆香。

3.倒入藕丁，炒匀；注入少许清水，放入甜面酱，炒匀；加白糖、鸡粉，翻炒至食材入味。

4.将炒好的食材盛出，装盘，撒上熟豌豆、熟花生米即可。

小贴士	莲藕含有淀粉、膳食纤维、维生素C、铁等多种营养物质，具有清热解毒、消暑、保护血管、增强人体免疫等功能。

香麻藕片

材料	莲藕150克，彩椒20克，花椒适量，姜丝、葱丝各少许	调料	盐、鸡粉各2克，白醋12毫升，食用油适量

相宜	莲藕+生姜　止呕 莲藕+粳米　健脾、开胃	相克	莲藕+菊花　腹泻 莲藕+人参　药性相反

1.彩椒洗净切细丝；莲藕洗净切薄片。

2.锅中注水烧开，倒入藕片，煮至断生，捞出，装盘待用。

3.用油起锅，放入花椒，炸出香味；撒上姜丝，炒匀；淋入白醋，加盐、鸡粉，炒匀，用大火略煮。

4.放入彩椒丝、葱丝，炒匀，煮至食材断生，制成味汁，浇在藕片上即可。

小贴士　　莲藕含有糖类、天门冬素、B族维生素、维生素C、铁、钙、锌等营养成分，具有健脾开胃、益血补心、清热除烦、解渴止呕等功效。

干煸藕条

材料	莲藕230克，玉米淀粉60克，葱丝、红椒丝、干辣椒、花椒各适量，白芝麻、姜片、蒜头各少许	调料	盐2克，鸡粉少许，食用油适量

相宜	莲藕+生姜　止呕 莲藕+粳米　健脾、开胃	相克	莲藕+菊花　腹泻 莲藕+人参　药性相反

1.莲藕洗净，切条形，滚上玉米淀粉，腌渍片刻。

2.热锅注油，烧至四成热，放入藕条，中小火炸至金黄色，捞出，沥干油。

3.用油起锅，倒入干辣椒、花椒、姜片、蒜头，爆香。

4.倒入藕条，炒匀；加盐、鸡粉，炒匀调味；盛出装盘，撒上熟白芝麻、葱丝、红椒丝即成。

小贴士　　莲藕含有淀粉、天门冬素、维生素C以及氧化酶成分，有清热解烦、解渴止呕、健脾开胃、益血补心等功效。

糖醋藕排

材料	莲藕230克，西红柿40克，圆椒20克，鸡蛋1个	调料	番茄酱20克，盐2克，白糖4克，白醋10毫升，生粉、食用油各适量

相宜	莲藕+猪肉　滋阴血、健脾胃 莲藕+鳝鱼　强肾壮阳	相克	莲藕+菊花　导致腹泻 莲藕+人参　药性相反

1.莲藕洗净切条形；圆椒洗净切小片；西红柿洗净，切成瓣。

2.取一碗，放入适量生粉，打入鸡蛋，加盐，快速拌匀成蛋糊。

3.将藕条滚上蛋糊，入油锅炸至呈金黄色，捞出，沥干油，待用。

4.用油起锅，放入西红柿、圆椒片，炒至断生；加番茄酱，炒匀；加白醋、白糖，炒匀；倒入藕条，炒至入味即可。

小贴士　莲藕含有淀粉、膳食纤维、多种维生素、铁、钙、磷等营养成分，具有补五脏之虚、强壮筋骨、滋阴养血等功效。

辣油藕片

材料	莲藕350克，姜片、蒜末、葱段各少许

调料	白醋7毫升，陈醋10毫升，辣椒油8毫升，盐2克，鸡粉2克，生抽4毫升，水淀粉4毫升，食用油适量

相宜	莲藕+羊肉　润肺补血 莲藕+生姜　止呕

相克	莲藕+菊花　导致腹泻 莲藕+人参　药性相反

1.将备好的莲藕洗净，切成片，备用。

2.锅中注水烧开，淋入白醋，倒入藕片，煮至断生，捞出，沥干水分。

3.用油起锅，倒入姜片、蒜末，爆香；倒入藕片，快速翻炒匀。

4.淋入陈醋、辣椒油，加盐、鸡粉、生抽，炒匀调味；淋入水淀粉勾芡；撒上葱花，炒出葱香味即可。

小贴士	莲藕具有滋阴养血的功效，可以补五脏之虚、强壮筋骨、补血养血。生食能清热润肺、凉血行瘀，熟食可健脾开胃、止泄固精。

老干妈孜然莲藕

材料	去皮莲藕400克，老干妈30克，姜片、蒜末、葱段各少许	调料	盐3克，鸡粉2克，孜然粉5克，生抽、白醋、食用油各适量

相宜	莲藕+羊肉　润肺补血 莲藕+生姜　止呕	相克	莲藕+菊花　导致腹泻 莲藕+人参　药性相反

 1.将备好的莲藕洗净，切成薄片，备用。

 2.取一碗，注入适量清水，加盐、白醋，拌匀；倒入莲藕，拌匀。

 3.锅中注水烧开，倒入莲藕，煮至断生，捞出过凉水，装盘待用。

 4.用油起锅，倒入姜片、蒜末爆香；放入老干妈炒匀；加入孜然粉、莲藕、生抽、盐、鸡粉，炒至入味；放入葱段，炒出香味即可。

小贴士　莲藕含有膳食纤维、维生素C、钙、铁等营养成分，具有益气补血、止血散瘀、健脾开胃等功效。

马蹄炒荷兰豆

材料	马蹄肉90克，荷兰豆75克，红椒15克，姜片、蒜末、葱段各少许	调料	盐3克，鸡粉2克，料酒4毫升，水淀粉、食用油各适量

相宜	马蹄+核桃仁　有利于消化 马蹄+黑木耳　补气强身、益胃助食	相克	马蹄+牛肉　易伤脾胃 马蹄+羊肉　易伤脾胃

 1.马蹄肉洗净，切片；红椒洗净，切小块。

 2.锅中注水烧开，放入食用油、盐，倒入荷兰豆、马蹄肉、红椒，煮至断生，捞出备用。

 3.用油起锅，放入姜片、蒜末、葱段，爆香。

 4.倒入焯好的食材，翻炒匀；淋入料酒，炒香；加盐、鸡粉，炒匀调味；淋入水淀粉勾芡即可。

小贴士　马蹄含有膳食纤维、铁、磷、钙和多种维生素等成分。糖尿病患者食用马蹄，可起到益气补血、保护视力、安神助眠等作用。

苦瓜炒马蹄

| **材料** | 苦瓜120克，马蹄肉100克，蒜末、葱花各少许 | **调料** | 盐3克，鸡粉2克，白糖3克，水淀粉、食用油各适量 |

| **相宜** | 苦瓜+猪肝
苦瓜+茄子 | 清热解毒、补肝明目
延缓衰老、益气壮阳 | **相克** | 苦瓜+沙丁鱼
苦瓜+牛奶 | 引发荨麻疹
不利营养的吸收 |

 1.马蹄肉切薄片；苦瓜去瓤，切片，放入碗中，加盐，拌匀，腌渍20分钟。

 2.锅中注水烧开，倒入腌好的苦瓜，煮至断生，捞出，沥干水分。

 3.用油起锅，下入蒜末，爆香；放入马蹄肉，翻炒匀；倒入苦瓜，快速翻炒。

 4.加盐、鸡粉、白糖，炒匀调味；淋上水淀粉勾芡；撒上葱花，炒出香味即可。

小贴士 　　苦瓜的营养价值极高，其含有胡萝卜素、钙、磷、铁等矿物质，具有清热祛暑、解劳清心之功效。苦瓜还含有丰富的维生素C，能增强免疫力，防治维生素C缺乏所致的牙龈出血。

蚝油茭白

材料	茭白200克，彩椒80克	调料	盐3克，鸡粉3克，水淀粉4毫升，蚝油8克，食用油适量

相宜	茭白+鸡蛋　美容养颜 茭白+猪蹄　有催乳作用	相克	茭白+豆腐　容易得结石 茭白+蜂蜜　引发痼疾

1.茭白洗净，切成片；彩椒洗净，切小块。

2.锅中注水烧开，加盐、鸡粉，倒入彩椒、茭白，煮至断生，捞出，沥干水分。

3.用油起锅，倒入彩椒、茭白，翻炒匀。

4.加蚝油、盐、鸡粉，炒匀调味；淋入水淀粉勾芡，盛出即可。

小贴士　茭白热量低、水分高，食后易有饱足感，成为人们喜爱的减肥佳品。常吃茭白还能利尿祛水，辅助治疗四肢浮肿、小便不利等症，又能清暑解烦而止渴，夏季食用尤为适宜。

101

茭白炒荷兰豆

材料	茭白120克，水发木耳45克，彩椒50克，荷兰豆80克，蒜末、姜片、葱段各少许	调料	盐3克，鸡粉2克，蚝油5克，水淀粉5毫升，食用油适量

相宜	荷兰豆+蘑菇　开胃消食 荷兰豆+红糖　健脾、通乳、利水	相克	荷兰豆+菠菜　影响钙的吸收 荷兰豆+柿子　影响消化

1.荷兰豆洗净切段；茭白洗净切片；彩椒洗净切小块；木耳洗净切小块。

2.锅中注水烧开，加盐、食用油，放入茭白、木耳、彩椒、荷兰豆，煮至断生，捞出，沥干水分。

3.用油起锅，放入蒜末、姜片、葱段，爆香；倒入焯好的食材，翻炒匀。

4.加盐、鸡粉、蚝油，炒匀调味；淋入水淀粉勾芡，炒匀即可。

小贴士　荷兰豆含有胡萝卜素、B族维生素、维生素C、维生素E等，有降血压、保护血管的功效。高血压病患者经常食用荷兰豆，对稳定血压大有好处。

牛蒡甜不辣

材料	鱼板85克，牛蒡30克，胡萝卜45克，洋葱25克，青椒8克，韩式辣椒酱15克，蒜末少许	调料	盐、鸡粉各2克，生抽3毫升，水淀粉、食用油各适量

相宜	鱼板+冬瓜　祛风、清热、平肝 鱼板+木耳　补虚利尿	相克	鱼板+甘草　引起肠胃不适 鱼板+西红柿　抑制铜元素析放

1.鱼板洗净，切条；牛蒡、胡萝卜、洋葱洗净，切粗丝；青椒洗净，切细丝。

2.用油起锅，倒入蒜末，爆香；放入洋葱丝，炒匀；倒入牛蒡丝，翻炒匀；加入辣椒酱，炒匀。

3.放入鱼板，翻炒匀；放入胡萝卜、青椒，炒匀；注入清水，小火煮5分钟。

4.加盐、生抽、鸡粉，炒匀调味；淋入水淀粉勾芡，盛出即可。

小贴士　鱼板是以鱼浆为材料制成的，含有蛋白质、维生素A、铁、钙、磷等营养成分，具有养肝补血、泽肤养发、健美塑形等功效。

牛蒡三丝

材料	牛蒡100克，胡萝卜120克，青椒45克，蒜末、葱段各少许	调料	盐3克，鸡粉2克，水淀粉、食用油各适量

相宜	牛蒡+鸭肉　预防便秘 牛蒡+葱　　开胃消食	相克	牛蒡+肥肉　降低保健效果 牛蒡+海鲜　不利于消化

1.胡萝卜洗净切细丝；牛蒡洗净切丝；青椒洗净切丝。

2.锅中注水烧开，加少许盐，放入胡萝卜丝、牛蒡丝，煮至断生，捞出，沥干水分。

3.用油起锅，放入葱段、蒜末，爆香；倒入青椒丝和焯煮过的食材，炒匀。

4.加鸡粉、盐，炒匀调味；淋入水淀粉勾芡即可。

小贴士
　　牛蒡含有的膳食纤维具有吸附钠的作用，并且能随机体废物排出体外，使体内钠的含量降低，从而达到降血压的目的。牛蒡还含有较多的钙，能刺激胰岛素的分泌，有助于降低血糖。

麻婆山药

材料	山药160克，红尖椒10克，猪肉末50克，姜片、蒜末各少许	调料	豆瓣酱15克，鸡粉少许，料酒4毫升，水淀粉、花椒油、食用油各适量

相宜	山药+扁豆　增强人体免疫力 山药+鸭肉　滋阴润肺	相克	山药+鲫鱼　不利于营养物质的吸收 山药+菠菜　降低营养价值

 1.红尖椒洗净，切小段；山药洗净，切滚刀块。

 2.用油起锅，倒入猪肉末，炒至转色；撒上姜片、蒜末，炒香；加豆瓣酱炒匀。

 3.倒入红尖椒、山药块，炒匀炒透；淋入料酒，炒香；注入适量清水，大火煮沸。

 4.淋上花椒油，加少许鸡粉，炒匀，中火煮约5分钟；淋入水淀粉勾芡即可。

小贴士　山药含有皂苷、淀粉、糖蛋白、多酚氧化酶、维生素C等营养成分，具有保护血管、补中益气、长肌肉等作用。

山药木耳炒核桃仁

材料	山药90克，水发木耳40克，西芹50克，彩椒60克，核桃仁30克，白芝麻少许	调料	盐3克，白糖10克，生抽3毫升，水淀粉4毫升，食用油适量

相宜	黑木耳+黄豆芽　提供全面营养 黑木耳+黄瓜　　排毒瘦身、补血养颜	相克	黑木耳+田螺　对消化不利 黑木耳+咖啡　不利于铁的吸收

 1.山药洗净切片；木耳、彩椒、西芹洗净，分别切成小块，备用。

 2.锅中注水烧开，加盐、食用油，倒入山药、木耳、西芹、彩椒，煮至断生，捞出，备用。

 3.用油起锅，倒入核桃仁炸香，捞出放入盘中，与白芝麻拌均匀；锅底留油，加白糖，倒入核桃仁炒匀；盛出装碗，撒上白芝麻，拌匀。

 4.热锅注油，倒入焯过水的食材，翻炒匀；加盐、生抽、白糖，炒匀调味；淋入水淀粉勾芡；盛出装盘，放上核桃仁即可。

小贴士　黑木耳含有木耳多糖、维生素K、钙、磷、铁及磷脂、烟酸等营养成分，能抑制血小板凝结，减少血液凝块，预防血栓的形成，对高血压有食疗作用。

梅干菜蒸南瓜

材料 南瓜300克，水发梅干菜200克，豆豉30克，葱花、姜末、蒜末各少许

调料 盐2克，鸡粉2克，食用油适量

相宜
南瓜+牛肉　补脾健胃、解毒止痛
南瓜+莲子　降低血压

相克
南瓜+带鱼　不利营养物质的吸收
南瓜+螃蟹　导致腹痛、腹泻

1.南瓜洗净，切块；梅干菜洗净，切段。

2.热锅倒入切好的梅干菜，翻炒去多余水分，盛出装碗，待用。

3.热锅注油烧热，倒入姜末、蒜末、葱花、豆豉，爆香；倒入南瓜，加盐、鸡粉，炒匀；盛出装入梅菜碗中，拌匀。

4.将拌好的食材装入蒸碗中，入蒸锅大火蒸20分钟至熟透，取出即可。

小贴士
南瓜含有可溶性纤维、叶黄素、磷、钾、钙、镁等成分，具有清热解毒、保护胃黏膜、帮助消化等功效，还能防治夜盲症、护肝、使皮肤变得细嫩，并有中和致癌物质的作用。

醋熘南瓜片

材料	南瓜200克，红椒、蒜末各适量	调料	盐2克，鸡粉2克，白醋5毫升，白糖、食用油各适量

相宜	南瓜+猪肉 预防糖尿病 南瓜+山药 提神补气	相克	南瓜+螃蟹 可能导致腹痛、腹泻 南瓜+菠菜 降低营养价值

 1.南瓜洗净，切成片；红椒洗净，切成条，备用。

 2.锅中注油烧热，倒入蒜末，爆香。

 3.倒入切好的南瓜、红椒，翻炒匀。

 4.加盐、鸡粉、白糖，炒匀调味；淋入白醋，快速翻炒均匀即可。

小贴士 　　南瓜含有铬、镍、膳食纤维、胡萝卜素、维生素C等成分，具有促进食欲、降低血糖、抗癌防癌等功效。南瓜中含有的果胶还可以保护胃肠道黏膜，使其免受粗糙食品刺激，促进溃疡愈合。

咖喱鸡丁炒南瓜

材料	南瓜300克，鸡胸肉100克，姜片、蒜末、葱段各少许	调料	咖喱粉10克，盐、鸡粉各2克，料酒4毫升，水淀粉、食用油各适量

相宜	南瓜+牛肉　补脾健胃、解毒止痛 南瓜+绿豆　清热解毒、生津止渴	相克	南瓜+黄瓜　影响维生素的吸收 南瓜+鲤鱼　引起不适

1.南瓜洗净，切丁；鸡胸肉洗净，切丁，放在碗中，加鸡粉、盐、水淀粉、食用油，抓匀，腌渍10分钟。

2.热锅注油，烧至四成热，放入南瓜丁，略炸片刻，捞出，沥干油。

3.用油起锅，放入姜片、蒜末，爆香；倒入鸡肉丁，炒匀；淋入料酒，翻炒至鸡肉变色；注入清水，放入南瓜丁，中火煮沸。

4.撒上咖喱粉，翻炒匀；加鸡粉、盐，炒至食材熟软；淋入水淀粉勾芡；撒入葱段，炒出香味即可。

小贴士	南瓜含有淀粉、胡萝卜素、B族维生素、维生素C、钙、钾、镁、锌等营养成分，能提高机体免疫力，有降压、降糖的作用，非常适合高血压、糖尿病患者食用。

姜丝红薯

材料	红薯130克，生姜30克	调料	盐2克，鸡粉2克，水淀粉、食用油各适量

相宜	红薯+莲子　通便、美容 红薯+粳米　延年益寿	相克	红薯+柿子　不利于消化 红薯+南瓜　大量食用导致腹胀

 1.红薯洗净，切成丝；生姜洗净，切成丝。

 2.锅中注水烧开，放入红薯，煮至断生，捞出，沥干水分。

 3.用油起锅，放入备好的姜丝，炒香。

 4.倒入红薯，翻炒片刻；加盐、鸡粉，炒至红薯入味；淋入水淀粉勾芡即可。

小贴士　　红薯含有淀粉、膳食纤维、胡萝卜素、维生素、钾、铁、铜、硒、钙、亚油酸等成分，被营养学家称为营养最均衡的保健食品。红薯能保持血管弹性，对老年人习惯性便秘有很好的食疗作用。

椒丝炒苋菜

材料	苋菜150克，彩椒40克，蒜末少许	调料	盐2克，鸡粉2克，水淀粉、食用油各适量

相宜	苋菜+鸡蛋　滋阴润燥 苋菜+猪肝　增强免疫力	相克	苋菜+菠菜　降低营养价值 苋菜+牛奶　影响钙的吸收

 1.将备好的彩椒洗净，切成丝。

 2.用油起锅，放入蒜末，用大火爆香。

 3.倒入择洗净的苋菜，翻炒至熟软。

 4.放入彩椒丝，炒匀；加盐、鸡粉调味，淋入水淀粉勾芡即可。

小贴士　苋菜含有胡萝卜素、钙、磷、钾、镁及多种维生素，有清热解毒、明目利咽、增强体质的功效，对降低血糖也大有裨益，糖尿病患者可以常食。

苦瓜玉米粒

| 材料 | 玉米粒150克，苦瓜80克，彩椒35克，青椒10克，姜末少许，泰式甜辣酱适量 | 调料 | 盐少许，食用油适量 |

| 相宜 | 玉米+山药　获得更多营养
玉米+鸡蛋　防止胆固醇过高 | 相克 | 玉米+田螺　引起不适
玉米+柿子　不利于消化 |

1.苦瓜洗净，斜刀切菱形块；青椒洗净切丁；彩椒洗净切丁。

2.锅中注水烧开，倒入玉米粒、苦瓜块、彩椒丁、青椒丁，煮至断生，捞出。

3.用油起锅，撒上备好的姜末，用大火爆香。

4.倒入焯过水的食材，炒匀；加盐、甜辣酱，大火快炒至食材入味即可。

小贴士 玉米粒含有淀粉、维生素B$_6$、维生素E、烟酸以及铁、锌、磷、钙等营养成分，具有润滑肌肤、预防便秘、延缓衰老、抗癌等作用。

罗汉斋

材料	荷兰豆140克，黄豆芽45克，花菜100克，西红柿60克，水发香菇45克	调料	盐2克，鸡粉、白糖各少许，水淀粉、食用油各适量

相宜	荷兰豆+虾仁　提高营养价值 荷兰豆+腊肠　润肠通便	相克	荷兰豆+菠菜　影响钙的吸收 荷兰豆+酸奶　降低营养

 1.将备好的西红柿洗净，切成小瓣。

 2.锅中注水烧开，放入香菇，大火略煮，再放入花菜、荷兰豆、西红柿，煮至断生，捞出，沥干水分。

 3.用油起锅，倒入备好的黄豆芽，炒至变软。

 4.放入焯过水的食材，转小火，加盐、白糖、鸡粉，炒匀调味；用水淀粉勾芡，盛出装入砂煲中即可。

小贴士　荷兰豆含有蛋白质、胡萝卜素、硫胺素、维生素B_2、尼克酸、钙、磷、铁、植物凝集素等营养成分，具有增强人体新陈代谢功能、和中下气、解疮毒等功效。

酱爆素三丁

材料	青豆180克，杏鲍菇90克，胡萝卜100克，甜面酱15克，葱段、姜片各少许	**调料**	盐2克，白糖2克，鸡粉2克，食用油适量

相宜	青豆+虾仁　提高营养价值 青豆+蘑菇　增加食欲	**相克**	青豆+蕨菜　降低营养 青豆+菠菜　影响钙的吸收

 1.胡萝卜洗净切丁；杏鲍菇洗净切丁。

 2.锅中注水烧开，倒入杏鲍菇、胡萝卜、青豆，煮至断生，捞出，沥干水分。

 3.用油起锅，放入姜片、葱段，爆香；倒入焯好的材料，炒片刻。

 4.放入甜面酱、盐、白糖、鸡粉，炒匀调味；倒入少许清水，炒匀；淋入水淀粉勾芡即可。

小贴士　青豆含有蛋白质、纤维素C、维生素E、B族维生素以及多种矿物质，具有清热解毒、防癌、补中益气等作用。

爆素鳝丝

材料	水发香菇165克，蒜末少许

调料	盐、鸡粉各2克，生抽4毫升，陈醋6毫升，生粉、水淀粉、食用油各适量

相宜	香菇+花菜　降低血脂 香菇+薏米　防癌抗癌

相克	香菇+鸽肉　引起痔疮复发 香菇+鹌鹑　易导致面生黑斑

 1.香菇剪成长条，修成鳝鱼的形状，装入碗中，加盐、水淀粉、生粉、拌匀，制成素鳝丝生坯。

 2.热锅注油，烧至四成热，放入生坯，用中小火炸至熟透，捞出，沥干油。

 3.用油起锅，放入蒜末，爆香；注入清水，加盐、鸡粉、生抽、陈醋，炒匀；用水淀粉勾芡，调成味汁。

 4.取一个盘子，放入炸熟的素鳝丝，浇上味汁即可。

小贴士	香菇含有香菇多糖、粗纤维、维生素B_1、维生素B_2、钙、磷、铁等营养成分，具有促进消化、增强免疫力、延缓衰老等功效。

素佛跳墙

材料	笋片35克，冬瓜55克，金针菇70克，豌豆25克，素鸡65克，胡萝卜40克，魔芋丝70克，玉米粒35克，水发香菇45克，黄豆芽20克，芋头80克	调料	盐、鸡粉各3克，料酒3毫升，生抽6毫升，水淀粉、食用油各适量

相宜	金针菇+白萝卜　润肠通便 金针菇+豆腐　　改善体质	相克	金针菇+驴肉　引发不适 金针菇+牛奶　消化不良

1.胡萝卜、冬瓜洗净，一半切薄片，另一半切丁；素鸡洗净切片；芋头洗净切小块；香菇洗净，部分切丁。

2.砂锅注水烧热，倒入黄豆芽和余下的香菇，煮熟，捞出；砂锅中留汤汁，加盐、鸡粉，制成素菜汤；热锅注油烧热，倒入芋头块，炸熟，捞出。

3.取一蒸碗，倒入芋头块、熟香菇，摆上冬瓜片、胡萝卜片、素鸡片、笋片、魔芋丝、金针菇，盛入素菜汤，入蒸锅中火蒸20分钟，取出待用。

4.用油起锅，放香菇丁、胡萝卜丁、冬瓜丁、豌豆、玉米粒、料酒炒香；加余下的素菜汤煮沸；加盐、鸡粉、生抽、水淀粉勾芡，盛入碗中即可。

小贴士　金针菇含有胡萝卜素、B族维生素、维生素C、多糖、牛磺酸、麦冬甾醇及多种氨基酸，具有增强免疫力、益智健脑、缓解疲劳、益肠胃等功效。

豌豆胡萝卜牛肉粒

材料	牛肉260克，彩椒20克，豌豆300克，姜片少许	调料	盐2克，鸡粉2克，料酒3毫升，食粉2克，水淀粉10毫升，食用油适量

相宜	牛肉+土豆　保护胃黏膜 牛肉+洋葱　补脾健胃	相克	牛肉+红糖　引起腹胀 牛肉+橄榄　引起身体不适

1.彩椒切丁；牛肉切粒，装碗，加盐、料酒、食粉、水淀粉、食用油，拌匀，腌渍15分钟。

2.锅中注水烧开，倒入豌豆，加盐、食用油，煮1分钟；倒入彩椒，煮至断生，捞出。

3.热锅注油，烧至四成热，倒入牛肉，炒至转色，盛出，待用。

4.用油起锅，放入姜片，爆香；倒入牛肉，炒匀；淋入料酒，炒香；倒入焯过水的食材，炒匀；加盐、鸡粉、料酒、水淀粉，炒匀即可。

小贴士　牛肉含有蛋白质、维生素A、B族维生素、钙、磷、铁、钾、硒等营养成分，具有补中益气、滋养脾胃、强健筋骨、养肝明目、止渴止涎等功效。

松仁豌豆炒玉米

材料	玉米粒180克，豌豆50克，胡萝卜200克，松仁40克，姜片、蒜末、葱段各少许	调料	盐4克，鸡粉2克，水淀粉5毫升，食用油适量

相宜	松仁+鸡肉　预防心脏病、脑中风 松仁+核桃　防治便秘	相克	松仁+羊肉　引起腹胀、胸闷

 1.胡萝卜切丁。

 2.锅中注水烧开，加盐、食用油，倒入胡萝卜丁、玉米粒、豌豆，煮至断生，捞出，沥干水，待用。

 3.热锅注油，烧至四成热，放入松仁，炸1分钟，捞出，沥干油。

 4.锅底留油，下入姜片、蒜末、葱段爆香；倒入玉米粒、豌豆、胡萝卜，炒匀；加盐、鸡粉调味；淋入水淀粉勾芡，盛出装盘，撒上松仁即可。

小贴士	松仁含有亚油酸、亚麻油酸等不饱和脂肪酸，还含有钙、磷、铁等营养物质，具有养阴、熄风、润肺、滑肠等功效。

豆苗虾仁

材料	虾仁100克，豆苗250克，蒜末少许	调料	料酒5毫升，盐2克，鸡粉2克，食用油适量

相宜	虾仁+白菜　增强机体免疫力 虾仁+枸杞　补肾壮阳	相克	虾仁+南瓜　引发痢疾 虾仁+西瓜　损伤脾胃

 1.虾仁横刀切开，去除虾线，待用。

 2.热锅注油烧热，倒入蒜末、虾仁，爆香。

 3.淋入料酒，倒入洗净的豆苗，翻炒匀。

 4.放入盐、鸡粉，快速炒匀调味即可。

小贴士　虾仁富含蛋白质、谷氨酸、维生素B$_1$、维生素B$_2$、烟酸以及钙、磷、铁、硒等矿物质，具有补肾、壮阳、通乳之功效。

枸杞拌蚕豆

材料	蚕豆400克，枸杞20克，香菜10克，蒜末10克	调料	盐1克，生抽、陈醋各5毫升，辣椒油适量

相宜	枸杞+羊肝　养肝明目 枸杞+鸡肉　补五脏、益气血	相克	枸杞+西瓜　导致腹泻

1.锅内注水，加盐，倒入蚕豆、枸杞，加盖，大火煮开后转小火煮30分钟，捞出食材，装碗待用。

2.另起锅，倒入辣椒油，放入蒜末，爆香。

3.加入生抽、陈醋，炒匀，制成酱汁。

4.关火后将酱汁倒入蚕豆和枸杞中，拌匀，装盘，撒上香菜即可。

小贴士

枸杞含有胡萝卜素、维生素、酸浆红素、铁、磷、镁、锌等营养成分，具有养心滋肾、补虚益精、清热明目等功效。

PART

3

珍味菌豆

　　菌豆类食材在味道、口感和营养方面都非常出众。蘑菇、金针菇、木耳、银耳、草菇、鸡腿菇等都是天生味道鲜美的素菜，豆腐、豆干、豆皮等豆制品都营养丰富、做法多种多样。本章为您介绍珍味菌豆家常菜，为您的餐桌上添一道好菜。

如何清洗菌类

菌类食材比较难清洗，下面就介绍一些菌类食材的清洗方法。

口蘑清洗

口蘑可用盐水浸泡，搅拌清洗，去除根部的泥沙。

①将口蘑冲洗一下。

②把口蘑放在大碗里，注入适量清水，加一勺盐，浸泡5分钟。

③用筷子顺着一个方向搅，捞出后再用清水冲洗即可。

香菇清洗

干香菇要完全泡发，再加淀粉搓洗。

①将香菇放入碗中，倒入温水，泡发15~20分钟，用筷子来回不停搅动清洗。

②将香菇捞出，放进另一个碗里。

③加入淀粉，倒入适量清水，拌匀。

④用手指搓洗香菇，之后用清水清洗，沥干即可。

平菇清洗

平菇正确的方法是用盐水浸泡之后清洗，也可另加淀粉清洗。

①食盐清洗法：将平菇的根部切除，放入清水中，加食盐，搅拌后浸泡5分钟左右，用手抓洗，然后在流水下冲洗。

②淀粉清洗法：将平菇放进洗菜盆里，加入淀粉，注入清水，用手搅动清洗，然后用清水冲洗干净即可。

鸡腿菇清洗

鸡腿菇正确的方法是用食盐水或淀粉水清洗。

①食盐清洗法：将鸡腿菇置入淡盐水中漂洗，再用清水冲洗两遍即可。

②淀粉清洗法：将鸡腿菇放入盛放清水的容器中，之后适量放入一些淀粉，用手轻轻揉搓菇体表面，用流水冲洗干净。

木耳清洗

木耳可用食盐、淘米水或淀粉清洗。

①食盐清洗法：用剪刀剪掉根部杂物，放入加盐的清水中，洗掉脏物即可。

②淘米水清洗法：将木耳放在淘米水中浸泡30分钟左右，然后用清水漂洗。

③淀粉清洗法：将木耳放入温水中，加两勺淀粉搅匀，再用清水清洗即可。

金针菇清洗

金针菇可直接用清水清洗，但为了吃得更健康，建议用食盐水或者淀粉水浸泡之后清洗。

①食盐清洗法：将金针菇去根，然后撕开，放入盐水中浸泡15分钟，捞出，用清水漂净即可。

②淘米水清洗法：把根切掉，撕开，用淘米水浸泡片刻，再用清水冲洗即可。

豆皮丝拌香菇

材料 香干4片，红椒30克，水发香菇25克，蒜末少许

调料 盐、鸡粉、白糖各2克，生抽、陈醋、芝麻油各5毫升，食用油适量

相宜
香菇+牛肉　补气养血
香菇+猪肉　促进消化

相克
香菇+鹌鹑蛋　同食面生黑斑
香菇+螃蟹　引起结石

1.香干切粗丝；红椒切丝；香菇去柄，切粗丝。

2.锅中注水烧开，倒入香干丝，焯煮片刻，捞出；倒入香菇丝，焯煮片刻，捞出。

3.取一碗，倒入香干，加盐、鸡粉、白糖、生抽、陈醋、芝麻油，拌匀，待用。

4.用油起锅，倒入香菇丝，炒匀；放入蒜末、红椒丝，炒匀；加盐调味，盛入装有香干丝的碗中，拌匀后装盘即可。

小贴士 香菇含有蛋白质、B族维生素、膳食纤维、铁、钾等营养成分，具有增强免疫力、保护肝脏、降血压等功效。

明笋香菇

材料	鲜香菇30克，水发笋干50克，瘦肉100克，彩椒10克	调料	盐2克，生抽5毫升，料酒5毫升，水淀粉4毫升，食用油适量
相宜	香菇+木瓜　降脂降压 香菇+油菜　提高免疫力	相克	香菇+野鸡　引起肠胃不适 香菇+螃蟹　引起结石

1.将彩椒、笋干、香菇、瘦肉分别洗净，切小块。

2.热锅注油，放入瘦肉，翻炒至变色；倒入笋丁，翻炒均匀。

3.注入适量清水，淋入料酒，煮至沸；倒入香菇，炒匀，煮至熟；加盐、生抽，炒匀。

4.放入彩椒，倒入少许水淀粉，快速翻炒均匀即可。

小贴士　　香菇含有蛋白质、B族维生素、维生素C、胆碱、磷、镁、钾等营养成分，具有补肝肾、健脾胃、增强免疫力等功效。

菠菜炒香菇

材料	菠菜150克，鲜香菇45克，姜末、蒜末、葱花各少许	调料	盐、鸡粉各2克，料酒4毫升，橄榄油适量

相宜	香菇+鱿鱼　降低血压、血脂 香菇+莴笋　利尿通便	相克	香菇+鹌鹑　同食面生黑斑 香菇+螃蟹　引起结石

 1.香菇去蒂，切粗丝；菠菜切去根部，再切长段。

 2.锅中淋入橄榄油烧热，倒入蒜末、姜末，爆香。

 3.放入香菇，炒匀炒香，淋入少许料酒，炒匀。

 4.倒入菠菜，用大火炒至变软，加盐、鸡粉，炒匀调味即可。

小贴士　　香菇含有蛋白质、B族维生素、维生素C、嘌呤、胆碱、磷、镁、钾等营养成分，具有补肝肾、健脾胃、助消化、降血压等功效。

香菇豌豆炒笋丁

材料	水发香菇65克，竹笋85克，胡萝卜70克，彩椒15克，豌豆50克	调料	盐2克，鸡粉2克，料酒、食用油各适量

相宜	竹笋+鸡肉　暖胃益气、补精填髓 竹笋+莴笋　治疗肺热痰火	相克	竹笋+羊肝　对身体不利 竹笋+豆腐　易形成结石

 1.将竹笋、胡萝卜切丁；彩椒切小块；香菇切小块。

 2.锅中注水烧开，加入料酒、食用油，放入竹笋、香菇、豌豆、胡萝卜、彩椒，煮至断生，捞出，沥干水分，待用。

 3.用油起锅，倒入焯过水的食材，炒匀。

 4.加入适量盐、鸡粉，炒匀调味即可。

小贴士	竹笋含有蛋白质、胡萝卜素、纤维素、维生素、钙、磷、铁等营养成分，具有清热、化痰、健胃、瘦身、排毒等功效。

冬瓜烧香菇

材料	冬瓜200克，鲜香菇45克，姜片、葱段、蒜末各少许	调料	盐2克，鸡粉2克，蚝油5克，食用油适量

相宜	冬瓜+海带　降低血压 冬瓜+芦笋　降低血脂	相克	冬瓜+鲫鱼　导致身体脱水 冬瓜+醋　降低营养价值

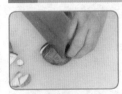 1.冬瓜切丁；香菇切小块。

 2.锅中注水烧开，加少许食用油、盐，倒入冬瓜、香菇，煮至断生，捞出，沥干水分，待用。

 3.炒锅注油烧热，放入姜片、葱段、蒜末，爆香；倒入焯过水的食材，快速翻炒均匀。

 4.注入少许清水，加盐、鸡粉、蚝油，翻炒片刻，盖上锅盖，中火煮至食材入味；淋入水淀粉勾芡即可。

小贴士　冬瓜含有蛋白质、粗纤维、胡萝卜素、维生素B_1、维生素B_2、维生素C等营养成分，具有润肺生津、化痰止咳、清热祛暑、解毒排脓等功效。

香菇烧火腿

材料	鲜香菇65克，火腿90克，姜片、蒜末、葱段各少许	调料	料酒5毫升，生抽3毫升，盐3克，鸡粉4克，水淀粉、食用油各适量

相宜	香菇+马蹄　清热解毒 香菇+毛豆　提高免疫力	相克	香菇+野鸡　引起肠胃不适 香菇+螃蟹　引起结石

1.香菇用斜刀切片；火腿切成菱形片。

2.香菇下入沸水锅中焯煮片刻，捞出；热锅注油，烧至四成热，倒入火腿片，炸半分钟，捞出，沥干油。

3.锅底留油烧热，倒入姜片、蒜末、葱白，爆香；放入香菇，炒匀；淋入料酒，倒入火腿片，炒匀；加入生抽，翻炒匀。

4.加盐、鸡粉，倒入清水，翻炒至入味；淋入水淀粉，撒上葱叶，炒出香味即可。

小贴士　香菇含有蛋白质、叶酸、膳食纤维、维生素B₁、烟酸等营养成分，具有补肝肾、健脾胃、益气血、益智安神、美容养颜等功效。

小土豆焖香菇

材料	土豆70克，水发香菇60克，干辣椒、姜片、蒜末、葱段各少许	调料	盐、鸡粉各2克，豆瓣酱6克，生抽4毫升，水淀粉、食用油各适量

相宜	土豆+豆角　除烦润燥 土豆+牛奶　提供全面营养素	相克	土豆+石榴　导致肠胃不适

 1.香菇切小块；土豆切丁。

 2.热锅注油，烧至三四成热，倒入土豆丁，炸至金黄色，捞出，沥干油。

 3.锅底留油烧热，倒入干辣椒、姜片、蒜末，爆香；放入香菇块，炒匀；倒入土豆丁，加豆瓣酱、生抽、鸡粉、盐，炒匀调味。

 4.注入清水，盖上盖，小火焖煮约10分钟；淋入水淀粉勾芡；盛出装盘，放上葱段即可。

 小贴士　土豆含有淀粉、蛋白质、B族维生素、膳食纤维、钙、磷、铁等营养成分，具有促进胃肠蠕动、健脾利湿、解毒消炎、降血糖、降血脂等功效。

酱香菇肉

材料	五花肉300克，鲜香菇100克，西蓝花150克，蒜末少许，甜面酱15克	调料	盐3克，鸡粉、白糖各少许，生抽3毫升，料酒4毫升，食用油适量

相宜	西蓝花+胡萝卜　预防消化系统疾病 西蓝花+西红柿　防癌抗癌	相克	西蓝花+牛奶　影响钙质吸收

 1.将五花肉切薄片。

 2.锅中注水烧开，加盐、食用油，倒入西蓝花，煮1分钟，捞出；倒入香菇，煮至断生，捞出。

 3.用油起锅，放入肉片，煎出香味，淋入料酒、生抽，加盐，炒至入味，盛出装盘待用。

 4.锅中注油烧热，下蒜末爆香；加甜面酱、水，煮沸；倒入香菇，加白糖、鸡粉，中火焖熟收汁，盛入摆好肉片、西蓝花的盘中即可。

小贴士	西蓝花含有胡萝卜素、维生素C、叶酸、铁、磷、钙、钾、锌、镁等营养成分，具有防癌抗癌、健脑壮骨、补脾和胃等功效。

板栗焖香菇

材料	去皮板栗200克，鲜香菇40克，去皮胡萝卜50克	调料	盐、鸡粉、白糖各1克，生抽、料酒、水淀粉各5毫升，食用油适量

相宜	板栗+鸡肉 补肾虚、益脾胃 板栗+红枣 补肾虚、治腰痛	相克	板栗+牛肉 降低营养价值 板栗+羊肉 不易消化、呕吐

 1.板栗对半切开；香菇切十字刀，成小块状；胡萝卜切滚刀块。

 2.用油起锅，倒入板栗、香菇、胡萝卜，翻炒均匀。

 3.加生抽、料酒，炒匀；注入清水，加盐、鸡粉、白糖，炒匀；加盖，用大火煮开后转小火焖15分钟。

 4.揭盖，淋入少许水淀粉勾芡即可。

 小贴士 板栗含有淀粉、蛋白质、维生素C、铜、镁等多种营养物质，具有坚固牙齿、滋补肝肾、提高人体抵抗力等功效。

菌菇炒鸭胗

材料	白玉菇100克，香菇35克，鸭胗95克，彩椒30克，姜片、蒜末、葱段各少许	**调料**	盐3克，鸡粉2克，料酒5毫升，生抽3毫升，水淀粉、食用油各适量

相宜	香菇+毛豆　提高免疫力 香菇+猪腰　促进食欲	**相克**	香菇+野鸡　引起肠胃不适 香菇+螃蟹　引起结石

1.白玉菇去蒂，切段；香菇去蒂，切片；彩椒切条。

2.鸭胗切小块，放入碗中，加盐、鸡粉、水淀粉，拌匀，腌渍10分钟。

3.锅中注水烧开，淋入食用油，倒入白玉菇、香菇、彩椒，煮至断生，捞出；倒入鸭胗，氽去血水，捞出。

4.油锅下入姜片、蒜末、葱段爆香；放入鸭胗、料酒、生抽，炒香；倒入白玉菇、香菇、彩椒，炒熟；加盐、鸡粉、水淀粉炒匀即可。

小贴士　　香菇具有化痰理气、益胃和中之功效，对食欲不振、身体虚弱、小便失禁、大便秘结、形体肥胖等病症有食疗功效。

酱炒平菇肉丝

材料	平菇270克，瘦肉160克，姜片、葱段各少许，黄豆酱12克，豆瓣酱15克	调料	盐2克，鸡粉3克，水淀粉、料酒、食用油各适量

相宜	平菇+豆腐　利于营养吸收 平菇+蛋清　保健养生	相克	平菇+野鸡　引起肠胃不适 平菇+驴肉　引发心痛

 1.瘦肉切丝，放入碗中，加料酒、盐、水淀粉、食用油，拌匀，腌渍10分钟。

 2.锅中注水烧开，倒入平菇，煮至断生，捞出。

 3.用油起锅，倒入瘦肉丝，炒至转色；放入姜片、葱段，炒香；加入豆瓣酱，炒匀；倒入黄豆酱，炒匀。

 4.放入平菇，炒匀；加盐、鸡粉，炒匀；淋入水淀粉勾芡即可。

 小贴士　　平菇含有胡萝卜素、B族维生素、维生素C及多种氨基酸、矿物质，具有益气补血、增强免疫力、益肠胃等功效。

酱爆牛肉金针菇

材料	金针菇180克，牛肉280克，洋葱70克，姜丝少许	调料	豆瓣酱30克，盐3克，料酒10毫升，白胡椒粉、糖、鸡粉各2克，水淀粉8毫升，芝麻油3毫升，生抽4毫升，食用油适量

相宜	金针菇+豆腐　降脂降压 金针菇+豆芽　清热解毒	相克	金针菇+驴肉　引起心痛

1.洋葱切成片；金针菇切去根部。

2.牛肉切丝，装入碗中，加盐、料酒、白胡椒粉、水淀粉、食用油，腌渍10分钟。

3.锅中注水烧开，倒入金针菇，焯煮去杂质，捞出；倒入牛肉，去除血末，捞出。

4.油锅下姜丝爆香；放入豆瓣酱、牛肉、洋葱，炒匀；加料酒、生抽、清水、盐、鸡粉、白糖调味；加水淀粉、芝麻油炒匀，倒在金针菇上即可。

小贴士　　金针菇含有B族维生素、维生素C、糖类、矿物质等成分，具有缓解疲劳、增强免疫力等功效。

鱼香金针菇

材料	金针菇120克，胡萝卜150克，红椒30克，青椒30克，姜片、蒜末、葱段各少许	调料	盐2克，鸡粉2克，豆瓣酱15克，白糖3克，陈醋10毫升，食用油适量

相宜	金针菇+豆腐　降脂降压 金针菇+豆芽　清热解毒	相克	金针菇+驴肉　引起心痛

 1.胡萝卜切丝；青椒切丝；红椒切丝；金针菇切去老茎。

 2.用油起锅，放入姜片、蒜末、胡萝卜丝，快速炒匀。

 3.放入金针菇、青椒、红椒，炒匀。

 4.加豆瓣酱、盐、鸡粉、白糖，炒匀调味；淋入陈醋，快速翻炒至食材入味即可。

 小贴士　　金针菇含有B族维生素、维生素C、糖类、胡萝卜素和多种矿物质、氨基酸等成分，具有利肝脏、增强免疫力、益肠胃、抗癌瘤等功效。

金针菇炒肚丝

材料	猪肚150克，金针菇100克，红椒20克，香叶、八角、姜片、蒜末、葱段各少许	调料	盐4克，鸡粉2克，料酒6毫升，生抽10毫升，水淀粉、食用油各适量

相宜	金针菇+鸡肉　健脑益智 金针菇+芹菜　抗秋燥	相克	金针菇+驴肉　易引起心痛

1.锅中注水烧开，倒入香叶、八角，放入猪肚，加盐、料酒、生抽，搅匀，盖上盖，煮沸后用小火煮30分钟，捞出猪肚，放凉。

2.金针菇切去根部；红椒切细丝；放凉的猪肚切粗丝。

3.用油起锅，放入姜片、蒜末、葱段，爆香。

4.放入金针菇，炒匀；倒入猪肚，撒上红椒丝，快速翻炒至熟软；加盐、鸡粉、生抽，翻炒至入味；淋入水淀粉勾芡即可。

小贴士　　金针菇含有人体必需的多种氨基酸，而且其种类也较为齐全，尤以赖氨酸和精氨酸的含量为最高。此外，金针菇的含锌量也比较高，对儿童的身高和智力发育有良好的作用。

草菇扒芥菜

| 材料 | 芥菜300克，草菇200克，胡萝卜片30克，蒜片少许 | 调料 | 盐2克，鸡粉1克，生抽5毫升，水淀粉、芝麻油、食用油各适量 |

| 相宜 | 草菇+猪肉　补脾益气
草菇+牛肉　增强免疫力 | 相克 | 草菇+鹌鹑　面生黑斑
草菇+蒜　对身体不利 |

1.草菇切十字花刀，第二刀切开；芥菜叶切开，将菜梗部分切块。

2.沸水锅中倒入草菇，煮至断生，捞出；再往锅中倒入芥菜，加盐、食用油，煮至断生，捞出，装盘待用。

3.另起锅注油，倒入蒜片，爆香；放入胡萝卜片，炒香；加入生抽，炒匀；注入清水，倒入草菇，炒匀。

4.加盐、鸡粉，炒匀；加盖，中火焖5分钟；加水淀粉勾芡；淋入芝麻油，炒匀收汁，盛出放在芥菜上即可。

小贴士　草菇含有粗蛋白、维生素C、多种氨基酸、磷、钾、钙等营养物质，具有清热解暑、补益气血、降压等功效。

草菇炒牛肉

<table>
<tr><td>材料</td><td>草菇300克，牛肉200克，洋葱40克，红彩椒30克，姜片少许</td><td>调料</td><td>盐2克，鸡粉、胡椒粉各1克，蚝油5克，生抽、料酒、水淀粉各5毫升，食用油适量</td></tr>
</table>

<table>
<tr><td rowspan="2">相宜</td><td>牛肉+土豆</td><td>保护胃黏膜</td><td rowspan="2">相克</td><td>牛肉+生姜</td><td>导致体内热生火盛</td></tr>
<tr><td>牛肉+洋葱</td><td>补脾健胃</td><td>牛肉+板栗</td><td>降低营养价值</td></tr>
</table>

 1.洋葱切块；红彩椒切块；草菇切十字花刀，第二刀切开。

 2.牛肉切片，装碗，加食用油、盐、料酒、胡椒粉、水淀粉，腌渍10分钟。

 3.沸水锅中倒入草菇，焯煮至断生，捞出；再倒入牛肉，汆煮去血水，捞出。

 4.油锅下入姜片爆香；放入洋葱、红彩椒、牛肉、草菇，加生抽、蚝油，炒熟；注入清水，加盐、鸡粉调味；淋入水淀粉勾芡即可。

小贴士　牛肉含有蛋白质、脂肪、铁、多种氨基酸和矿物质等营养元素，具有补中益气、滋养脾胃、强健筋骨、止渴止涎等功效。

草菇花菜炒肉丝

材料 草菇70克，彩椒20克，花菜180克，猪瘦肉240克，姜片、蒜末、葱段各少许

调料 盐3克，生抽4毫升，料酒8毫升，蚝油、水淀粉、食用油各适量

相宜		相克	
花菜+辣椒	防癌抗癌	花菜+牛奶	降低营养
花菜+香菇	降低血脂	花菜+牛肝	不利身体健康

1.草菇对半切开；彩椒切粗丝；花菜切小朵。

2.猪瘦肉切细丝，装碗，加料酒、盐、水淀粉、食用油，拌匀，腌渍10分钟。

3.锅中注水烧开，加盐、料酒，倒入草菇，煮去涩味；放入花菜，加食用油，煮至断生；倒入彩椒，煮片刻，捞出食材。

4.油锅下入肉丝，炒至变色；放入姜片、蒜末、葱段，炒香；倒入焯过水的食材，炒匀；加盐、生抽、料酒、蚝油、水淀粉，炒至入味即可。

小贴士 花菜含有胡萝卜素、维生素C、维生素K、食物纤维、钙、磷、铁等营养成分，具有促进生长、清热解渴、增强免疫力、利尿通便等功效。

草菇烧肉

材料	五花肉300克，草菇100克，姜片、葱段、蒜头各少许	调料	盐、白糖、鸡粉各2克，老抽3毫升，生抽4毫升，水淀粉、料酒、食用油各适量

相宜	草菇+豆腐　降压降脂 草菇+虾仁　补肾壮阳	相克	草菇+鹌鹑　容易导致面生黑斑 草菇+蒜　对身体不利

 1.草菇对半切开；五花肉切块。

 2.锅中注水烧开，倒入草菇，淋入料酒，略煮一会儿，捞出。

 3.油锅下入五花肉，炒变色；倒入姜片、葱段、蒜头、料酒、老抽、生抽，炒匀；注入清水，倒入草菇，搅匀，小火焖煮30分钟。

 4.加盐、白糖、鸡粉，炒匀调味，小火续煮15分钟；淋入水淀粉勾芡即可。

小贴士	草菇含有维生素C、磷、钾、钙等营养成分，具有消食祛热、补脾益气、滋阴壮阳、增强免疫力等功效。

蒜苗炒口蘑

材料	口蘑250克，蒜苗2根，朝天椒圈15克，姜片少许	调料	盐、鸡粉各1克，蚝油5克，生抽5毫升，水淀粉、食用油各适量

相宜	口蘑+鸡肉　　补中益气 口蘑+鹌鹑蛋　防治肝炎	相克	口蘑+味精　鲜味反失

 1.口蘑切厚片；蒜苗用斜刀切段。

 2.锅中注水烧开，倒入口蘑，焯煮至断生，捞出。

 3.油锅中倒入姜片、朝天椒圈，爆香；倒入口蘑，加生抽、蚝油，翻炒至熟。

 4.注入清水，加盐、鸡粉，倒入蒜苗，炒至断生；淋入水淀粉勾芡即可。

小贴士　口蘑含有膳食纤维、多种维生素、叶酸、铁、钾、硒、铜、维生素B_2等营养物质，具有预防骨质疏松、防癌、抗氧化、提高人体免疫力等作用。

红薯烧口蘑

材料	红薯160克，口蘑60克，葱花少许	调料	盐、鸡粉、白糖各2克，料酒5毫升，水淀粉、食用油各适量

相宜	口蘑+鸡肉　　补中益气 口蘑+鹌鹑蛋　防治肝炎	相克	口蘑+味精　鲜味反失

 1.红薯切块；口蘑切小块。

 2.锅中注水烧开，倒入口蘑，淋入料酒，略煮一会儿，捞出。

 3.用油起锅，倒入红薯，炒匀；倒入口蘑，翻炒匀；注入清水，炒匀。

 4.加盐、鸡粉、白糖，中火炒至食材入味；淋入水淀粉勾芡即可。

小贴士　　口蘑含有氨基酸、维生素D、膳食纤维、叶酸、硒、钙、镁、锌、铁、钾等营养成分，具有改善便秘、促进排毒、增强免疫力等功效。

湘煎口蘑

| 材料 | 五花肉300克，口蘑180克，朝天椒25克，姜片、蒜末、葱段、香菜段各少许 | 调料 | 盐、鸡粉、黑胡椒粉各2克，水淀粉、料酒各10毫升，辣椒酱、豆瓣酱各15克，生抽5毫升，食用油适量 |

| 相宜 | 口蘑+鸡肉　　补中益气
口蘑+鹌鹑蛋　防治肝炎 | 相克 | 口蘑+味精　鲜味反失 |

1.口蘑切片；朝天椒切圈；五花肉切片。

2.锅中注水烧开，放入口蘑，加料酒，煮1分钟，捞出，沥干水，待用。

3.用油起锅，放入五花肉，翻炒匀；淋入料酒，炒香，盛出待用。

4.锅底留油，加口蘑、蒜末、姜片、葱段、五花肉、朝天椒、豆瓣酱、生抽、辣椒酱、水、盐、鸡粉、黑胡椒粉、水淀粉炒匀，撒上香菜即可。

小贴士　　口蘑富含膳食纤维、B族维生素、维生素E、镁、钙、钾、磷等营养成分，具有预防便秘、促进排毒、解表化痰等功效。

口蘑炒火腿

材料	口蘑100克，火腿肠180克，青椒25克，姜片、蒜末、葱段各少许	调料	盐2克，鸡粉2克，生抽、料酒、水淀粉、食用油各适量

相宜	口蘑+鸡肉　　补中益气 口蘑+鹌鹑蛋　预防肝炎	相克	口蘑+味精　鲜味反失

 1.口蘑切片；青椒切小块；火腿肠切片。

 2.锅中注水烧开，加盐、食用油，放入口蘑、青椒，煮至断生，捞出。

 3.热锅注油，烧至四成热，倒入火腿肠，炸约半分钟，捞出。

 4.锅底留油，下姜片、蒜末、葱段，爆香；倒入口蘑、青椒、火腿肠，炒匀；加料酒、生抽、盐、鸡粉调味；淋入水淀粉勾芡即可。

小贴士　　口蘑含有微量元素硒、膳食纤维及抗病毒元素，能辅助治疗因缺硒引起的血压上升和血黏稠度增加，调节甲状腺，提高免疫力，还可抑制血清和肝脏中胆固醇上升，对肝脏起到良好的保护作用，对糖尿病也有很好的食疗作用。

144

口蘑烧白菜

材料	口蘑90克，大白菜120克，红椒40克，姜片、蒜末、葱段各少许	调料	盐3克，鸡粉2克，生抽2毫升，料酒4毫升，水淀粉、食用油各适量

相宜	白菜+猪肉　补充营养、通便 白菜+猪肝　保肝护肾	相克	白菜+黄瓜　降低营养价值 白菜+鳝鱼　导致肠胃不适

 1.口蘑切片；大白菜切小块；红椒切小块。

 2.锅中注水烧开，加鸡粉、盐，倒入口蘑，煮1分钟；倒入大白菜、红椒，煮半分钟，捞出。

 3.用油起锅，下姜片、蒜末、葱段，爆香；倒入焯煮好的食材，炒匀；淋入料酒，加鸡粉、盐，翻炒匀。

 4.倒入生抽，翻炒至食材入味；淋入水淀粉勾芡即可。

小贴士　　白菜含有B族维生素、维生素C、钙、磷、膳食纤维等成分，对促进人体新陈代谢很有帮助。此外，白菜还含有维生素C，糖尿病患者常食，可以促进糖类物质的代谢，降低血糖。

西红柿炒口蘑

材料	西红柿120克，口蘑90克，姜片、蒜末、葱段各适量	调料	盐4克，鸡粉2克，水淀粉、食用油各适量

相宜	西红柿+芹菜　降血压、健胃消食 西红柿+蜂蜜　补血养颜	相克	西红柿+鱼肉　不利于营养成分吸收 西红柿+螃蟹　易引起腹痛、腹泻

1.口蘑切片；西红柿去蒂，切小块。

2.锅中注水烧开，放入盐，倒入口蘑，煮至断生，捞出，沥干，待用。

3.用油起锅，放入姜片、蒜末，爆香。

4.倒入口蘑，拌炒匀；加入西红柿，炒匀；加盐、鸡粉调味；淋入水淀粉勾芡；盛出装盘，放上葱段即可。

小贴士　　西红柿属于低糖、低脂、低热量的食物，是适合糖尿病患者食用的蔬菜。其所含的番茄红素，能降低体内脂肪含量，具有调节血糖的作用，还可预防心血管疾病。

胡萝卜炒口蘑

材料	胡萝卜120克，口蘑100克，姜片、蒜末、葱段各少许	调料	盐、鸡粉各2克，料酒3毫升，生抽4毫升，水淀粉、食用油各适量

相宜	口蘑+鸡肉　补中益气 口蘑+鹌鹑蛋　防治肝炎	相克	口蘑+味精　鲜味反失

1.口蘑切片；胡萝卜切片。

2.锅中注水烧开，加盐、食用油，倒入胡萝卜片，煮半分钟；放入口蘑，续煮半分钟，捞出。

3.用油起锅，放入姜片、蒜末、葱段，爆香；倒入焯煮过的食材，翻炒几下。

4.淋入料酒、生抽，炒香；加盐、鸡粉，翻炒至食材入味；淋入水淀粉勾芡即可。

小贴士　口蘑味道鲜美，口感细腻软滑，含有硒、锌、镁等营养成分，有健脑益智、增强免疫力的功效，儿童和老人宜常食。

肉末烧蟹味菇

材料	蟹味菇250克，肉末150克，豌豆80克，蒜末、葱段各少许	调料	盐、鸡粉各1克，蚝油5克，料酒、生抽各5毫升，水淀粉、食用油各适量

相宜	豌豆+虾仁　提高营养价值 豌豆+蘑菇　消除食欲不佳	相克	豌豆+蕨菜　降低营养 豌豆+菠菜　影响钙的吸收

 1.蟹味菇切去根部。

 2.热水锅中倒入豌豆，煮至断生，捞出；再往锅中倒入蟹味菇，煮至断生，捞出。

 3.另起锅注油，倒入肉末，炒至转色；倒入蒜末，炒匀；放入葱段，炒香。

 4.倒入豌豆，加入料酒，放入蟹味菇，炒匀；加蚝油、生抽，炒匀；加盐、鸡粉，炒匀；注入清水，煮至入味，淋入水淀粉勾芡即可。

小贴士　豌豆具有和中益气、通乳及消肿的功效，可以增强人体的新陈代谢功能，可帮助预防心脏病，能使皮肤柔腻润泽，并能抑制黑色素的形成。

蟹味菇炒小白菜

材料	小白菜500克，蟹味菇250克，姜片、蒜末、葱段各少许	调料	生抽5毫升，盐、鸡粉各5克，水淀粉、白胡椒粉各5克，蚝油、食用油各适量

相宜	小白菜+虾皮　营养全面	相克	小白菜+兔肉　引起腹泻和呕吐 小白菜+醋　营养流失

 1.小白菜切去根部，再对半切开。

 2.锅中注水烧开，加盐、食用油，倒入小白菜，煮至断生，捞出；再将蟹味菇倒入锅中，焯煮片刻，捞出。

 3.用油起锅，倒入姜片、蒜末、葱段，爆香。

 4.放入蟹味菇，炒匀；加蚝油、生抽，炒匀；注入清水，加盐、鸡粉、白胡椒粉，炒匀；倒入水淀粉勾芡；盛入摆有小白菜的盘中即可。

小贴士　小白菜含有膳食纤维、糖类、胡萝卜素、维生素B₁、维生素B₂、维生素C及钙、铁、铜等营养成分，具有健脾开胃、防癌抗癌等功效。

青椒酱炒杏鲍菇

材料	杏鲍菇300克，青椒30克，干辣椒10克，蒜末、葱段各少许，豆瓣酱适量	调料	盐、鸡粉各1克，水淀粉5毫升，食用油适量

相宜	杏鲍菇+茭白　清中兼补 杏鲍菇+大蒜　清热杀菌	相克	杏鲍菇+驴肉　引起肠胃不适 杏鲍菇+野鸡　导致腹泻

1.青椒斜刀切块；杏鲍菇切菱形片。

2.沸水锅中倒入杏鲍菇，焯煮至断生，捞出，待用。

3.另起锅注油，倒入蒜末、干辣椒，爆香；倒入豆瓣酱，炒香。

4.倒入杏鲍菇，炒匀；放入青椒，炒至熟透；注入清水，加盐、鸡粉，炒匀；淋入水淀粉勾芡；倒入葱段，炒出香味即可。

小贴士　　杏鲍菇含有蛋白质、维生素、钙、镁、铜、锌等营养成分，具有增强免疫力、降血脂、润肠胃、美容养颜等功效。

熏腊肉炒杏鲍菇

材料	腊肉100克，杏鲍菇120克，姜片、蒜末、葱段各少许	调料	盐3克，蚝油5克，鸡粉2克，胡椒粉、水淀粉、食用油各适量

相宜	猪肉+杏鲍菇	保持营养均衡	相克	猪肉+田螺	容易伤肠胃
	猪肉+茄子	增加血管弹		猪肉+茶	容易造成便秘

 1.腊肉切片；杏鲍菇切片。

 2.锅中注水烧开，放入杏鲍菇，加少许盐，煮至断生，捞出待用。

 3.用油起锅，放入腊肉，炒香；加姜片、蒜末，炒匀。

 4.放入蚝油，加入杏鲍菇，炒匀；加盐、鸡粉、胡椒粉，炒匀调味；放入葱段，加水淀粉勾芡即可。

小贴士	杏鲍菇含有膳食纤维、糖类、维生素及钙、镁、铜、锌等矿物质，具有抗癌、降血脂、润肠胃以及美容等作用。

野山椒杏鲍菇

材料	杏鲍菇120克，野山椒30克，尖椒2个，葱丝少许	调料	盐、白糖各2克，鸡粉3克，陈醋、食用油、料酒各适量

相宜	杏鲍菇+野山椒　开胃消食、营养丰富 杏鲍菇+猪肉　　保持营养均衡	相克	杏鲍菇+香蕉　影响营养吸收

1.杏鲍菇切片；尖椒切小圈；野山椒剁碎。

2.锅中注水烧开，倒入杏鲍菇，淋入料酒，焯煮片刻，捞出过凉水。

3.倒出凉水，加入野山椒、尖椒、葱丝、盐、鸡粉、陈醋、白糖、食用油，拌匀。

4.用保鲜膜密封好，放入冰箱冷藏4小时，取出后撕去保鲜膜，倒入盘中，放上少许葱丝即可。

小贴士　杏鲍菇含有糖类、膳食纤维、维生素C、维生素E及钙、铁、磷、胡萝卜素等营养成分，具有增强免疫力、降低胆固醇、美容养颜等功效。

泡椒杏鲍菇炒秋葵

材料	秋葵75克，口蘑55克，红椒15克，杏鲍菇35克，泡椒30克，姜片少许	调料	盐3克，鸡粉2克，水淀粉、食用油各适量

相宜	杏鲍菇+野山椒　开胃消食、营养丰富 杏鲍菇+猪肉　　保持营养均衡	相克	杏鲍菇+香蕉　影响营养吸收

 1.秋葵斜刀切块；红椒斜刀切段；口蘑切小块；杏鲍菇切小块。

 2.锅中注水烧开，放入口蘑，略煮一会儿；倒入杏鲍菇、秋葵、红椒，加食用油、盐，煮至断生，捞出。

 3.用油起锅，放入姜片，爆香；倒入泡椒，炒出辣味。

 4.放入焯过水的食材，炒匀炒透；加盐、鸡粉、水淀粉，翻炒至食材入味即可。

小贴士　　秋葵含有胡萝卜素、果胶、牛乳聚糖、维生素C、锌、硒等营养成分，具有润泽皮肤、助消化、增强免疫力等功效。

糖醋杏鲍菇

材料	杏鲍菇200克，蒜末、葱花各少许	调料	盐3克，鸡粉4克，番茄酱20克，白醋5毫升，白糖10克，水淀粉8毫升，食用油适量

相宜	杏鲍菇+牛肉　健脾养胃 杏鲍菇+猪肉　增强营养	相克	杏鲍菇+酒　易引起呕吐

 1.杏鲍菇切条。

 2.锅中注水烧开，加盐、鸡粉，放入杏鲍菇，煮至断生，捞出。

 3.锅中注油烧热，放入蒜末，爆香；倒入清水，放入杏鲍菇，炒匀，煮至沸。

 4.加入番茄酱、白醋、白糖，炒至入味；淋入水淀粉勾芡，盛出装盘，撒上葱花即可。

小贴士　杏鲍菇含有糖类、维生素及钙、镁、铜、锌等营养物质，可以提高机体免疫力，具有降血脂、润肠胃及美容等作用。

杏鲍菇炒甜玉米

材料 杏鲍菇100克，鲜玉米粒150克，胡萝卜50克，姜片、蒜末各少许

调料 盐5克，鸡粉2克，白糖3克，料酒3毫升，水淀粉10毫升，食用油少许

相宜
玉米+鸡蛋　防止胆固醇过高
玉米+松仁　益寿养颜

相克
玉米+田螺　对身体不利

 1.胡萝卜切小丁；杏鲍菇切小丁。

 2.锅中注水煮沸，加盐、食用油，倒入杏鲍菇，煮1分钟；倒入胡萝卜、玉米粒，续煮1分钟，捞出。

 3.用油起锅，倒入姜片、蒜末，大火爆香；放入焯煮过的食材，翻炒匀。

 4.淋上料酒，炒香；加盐、鸡粉、白糖，炒匀调味；淋入水淀粉勾芡即可。

小贴士 　玉米中含有较多的膳食纤维，可加强肠壁蠕动，促进机体废物的排泄，对于减肥非常有利。玉米中还含有异麦芽低聚糖、维生素等营养物质，这些物质对预防心脏病、癌症等疾病有很大的益处。

清炒秀珍菇

材料	秀珍菇100克，姜末、蒜末、葱末各少许	调料	盐2克，鸡粉少许，蚝油4克，料酒3毫升，生抽4毫升，水淀粉、食用油各适量

相宜	秀珍菇+豆腐　有利于营养吸收 秀珍菇+韭黄　提高免疫力	相克	秀珍菇+驴肉　不利于健康

1.秀珍菇撕成小片。

2.用油起锅，下入姜末、蒜末，爆香。

3.放入秀珍菇，炒匀；注入清水，翻炒至食材熟软。

4.淋入料酒，炒香；放入生抽、蚝油，炒匀；加盐、鸡粉，炒匀调味；淋入水淀粉勾芡，撒上葱末炒香即可。

小贴士　　秀珍菇是一种高蛋白、低脂肪的营养食品，鲜美可口，具有独特的风味，有"味精菇"之美誉。它富含糖分、木质素、纤维素、果胶、矿物质等。幼儿食用秀珍菇，有开胃助食的作用。

红油拌秀珍菇

| **材料** | 秀珍菇300克，葱花、蒜末各少许 | **调料** | 盐、鸡粉、白糖各2克，生抽、陈醋、辣椒油各5毫升 |

| **相宜** | 秀珍菇+豆腐　有利于营养吸收
秀珍菇+韭黄　提高免疫力 | **相克** | 秀珍菇+驴肉　不利于健康 |

1.锅中注水烧开，倒入秀珍菇，煮至断生，捞出，沥干水分。

2.取一碗，倒入秀珍菇、蒜末、葱花。

3.加盐、鸡粉、白糖、生抽、陈醋、辣椒油。

4.用筷子拌匀，装入备好的盘中即可。

小贴士　　秀珍菇含有胡萝卜素、B族维生素、维生素C及多种氨基酸、矿物质，具有益气补血、增强免疫力、益肠胃等功效。

香卤猴头菇

材料	水发猴头菇100克，八角10克，桂皮10克，枸杞10克，姜片少许	调料	生抽5毫升，盐2克，鸡粉2克，白糖3克，料酒8毫升，鸡汁10毫升，水淀粉6毫升，老抽、食用油各适量

相宜	猴头菇+猪蹄　祛湿养胃 猴头菇+黄芪　滋补身体	相克	猴头菇+驴肉　不利于健康

 1.猴头菇切片。

 2.用油起锅，放入姜片、八角、桂皮，炒香。

 3.加入清水，放入生抽、盐、鸡粉、白糖，淋入料酒、鸡汁、老抽，炒匀，煮至沸。

 4.放入猴头菇，盖上盖，小火卤20分钟；淋入水淀粉勾芡即可。

 小贴士

　　猴头菇含有挥发油、多糖、多肽、氨基酸等营养成分，能抑制癌细胞中遗传物质的合成，从而有助于预防消化道癌症和其他恶性肿瘤，有防癌抗癌的功效。

猴头菇鲜虾烧豆腐

材料	水发猴头菇70克，豆腐200克，虾仁60克	调料	盐2克，蚝油8克，生抽5毫升，料酒5毫升，水淀粉7毫升，芝麻油2毫升，鸡粉、食用油各适量

相宜	猴头菇+鸡肉　利五脏、助消化 猴头菇+玉米　健脾和中、生津止渴	相克	猴头菇+驴肉　不利于健康

 1.豆腐切小方块；猴头菇切小块。

 2.虾仁去除虾线，装入碗中，加料酒、盐、鸡粉、水淀粉、芝麻油，拌匀，腌渍10分钟。

 3.锅中注水烧开，倒入猴头菇、豆腐，煮至断生，捞出，沥干水，待用。

 4.油锅中倒入虾仁，炒散；倒入猴头菇、豆腐，淋入料酒、生抽，加清水煮沸；放入蚝油，炒片刻；加盐调味，淋入水淀粉勾芡即可。

小贴士　虾仁是一种高蛋白、低脂肪的食材，其所含的甲壳素可以在肠道形成一层保护膜，阻碍对脂肪的吸收，从而降低胆固醇含量，起到降血脂、降血压的功效。

珍珠莴笋炒白玉菇

材料	水发珍珠木耳160克，去皮莴笋95克，白玉菇110克，蒜末少许	调料	盐、鸡粉各2克，料酒5毫升，水淀粉、食用油各适量

相宜	莴笋+蒜苗　　预防高血压 莴笋+白玉菇　利尿通便	相克	莴笋+蜂蜜　引起腹泻

1.莴笋切菱形片；白玉菇切成段。

2.锅中注水烧开，倒入珍珠木耳、白玉菇、莴笋，焯煮片刻，捞出。

3.用油起锅，放入蒜末，大火爆香。

4.倒入珍珠木耳、白玉菇、莴笋，淋入料酒，翻炒至熟；加盐、鸡粉、水淀粉，炒至食材入味即可。

小贴士　　莴笋含有叶酸、膳食纤维、维生素C、维生素E、钙、铁、锌等营养成分，具有开胃消食、利尿消肿、促进新陈代谢等功效。

双菇烩鸡片

材料 鲜香菇50克，金针菇80克，上海青100克，鸡胸肉150克，姜片适量

调料 盐3克，鸡粉3克，生粉2克，白糖2克，蚝油5克，老抽4毫升，料酒5毫升，水淀粉、食用油各适量

相宜 鸡肉+金针菇　增强记忆力
鸡肉+冬瓜　排毒养颜

相克 鸡肉+李子　易引起肠胃不适

1.金针菇切去根部；香菇切片；上海青切瓣。

2.鸡胸肉切片，装碗，加盐、鸡粉、生粉、食用油，拌匀，腌渍至入味。

3.锅中注水烧开，加盐、白糖、食用油，倒入上海青、香菇、金针菇，煮至断生，捞出；倒入鸡肉片，煮半分钟，捞出；用上海青摆盘，待用。

4.油锅下入姜片爆香；倒入鸡肉片、香菇、金针菇，加盐、鸡粉，炒匀；加清水，淋入料酒，炒匀；用水淀粉勾芡；淋入老抽，炒匀即可。

小贴士　金针菇含有B族维生素、维生素C、胡萝卜素、多糖及多种氨基酸、矿物质，具有增强免疫力、益气补血、益智健脑等功效。

161

双菇炒鸭血

材料	鸭血150克，口蘑70克，草菇60克，姜片、蒜末、葱段各少许	调料	盐3克，鸡粉2克，料酒4毫升，生抽5毫升，水淀粉、食用油各适量

相宜	草菇+豆腐　降压降脂 草菇+虾仁　补肾壮阳	相克	草菇+鹌鹑　易面生黑斑

 1.草菇切小块；口蘑切粗丝；鸭血切小方块。

 2.锅中注水烧开，加盐，放入草菇、口蘑，煮至断生，捞出。

 3.用油起锅，放入姜片、蒜末、葱段，爆香；放入焯煮过的食材，翻炒几下；淋入料酒、生抽，炒香。

 4.倒入鸭血块，注入清水，加盐、鸡粉，炒匀调味，续煮至食材熟透；淋入水淀粉勾芡即可。

 小贴士　鸭血口感较嫩，营养丰富，含有铁、钙等矿物质，有补血和清热解毒的作用，比较适合儿童食用。

茶树菇炒鸡丝

材料	茶树菇250克，鸡肉200克，鸡蛋清50克，红椒45克，青椒30克，葱段、蒜末、姜片各少许	调料	盐4克，料酒12毫升，白胡椒粉2克，水淀粉8毫升，鸡粉2克，白糖3克，食用油适量

相宜	鸡肉+金针菇　增强记忆力 鸡肉+冬瓜　　排毒养颜	相克	鸡肉+李子　易引起肠胃不适

1.红椒切小条；青椒切小条；鸡肉切丝，装碗，加盐、料酒、白胡椒粉、鸡蛋清、水淀粉、食用油，腌渍10分钟。

2.锅中注水烧开，倒入茶树菇，汆煮去杂质，捞出。

3.热锅注油烧热，倒入鸡肉丝，炒至转色；倒入姜片、蒜末，炒香；倒入茶树菇，淋入料酒、清水，炒匀。

4.加盐、鸡粉、白糖，炒匀调味；倒入青椒、红椒，快速翻炒匀；淋入水淀粉勾芡，放入葱段炒香即可。

小贴士	茶树菇含有氨基酸、葡聚糖、菌蛋白、糖类等成分，具有开胃消食、增强免疫力等功效。

163

五花肉茶树菇

<table>
<tr><td>材料</td><td>五花肉200克，水发茶树菇100克，蒜薹150克，甜椒20克，蒜末、姜片、葱段各少许</td><td>调料</td><td>料酒8毫升，鸡粉2克，生抽8毫升，食用油适量</td></tr>
</table>

相宜	猪肉+香菇　保持营养均衡 猪肉+茄子　增加血管弹性	相克	猪肉+田螺　容易伤肠胃

1.蒜薹切段；彩椒切块；茶树菇切去根部；五花肉切成薄片。

2.热锅注油，倒入五花肉，炒香；淋入料酒、生抽，翻炒去腥上色。

3.倒入蒜末、葱段、姜片、彩椒，快速翻炒均匀。

4.放入茶树菇、蒜薹，翻炒片刻；加鸡粉、生抽，翻炒调味即可。

小贴士　茶树菇含有谷氨酸、天门冬氨酸、异亮氨酸、甘氨酸、丙氨酸等成分，具有益气开胃、补肾滋阴等功效。

西芹藕丁炒姬松茸

| 材料 | 莲藕120克，鲜百合30克，水发姬松茸50克，西芹100克，彩椒20克，姜片、蒜末、葱段各少许 | 调料 | 盐4克，鸡粉2克，生抽3毫升，料酒4毫升，水淀粉4毫升，食用油适量 |

| 相宜 | 莲藕+羊肉　润肺补血
莲藕+猪肉　滋阴血、健脾胃 | 相克 | 莲藕+人参　药性相反 |

 1.将西芹切小段；彩椒切小块；姬松茸切小段；莲藕切小丁。

 2.锅中注水烧开，加食用油、盐，倒入藕丁，略煮片刻；放入姬松茸，焯去杂质；倒入西芹、百合，煮至断生，捞出。

 3.用油起锅，倒入姜片、蒜末、葱段，爆香；放入焯过水的食材，快速炒匀。

 4.淋入料酒，炒香；加鸡粉、盐，淋入生抽，炒匀调味；淋入水淀粉勾芡即可。

 小贴士　西芹含有芳芝麻油，以及多种维生素、矿物质、游离氨基酸等物质，有改善食欲不振、降低血压、健脑、清肠利便、解毒消肿、促进血液循环等功效。

腊肉竹荪

材料 水发竹荪80克，腊肉100克，水发木耳50克，红椒45克，葱段、姜片各少许

调料 生抽5毫升，盐2克，鸡粉2克，水淀粉4毫升

相宜 腊肉+香菇　保持营养均衡
腊肉+茄子　增加血管弹性

相克 腊肉+田螺　容易伤肠胃

1.竹荪切小段；腊肉切片；红椒切块。

2.锅中注水烧开，倒入竹荪，焯煮片刻，捞出；倒入腊肉，氽煮去杂质，捞出。

3.热锅注油烧热，倒入腊肉，炒香；倒入姜片、葱段、木耳、红椒，炒匀。

4.淋入生抽，炒匀；注入清水，倒入竹荪，加盐、鸡粉，炒匀调味；淋入水淀粉勾芡即可。

小贴士 竹荪含有蛋白质、糖类、膳食纤维、菌糖、灰分等营养成分，具有滋补强壮、益气补脑、宁神健体等功效。

虫草花炒茭白

<table>
<tr><td>**材料**</td><td>茭白120克，肉末55克，虫草花30克，彩椒35克，姜片少许</td><td>**调料**</td><td>盐2克，白糖、鸡粉各3克，料酒7毫升，水淀粉、食用油各适量</td></tr>
</table>

<table>
<tr><td rowspan="2">**相宜**</td><td>茭白+鸡蛋</td><td>美容养颜</td><td rowspan="2">**相克**</td><td rowspan="2">茭白+豆腐　容易得结石</td></tr>
<tr><td>茭白+猪蹄</td><td>有催乳作用</td></tr>
</table>

 1.将茭白切成粗丝；彩椒切成粗丝。

 2.锅中注水烧开，倒入虫草花、茭白丝、彩椒丝，淋入料酒、食用油，煮至断生，捞出。

 3.用油起锅，倒入肉末，炒匀，撒上姜片，炒香；淋入料酒，炒匀提味。

 4.倒入焯过水的材料，炒熟；加盐、白糖、鸡粉调味；淋入水淀粉勾芡即可。

 小贴士　　茭白含有糖类、维生素B$_1$、维生素B$_2$、维生素E、铁、镁、钾等营养成分，具有软化皮肤角质层、促进胃肠蠕动、增强免疫力等功效。

回锅肉炒黑木耳

材料	五花肉350克，水发黑木耳200克，红彩椒40克，香芹55克，豆瓣酱35克，蒜块、葱段各少许	调料	盐、鸡粉各1克，生抽、水淀粉各5毫升，食用油适量

相宜	芹菜+核桃　美容养颜、抗衰老 芹菜+虾　　增强免疫力	相克	芹菜+黄瓜　破坏维生素C

1.香芹切小段；红彩椒切滚刀块；五花肉切薄片。

2.热锅注油，倒入五花肉，煎至油脂析出；倒入蒜块、葱段，炒匀；放入豆瓣酱，炒匀。

3.放入黑木耳，炒匀；加入生抽，倒入红彩椒、香芹，炒熟。

4.加盐、鸡粉，炒至入味；淋入水淀粉勾芡即可。

小贴士	黑木耳含有蛋白质、多糖、钙、磷、铁等元素以及胡萝卜素、B族维生素等营养物质，具有活血补铁、美颜养肤、润滑肠道等作用。

木耳炒百叶

1.牛百叶切小块；木耳切除根部，再切小块；青椒去籽，斜刀切片；红椒去籽，切菱形片。

2.锅中注水烧开，倒入木耳，焯煮片刻；再放入牛百叶，煮去杂质，捞出，沥干水分，待用。

3.用油起锅，撒上姜片，爆香；倒入青椒片、红椒片；放入焯过水的食材，炒匀；淋入料酒，炒香。

4.注入清水，大火煮沸；加盐、鸡粉，炒匀调味；用水淀粉勾芡，淋上芝麻油，炒匀即可。

小贴士
黑木耳含有多糖、胡萝卜素、维生素B$_1$、维生素B$_2$、烟酸和钙、磷、铁等微量元素，具有养血驻颜、红润肌肤、疏通肠胃等作用。

黑木耳拌海蜇丝

材料	水发黑木耳40克，水发海蜇120克，胡萝卜80克，西芹80克，香菜20克，蒜末少许	调料	盐1克，鸡粉2克，白糖4克，陈醋6毫升，芝麻油2毫升，食用油适量

相宜	海蜇+木耳　润肠、美白 海蜇+冬瓜　清热、润肠、降压	相克	海蜇+羊肉　影响营养吸收

1.胡萝卜切丝；黑木耳切小块；西芹切丝；香菜切末；海蜇切丝。

2..锅中注水烧开，放入海蜇丝，煮2分钟；放入胡萝卜、黑木耳，淋入食用油，续煮1分钟；放入西芹，煮至断生，捞出。

3.将煮好的食材装入碗中，放入蒜末、香菜。

4.加白糖、盐、鸡粉、陈醋，淋入芝麻油，拌匀，装入盘中即可。

小贴士　黑木耳含有胡萝卜素、多糖、磷脂、钙、磷、铁等营养成分，能减少血液凝块，预防血栓症的发生，缓解动脉粥样硬化和冠心病，比较适合高血压病患者食用。

蟹味菇木耳蒸鸡腿

| 材料 | 蟹味菇150克，水发木耳90克，鸡腿250克，葱花少许 | 调料 | 生粉50克，盐2克，料酒5毫升，生抽5毫升，食用油适量 |

| 相宜 | 鸡肉+金针菇 增强记忆力
鸡肉+冬瓜 排毒养颜 | 相克 | 鸡肉+李子 易引起肠胃不适 |

1.将水发木耳切碎；蟹味菇切去根部。

2.鸡腿剔去骨，切成块，装入碗中，加盐、料酒、生抽、生粉、食用油，拌匀，腌渍15分钟。

3.取一蒸盘，倒入木耳、蟹味菇、鸡腿肉，放入蒸锅，盖上盖，大火蒸15分钟至食材熟透。

4.掀开锅盖，取出鸡腿肉，撒上葱花即可。

小贴士　蟹味菇含有维生素、糖类、蛋白质、嘌呤以及钙、镁、锌等成分，具有增强免疫力、延缓衰老等功效。

木耳拌豆角

材料	水发木耳40克，豆角100克，蒜末、葱花各少许	调料	盐3克，鸡粉2克，生抽4毫升，陈醋6毫升，芝麻油、食用油各适量

相宜	豆角+蒜　　预防高血压 豆角+大米　补肾健脾、除湿利尿	相克	豆角+牛奶　对健康不利 豆角+蜂蜜　易导致腹痛、腹泻

 1.豆角切成小段；木耳切成小块。

 2.锅中注水烧开，加盐、鸡粉，倒入豆角，注入食用油，煮半分钟；放入木耳，煮至断生，捞出。

 3.将焯好的食材装在碗中，撒上蒜末、葱花，加盐、鸡粉，淋入生抽、陈醋。

 4.倒入少许芝麻油，搅拌一会儿，至食材入味，装入盘中即成。

小贴士	豆角含有B族维生素、维生素C和植物蛋白质，能使人头脑宁静、调理消化系统、消除胸膈胀满，可防治急性肠胃炎，缓解呕吐、腹泻等症状。

木耳炒上海青

1.木耳切成小块。

2.锅中注水烧开，放入木耳，加盐，煮1分钟，捞出。

3.用油起锅，放入蒜末，爆香；倒入上海青，快速翻炒至熟软。

4.放入木耳，翻炒匀；加盐、鸡粉、料酒，炒匀调味；淋入水淀粉勾芡即可。

小贴士
上海青含有粗纤维、胡萝卜素、维生素B$_1$、钙、磷、铁等成分，可以减少脂类的吸收，保持血管弹性，可用来降血脂，糖尿病患者可经常食用。

灵芝素鸡炒白菜

材料	白菜70克，彩椒20克，素鸡120克，罗汉果、灵芝各少许	调料	盐3克，鸡粉2克，白糖少许，食用油适量

相宜	白菜+虾仁　防止牙龈出血 白菜+猪肉　补充营养、通便	相克	白菜+兔肉　导致呕吐、腹泻 白菜+黄瓜　降低营养价值

 1.素鸡用斜刀切片；白菜切块；彩椒切小块；罗汉果分成小块。

 2.锅中注水烧开，加盐、食用油，倒入素鸡、彩椒、罗汉果、白菜、灵芝，煮至断生，捞出。

 3.用油起锅，倒入焯过水的材料，炒匀。

 4.加盐、鸡粉、白糖，炒匀调味；淋入少许水淀粉勾芡即可。

小贴士	白菜含有B族维生素、维生素C、膳食纤维、钙、铁、磷、锌等营养成分，具有养胃生津、除烦解渴、利尿通便、清热解毒等功效。

松子豌豆炒干丁

材料 香干300克，彩椒20克，松仁15克，豌豆120克，蒜末少许

调料 盐3克，鸡粉2克，料酒4毫升，生抽3毫升，水淀粉、食用油各少许

相宜 豌豆+蘑菇 消除油腻引起的食欲不佳
豌豆+香干 补充蛋白质

相克 豌豆+蕨菜 破坏维生素

1.香干切成小丁；彩椒切成小块。

2.锅中注水烧开，加盐、食用油，倒入豌豆、香干、彩椒，煮至断生，捞出。

3.热锅注油，烧至四成热，倒入松仁，炸至金黄色，捞出，沥干油。

4.锅底留油，下入蒜末爆香；倒入焯过水的材料，炒匀；加盐、鸡粉、料酒、生抽，炒匀调味；淋入水淀粉勾芡，盛出装盘，点缀上松仁即可。

小贴士 豌豆含有维生素、膳食纤维、不饱和脂肪酸、大豆磷脂等营养成分，有保持血管弹性、健脑益智等功效。

黄豆焖茄丁

材料	茄子70克，水发黄豆100克，胡萝卜30克，圆椒15克	**调料**	盐2克，料酒4毫升，鸡粉2克，胡椒粉3克，芝麻油3毫升，食用油适量

相宜	茄子+猪肉　维持血压 茄子+黄豆　通气、顺肠、润燥消肿	**相克**	茄子+蟹　　郁积腹中、伤肠胃 茄子+墨鱼　对身体不利

1.胡萝卜切丁；圆椒切丁；茄子切丁。

2.用油起锅，倒入胡萝卜、茄子，炒匀。

3.注入适量清水，倒入黄豆，加盐、料酒，盖上盖，烧开后用小火煮15分钟。

4.倒入圆椒，炒匀；再盖上盖，用中火焖5分钟至食材熟透；加鸡粉、胡椒粉、芝麻油，转大火收汁即可。

小贴士	茄子含有膳食纤维、维生素E、维生素P、胆碱、钙、磷、铁等营养成分，具有清热止血、消肿止痛、保护心血管等功效。

茭白烧黄豆

材料	茭白180克，彩椒45克，水发黄豆200克，蒜末、葱花各少许	调料	盐3克，鸡粉3克，蚝油10克，水淀粉4毫升，芝麻油2毫升，食用油适量

相宜	黄豆+茄子　润燥消肿 黄豆+茼蒿　缓解更年期综合征	相克	黄豆+虾米　影响钙的消化吸收 黄豆+核桃　易导致腹胀、消化不良

1.茭白改切丁；彩椒切丁。

2.锅中注水烧开，加盐、鸡粉、食用油，放入茭白、彩椒、黄豆，煮至五成熟，捞出，沥干水，待用。

3.锅中注油烧热，放入蒜末，爆香；倒入焯过水的食材，翻炒匀。

4.放入蚝油、鸡粉、盐，炒匀调味；加清水，大火收汁；淋入水淀粉勾芡；放入芝麻油、葱花，炒匀即可。

小贴士　黄豆含有蛋白质、维生素、异黄酮、铁、镁、锰、铜、锌、硒等营养成分，能降低胆固醇含量，有助于稳定血压，对高血压有食疗作用。

丝瓜焖黄豆

材料	丝瓜180克，水发黄豆100克，姜片、蒜末、葱段各少许	调料	生抽4毫升，鸡粉2克，豆瓣酱7克，水淀粉2毫升，盐、食用油各适量

相宜	丝瓜+青豆　预防口臭、便秘 丝瓜+菊花　清热养颜、净肤除斑	相克	丝瓜+菠菜　易引起腹泻 丝瓜+芦荟　易引起腹痛、腹泻

1.丝瓜斜切成小块。

2.锅中注水烧开，加盐，倒入黄豆，煮至沸腾，捞出。

3.用油起锅，放入姜片、蒜末，爆香；倒入黄豆，炒匀；注入清水，放入生抽、盐、鸡粉，盖上盖，烧开后用小火焖15分钟。

4.揭盖，倒入丝瓜，炒匀；再盖上盖，焖5分钟至全部食材熟透；放入葱段、豆瓣酱，炒匀；淋入水淀粉勾芡即可。

小贴士　丝瓜含皂苷、木聚糖、维生素C、B族维生素等，具有清暑凉血、解毒通便、祛风化痰、润肌美容、通经络、行血脉、下乳汁、调理月经不顺等功效。

178

甜椒炒绿豆芽

材料	彩椒70克，绿豆芽65克	调料	盐、鸡粉各少许，水淀粉2毫升，食用油适量

相宜	绿豆芽+鲫鱼　　通乳汁、美白润肤 绿豆芽+陈皮　　排毒利尿	相克	绿豆芽+猪肝　　降低营养价值

1.彩椒切丝。

2.锅中注油，放入彩椒、绿豆芽，翻炒至食材熟软。

3.加盐、鸡粉，炒匀调味。

4.倒入适量水淀粉，快速炒匀至食材入味即可。

小贴士　绿豆芽含有维生素C、胡萝卜素、矿物质等成分，有清热解毒、利尿除湿等作用。绿豆芽既好烹饪，又容易咀嚼、消化，是有益于宝宝的食品。

醋香黄豆芽

材料	黄豆芽150克，红椒40克，蒜末、葱段各少许	调料	盐2克，陈醋4毫升，水淀粉、料酒、食用油各适量

相宜	黄豆芽+黑木耳　营养更均衡 黄豆芽+牛肉　预防感冒、防止中暑	相克	黄豆芽+皮蛋　易引起腹泻 黄豆芽+猪肝　破坏营养

1.红椒切成丝。

2.锅中注水烧开，加食用油，放入黄豆芽，煮至八成熟，捞出。

3.用油起锅，放入蒜末、葱段，爆香；倒入黄豆芽、红椒，加料酒，炒香。

4.加盐、陈醋，炒匀调味；淋入水淀粉勾芡即可。

小贴士　黄豆芽营养丰富，含有蛋白质、维生素，有滋润清热、利尿解毒的功效，还能保护皮肤和毛细血管，预防动脉硬化。

豆皮拌豆苗

材料	豆皮70克，豆苗60克，花椒15克，葱花少许	调料	盐、鸡粉各1克，生抽5毫升，食用油适量

相宜	豆苗+彩椒 开胃消食 豆苗+玉米 增强免疫力	相克	豆苗+羊肉 易发生黄疸和脚气病 豆苗+菠菜 影响人体对钙的吸收

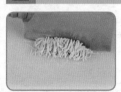 1.豆皮切丝，再切两段。

 2.沸水锅中倒入豆苗，煮至断生，捞出；再倒入豆皮，煮去豆腥味，捞出，沥干水分，装碗，撒上葱花待用。

 3.另起锅注油，倒入花椒，炸出香味，捞出花椒。

 4.将花椒油淋在豆皮和葱花上，放上豆苗，加盐、鸡粉、生抽，拌匀即可。

小贴士 豆苗含有钙、B族维生素、维生素C、胡萝卜素等营养成分，具有利尿、止泻、消肿、止痛和助消化等功效。

家常香煎豆腐

材料	豆腐240克，熟白芝麻20克，辣椒粉12克，蒜末、葱花各少许	调料	盐3克，鸡粉2克，白糖少许，芝麻油、食用油各适量

相宜	豆腐+萝卜　有利消化 豆腐+西红柿　补脾健胃	相克	豆腐+鸡蛋　影响蛋白质吸收

1.豆腐切厚片。

2.用油起锅，放入豆腐片，煎至两面焦黄；撒上蒜末，爆香。

3.撒上盐，炒匀；放入辣椒粉，略煎一会儿。

4.注入少许清水，大火煮沸；加鸡粉、白糖，撒上葱花、熟白芝麻，滴上芝麻油，煎煮至食材熟透即可。

小贴士　豆腐含有维生素B₁、维生素B₆、烟酸以及铁、镁、钾、铜、钙、锌、磷等营养成分，具有降血压、降血脂、降胆固醇、益寿延年等功效。

风味柴火豆腐

材料	豆腐250克，五花肉150克，香辣豆豉酱30克，朝天椒15克，蒜末、葱段各少许	调料	盐2克，鸡粉少许，生抽4毫升，食用油适量

相宜	五花肉+莴笋	补脾益气	相克	五花肉+驴肉	导致腹泻
	五花肉+香菇	保持营养均衡		五花肉+鲤鱼	有害健康

1.朝天椒切圈；五花肉切薄片；豆腐切长方块。

2.用油起锅，放入豆腐块，撒上少许盐，煎至两面焦黄，盛出，待用。

3.另起锅注油烧热，倒入肉片炒至转色；放入蒜末、朝天椒圈，炒匀；放入香辣豆豉酱，炒香；加生抽、清水、豆腐块，拌匀，大火煮沸。

4.加盐、鸡粉，炒匀调味；盖上盖，转中小火煮3分钟；倒入葱段，大火炒香即可。

小贴士　五花肉含蛋白质、脂肪、磷、钙、铁、维生素B_1、维生素B_2、烟酸等成分，具有滋阴润燥、补虚养血的功效，对消渴、热病伤津、便秘、燥咳等病症有食疗作用。

酸梅酱烧老豆腐

| 材料 | 老豆腐250克，酸梅酱15克，瘦肉50克，去皮胡萝卜60克，姜片、蒜末各少许 | 调料 | 盐、鸡粉各3克，白糖2克，生抽、料酒、食用油各适量 |

| 相宜 | 老豆腐+萝卜　有利消化
老豆腐+鲜菇　降血脂、降血压 | 相克 | 老豆腐+木耳菜　破坏营养素
老豆腐+葱　影响钙吸收 |

1.老豆腐切块，装碗，注入清水，加盐，浸泡10分钟。

2.瘦肉去掉膜，切块，装碗，加盐、料酒、水淀粉，拌匀，腌渍15分钟。

3.胡萝卜切块，入沸水锅中焯煮片刻，捞出。

4.油锅下入姜片、蒜末爆香；放入瘦肉，炒匀；加生抽，炒香；倒入胡萝卜、豆腐，加料酒、盐、鸡粉、白糖、酸梅酱，炒熟即可。

小贴士　老豆腐含有蛋白质、糖类、胡萝卜素、膳食纤维、钾、钙、铁、磷、镁及维生素E等营养成分，具有益气补血、清热润燥、生津止渴等功效。

豆瓣酱炒脆皮豆腐

材料	脆皮豆腐80克，豆瓣酱10克，青椒25克，红椒50克，蒜苗段、姜片、蒜末各少许	调料	鸡粉2克，生抽4毫升，水淀粉4毫升，食用油适量

相宜	豆腐+青椒　开胃消食 豆腐+蒜苗　提高食欲	相克	豆腐+苋菜　破坏营养素 豆腐+蜂蜜　导致腹泻

1.脆皮豆腐切小块；青椒切小块；红椒切小块。

2.热锅注油，倒入姜片、蒜苗梗、蒜末，爆香。

3.放入豆瓣酱，炒匀；倒入脆皮豆腐，翻炒一会儿。

4.倒入蒜苗叶，加鸡粉、生抽，翻炒匀；淋入水淀粉勾芡即可。

小贴士　脆皮豆腐含有蛋白质、维生素B₁、维生素B₆、叶酸、钙、锌、磷等营养成分，具有清热解毒、开胃消食等功效。

蘑菇竹笋豆腐

| 材料 | 豆腐400克，竹笋50克，口蘑60克，葱花少许 | 调料 | 盐少许，水淀粉4毫升，鸡粉2克，生抽、老抽、食用油各适量 |

| 相宜 | 竹笋+猪肉　辅助治疗肥胖症
竹笋+莴笋　治疗肺热痰火 | 相克 | 竹笋+羊肉　导致腹痛
竹笋+红糖　对身体不利 |

 1.豆腐切块；口蘑切丁；竹笋切丁。

 2.锅中注水烧开，加盐，倒入口蘑、竹笋，煮1分钟；放入豆腐，略煮片刻，捞出。

 3.锅中倒入食用油，放入焯过水的食材，翻炒匀。

 4.加适量清水，放入盐、鸡粉、生抽，炒匀；加老抽，炒匀；盛出装盘，撒上葱花即可。

小贴士　　竹笋中植物蛋白、维生素及微量元素的含量均很高，有助于增强机体的免疫功能，提高防病抗病能力。

咖喱豆腐

材料	豆腐200克，姜片少许，豌豆40克，红小米椒15克	调料	咖喱粉7克，盐2克，生抽3毫升，水淀粉、食用油各适量

相宜	豆腐+草菇　健脾补虚、增进食欲 豆腐+鱼　　补钙强身	相克	豆腐+空心菜　破坏营养素 豆腐+鸡蛋　　影响蛋白质吸收

1.豆腐切小方块；红小米椒切圈。

2.煎锅中淋入食用油，烧至三四成热；放入豆腐块，晃动锅底，煎至两面金黄色，盛出，装入盘中。

3.锅中注水烧开，放入豌豆，煮至断生，捞出。

4.油锅下入姜片爆香；倒入红椒圈，炒出辣味；注入清水，倒入豌豆，放入豆腐块，大火略煮；加盐、生抽、咖喱粉，炒匀；淋入水淀粉勾芡即可。

小贴士　豆腐含有蛋白质、B族维生素、叶酸、铁、镁、钾、铜、钙、锌、磷等营养成分，具有补中益气、清热润燥、生津止渴等功效。

西红柿炒冻豆腐

材料	冻豆腐200克，西红柿170克，姜片、葱花各少许	调料	盐、鸡粉各2克，白糖少许，食用油适量

相宜	西红柿+蜂蜜　补血养颜 西红柿+芹菜　降压、健胃消食	相克	西红柿+红薯　引起呕吐、腹痛腹泻 西红柿+猕猴桃　降低营养价值

 1.冻豆腐撕成碎片；西红柿切小瓣。

 2.锅中注水烧开，放入冻豆腐，煮1分钟，捞出，沥干水分，待用。

 3.用油起锅，撒上姜片，爆香；倒入西红柿瓣，炒至析出水分。

 4.倒入豆腐，翻炒匀；转小火，加盐、白糖、鸡粉，中火炒至食材熟软；盛出装盘，撒上葱花即可。

小贴士	西红柿富含有机碱、番茄碱和胡萝卜素、维生素C及钙、镁、钾、钠、磷、铁等矿物质，具有降压、利尿、健胃消食、生津止渴、清热解毒、凉血平肝的功效。

山楂豆腐

材料 豆腐350克，山楂糕95克，姜末、蒜末、葱花各少许

调料 盐2克，鸡粉2克，老抽2毫升，生抽3毫升，陈醋6毫升，白糖3克，水淀粉、食用油各适量

相宜
山楂+排骨　　祛斑消瘀
山楂+核桃仁　补肺肾、润肠燥

相克
山楂+海鲜　　不易消化

1.山楂糕切小方块；豆腐切小方块。

2.热锅注油，烧至四五成热，放入豆腐，中火炸1分30秒；放入山楂糕，炸干水分，一起捞出。

3.锅底留油烧热，倒入姜末、蒜末、爆香；注入清水，加生抽、鸡粉、盐、陈醋、白糖，炒匀。

4.倒入炸好的食材，炒匀；淋入老抽，炒匀上色，中火略煮；淋入水淀粉勾芡；盛出装盘，撒上葱花即可。

小贴士
　　山楂含多种有机酸及维生素C，具有开胃消食、活血化瘀、驱虫等功效，对胃肠功能具有调节作用。

雪里蕻炖豆腐

材料	雪里蕻220克，豆腐150克，肉末65克，姜末、葱花各少许	调料	盐少许，生抽2毫升，老抽1毫升，料酒2毫升，食用油适量

相宜	雪里蕻+猪肝　有助于钙的吸收 雪里蕻+猪肉　补虚强身	相克	雪里蕻+醋　降低营养价值

 1.雪里蕻切碎末；豆腐切小方块。

 2.锅中注水烧开，加盐，倒入豆腐块，煮1分30秒，捞出，沥干水分。

 3.用油起锅，倒入肉末，炒至松散、变色；淋入生抽，炒香；撒上姜片，炒匀；淋入料酒，炒匀。

 4.倒入雪里蕻，炒软；加清水，倒入豆腐块，转中火略煮；加老抽、盐，续煮至入味；淋入水淀粉勾芡；盛出装碗，撒上葱花即可。

小贴士	雪里蕻含有抗坏血酸以及钙、磷、铁等矿物质元素，有解毒消肿、开胃消食、温中利气、明目利膈、提神醒脑等功效。

鲶鱼炖豆腐

材料	鲇鱼150克，豆腐200克，洋葱80克，泡小米椒30克，香菜15克，干辣椒适量，姜片、蒜末、葱段各少许

调料	盐、鸡粉各2克，料酒8毫升，生粉15克，生抽4毫升，豆瓣酱5克，水淀粉10毫升，芝麻油3毫升，食用油适量

相宜	鲇鱼+菠菜　减肥 鲇鱼+茄子　营养丰富

相克	鲇鱼+鹿肉　产生不利人体的物质 鲇鱼+牛肝　产生不良生化反应

 1.泡小米椒切碎；洋葱切小块；香菜切段；豆腐切小方块；鲇鱼装碗，加生抽、盐、鸡粉、料酒、生粉，拌匀，腌渍10分钟。

 2.锅中注水烧开，放入豆腐，加盐，煮1分钟，去除豆腥味，捞出。

 3.另起锅注油烧至七成热，放入鲇鱼，炸至焦黄色，捞出，沥干油。

 4.油锅下干辣椒、姜片、蒜末、葱段爆香；倒入洋葱、泡小米椒、豆腐、清水、豆瓣酱、生抽、盐、鸡粉、鲇鱼、水淀粉、芝麻油炒匀即可。

小贴士	鲇鱼含有蛋白质、B族维生素、维生素E、钙、磷、钾等营养成分，具有滋阴养血、补中气、开胃、利尿等功效。

铁板日本豆腐

材料	日本豆腐160克，肉末50克，红椒10克，洋葱丝40克，姜片、蒜末、葱段、香菜末各少许	调料	盐2克，白糖3克，鸡粉2克，辣椒酱7克，老抽2毫升，料酒4毫升，生粉少许，水淀粉、食用油各适量

相宜	日本豆腐+鲜菇　降血脂、降血压 日本豆腐+油菜　止咳、平喘	相克	日本豆腐+红糖　不利于人体吸收

1.日本豆腐切小段，装盘，撒上生粉；红椒切小段。

2.热锅注油，烧至四成热，放入日本豆腐，炸至金黄色，捞出，沥干油。

3.锅底留油烧热，倒入姜片、蒜末、葱段，爆香；放入肉末，炒至变色；淋入料酒，加生抽，炒匀；倒入清水，放入红椒，炒匀。

4.加生抽、辣椒酱、盐、鸡粉、白糖调味；汤汁沸腾后倒入日本豆腐，煮至入味；淋水淀粉勾芡，盛入洋葱铺底的预热铁板上，撒上香菜末即可。

小贴士　　日本豆腐含有蛋白质、维生素和铁、钙、钾等营养成分，具有降低血压、养心润肺、美容养颜等功效。

家常豆豉烧豆腐

材料	豆腐450克，豆豉10克，蒜末、葱花各少许，彩椒25克	调料	盐3克，生抽4毫升，鸡粉2克，辣椒酱6克，食用油适量

相宜	豆腐+豆豉　　提高食欲 豆腐+西葫芦　预防病毒性感冒	相克	豆腐+苋菜　　破坏营养素 豆腐+木耳菜　对身体不利

 1.彩椒切成丁；豆腐切成小方块。

 2.锅中注水烧开，加盐，倒入豆腐块，煮去酸味，捞出，沥干水，待用。

 3.用油起锅，倒入豆豉、蒜末，大火爆香；放入彩椒丁，炒匀。

 4.倒入豆腐块，注入清水，拌匀；加盐、生抽、鸡粉、辣椒酱，拌匀调味，大火略煮至食材入味；淋入水淀粉勾芡；盛出装盘，撒上葱花即可。

小贴士	豆腐含有铁、镁、钾、钙、锌等营养元素，经常食用可以补中益气、降血压、降血糖、清热润燥、生津止渴。

红油豆腐鸡丝

材料	鸡胸肉200克，豆腐230克，花椒、干辣椒、姜片、蒜末、葱花各少许	调料	盐4克，鸡粉3克，豆瓣酱6克，辣椒油8毫升，水淀粉5毫升，生抽4毫升，食用油适量

相宜	鸡胸肉+枸杞　补五脏、益气血 鸡胸肉+人参　止渴生津	相克	鸡胸肉+李子　引起痢疾 鸡胸肉+兔肉　引起腹泻

1.豆腐切小方块；鸡肉切丝，装碗，加盐、鸡粉、水淀粉、食用油，腌渍10分钟。

2.锅中注水烧开，加盐、鸡粉，倒入豆腐，略煮一会儿，捞出。

3.用油起锅，倒入鸡肉丝，炒至变色；倒入姜片、蒜末、花椒、干辣椒，爆香。

4.淋入生抽、辣椒油，倒入豆腐块，翻炒几下；倒入清水，略煮；加盐、鸡粉、豆瓣酱，翻炒匀，中火续煮至入味；淋入水淀粉勾芡即可。

小贴士	鸡胸肉富含蛋白质、维生素B$_1$、维生素B$_2$、烟酸、钙、磷、铁、钾等营养成分，具有温中益气、补精添髓、益五脏、补虚损、健脾胃、强筋骨的功效。

香辣铁板豆腐

材料	豆腐500克，辣椒粉15克，蒜末、葱花、葱段各适量	调料	盐2克，鸡粉3克，豆瓣酱15克，生抽5毫升，水淀粉10毫升，食用油适量

相宜	豆腐+蛤蜊　润肤、补血 豆腐+韭菜　治疗便秘	相克	豆腐+葱　　影响钙吸收 豆腐+鸡蛋　影响蛋白质吸收

 1.豆腐切小方块。

 2.热锅注油，烧至六成热，倒入豆腐，炸至金黄色，捞出，沥干油，待用。

 3.锅底留油，倒入辣椒粉、蒜末、爆香；放入豆瓣酱、清水，炒匀，煮沸；加生抽、鸡粉、盐、豆腐，炒匀；淋入水淀粉勾芡。

 4.取烧热的铁板，淋入食用油，摆上葱段，盛上炒好的豆腐，撒上葱花即可。

小贴士	豆腐含有铁、镁、钾、铜、钙、锌、磷、叶酸、维生素B_1、烟酸、维生素B_6等营养成分，具有降胆固醇、降血脂、降血压等功效。

宫保豆腐

材料	黄瓜200克，豆腐300克，红椒30克，酸笋100克，胡萝卜150克，水发花生米90克，姜片、蒜末、葱段、干辣椒各少许	调料	盐4克，鸡粉2克，豆瓣酱15克，生抽5毫升，辣椒油6毫升，陈醋5毫升，水淀粉4毫升，食用油适量

相宜	黄瓜+大蒜　排毒瘦身 黄瓜+木耳　补血养颜	相克	黄瓜+柑橘　破坏维生素C

1.黄瓜切丁；胡萝卜切丁；酸笋切丁；红椒切丁；豆腐切小方块。

2.锅中注水烧开，加盐，放入豆腐块，煮1分钟，捞出；再倒入酸笋、胡萝卜，煮1分钟，捞出；倒入花生米，煮半分钟，捞出，沥干水。

3.热锅注油，烧至四成热，倒入花生米，滑油至微黄色，捞出，沥干油。

4.油锅下干辣椒、姜片、蒜末、葱段爆香；倒入红椒、黄瓜、焯好的食材、豆瓣酱、生抽、鸡粉、盐、辣椒油、陈醋、水淀粉炒匀即可。

小贴士　　黄瓜含有维生素B_2、维生素C、维生素E、胡萝卜素、烟酸、钙、磷、铁，以及丙醇二酸、葫芦素、纤维素等，具有清热利水、解毒消肿、生津止渴、增强免疫力等功效。

木耳烩豆腐

材料	豆腐200克，木耳50克，蒜末、葱花各少许	调料	盐3克，鸡粉2克，生抽、老抽、料酒、水淀粉、食用油各适量

相宜	黑木耳+马蹄　补气强身 黑木耳+草鱼　促进血液循环	相克	黑木耳+田螺　不利于消化 黑木耳+野鸭　易消化不良

 1.豆腐切成小方块；木耳切成小块。

 2.锅中注水烧开，加盐，倒入豆腐块，煮1分钟，捞出；倒入木耳，煮半分钟，捞出，沥干水，待用。

 3.用油起锅，放入蒜末，爆香；倒入木耳，炒匀；淋入料酒，炒香；加清水，放入生抽，加盐、鸡粉、老抽，拌匀煮沸。

 4.放入豆腐，煮2分钟至熟；淋入水淀粉勾芡，盛出装碗，撒入葱花即可。

小贴士	木耳含有维生素K和丰富的钙、镁等矿物质以及腺苷类物质，具有补气、滋阴、补肾、活血、通便等功效。

松仁豆腐

材料	松仁15克，豆腐200克，彩椒35克，干贝12克，葱花、姜末各少许	调料	盐2克，料酒2毫升，生抽2毫升，老抽2毫升，水淀粉3毫升，食用油适量
相宜	松子+核桃　防治便秘 松子+红枣　养颜益寿	相克	松子+蜂蜜　易导致腹痛、腹泻 松子+黄豆　阻碍蛋白质的吸收

1.将彩椒切成片；豆腐切成长方块。

2.热锅注油，烧至四成热，放入松仁，炸香，捞出；待油温烧至六成热，放入豆腐块，炸至微黄色，捞出。

3.锅底留油，下入姜末爆香；放入干贝，淋入料酒，倒入彩椒，略炒；加清水、盐、生抽、老抽，炒匀。

4.倒入豆腐块，摊开，煮2分钟至入味；淋入水淀粉勾芡；盛出装盘，撒上松仁、葱花即可。

小贴士　松仁营养丰富，富含蛋白质和多种不饱和脂肪酸，还含有钙、磷、铁、锌等营养元素。其中不饱和脂肪酸是构成脑细胞的重要成分，对维护脑细胞和神经功能有良好的功效，是婴幼儿益智健脑和生长发育必不可少的营养食品。

扁豆丝炒豆腐干

材料	豆腐干100克，扁豆120克，红椒20克，姜片、蒜末、葱白各少许	调料	盐3克，鸡粉2克，水淀粉、食用油各适量

相宜	扁豆+猪肉	补中益气、健脾胃	相克	扁豆+橘子	对健康不利
	扁豆+大米	健脾养胃、清热止咳		扁豆+蛤蜊	易导致腹痛、腹泻

1.豆腐干切丝；扁豆切丝；红椒切丝。

2.锅中注水烧热，加盐、食用油，倒入扁豆，煮1分钟，捞出。

3.热锅注油，烧至四成热，倒入豆腐干，炸半分钟，捞出，沥干油，待用。

4.油锅下入姜片、蒜末、葱白，爆香；倒入扁豆丝、豆腐干，翻炒片刻；加盐、鸡粉，炒匀调味；倒入红椒丝，翻炒匀；淋入水淀粉勾芡即可。

小贴士	豆腐干咸香爽口，含有蛋白质、糖类，还含有钙、磷、铁等人体所需的矿物质，有开胃助食、增强体质的功效，老少皆宜。

鸡丝豆腐干

材料	鸡胸肉150克，豆腐干120克，红椒30克，姜片、蒜末、葱段各少许	调料	盐2克，鸡粉3克，生抽2毫升，水淀粉、食用油各适量

相宜	鸡胸肉+冬瓜　排毒养颜 鸡胸肉+板栗　增强造血功能	相克	鸡胸肉+兔肉　易引起腹泻 鸡胸肉+菊花　易引起痢疾

 1.豆腐干切条；红椒切丝。

 2.鸡胸肉切丝，装碗，加盐、鸡粉、水淀粉、食用油，腌渍10分钟。

 3.热锅注油，烧至五成热，倒入香干，炸出香味，捞出，沥干油，待用。

 4.锅底留油，下红椒、姜片、蒜末、葱段爆香；倒入鸡肉丝，淋入料酒，炒香；倒入香干，加盐、鸡粉、生抽，炒匀调味；淋入水淀粉勾芡即可。

小贴士　鸡胸肉含有B族维生素、铁质，可改善儿童缺铁性贫血。豆腐干含有蛋白质、糖类，还含有钙、磷、铁等多种人体所需的矿物质，可增强儿童免疫力。

油渣烧豆干

材料	猪肥肉120克，豆干60克，芹菜40克，胡萝卜30克，红椒15克，姜片、蒜末、葱段各少许	调料	盐、鸡粉各2克，生抽、料酒各4毫升，豆瓣酱7克，水淀粉、食用油各适量

相宜	芹菜+西红柿　降低血压 芹菜+牛肉　　增强免疫力	相克	芹菜+螃蟹　导致腹泻 芹菜+牡蛎　降低锌的吸收

1.红椒切小块；芹菜切段；豆干切片；胡萝卜切菱形片；猪肥肉切块。

2.锅中注水烧开，加盐，倒入胡萝卜、豆干，煮半分钟，捞出。

3.用油起锅，倒入肥肉，炒至变色，盛出多余的油分；淋入生抽，炒匀；倒入姜片、蒜末、葱段，炒香。

4.倒入焯过水的食材，炒匀；加豆瓣酱、料酒，炒匀；放入红椒、芹菜，炒至变软；加鸡粉、盐，炒匀调味，淋入水淀粉勾芡即可。

小贴士　芹菜含有膳食纤维、维生素、钙、磷、铁、钠等营养成分，具有平肝清热、祛风利湿、除烦消肿、凉血止血等功效。

泡椒熏豆干炒腊肠

材料	熏豆干200克，腊肠120克，泡小米椒40克，红椒45克，姜片、蒜末、葱段、豆豉各少许	调料	盐3克，鸡粉3克，料酒10毫升，生抽5毫升，水淀粉5毫升，食用油适量
相宜	腊肠+豆干　补充钙质 腊肠+西芹　降低油腻感	相克	腊肠+螃蟹　损伤脾胃

1.泡小米椒切碎；红椒切小块；熏豆干切片；腊肠切片。

2.热锅注油烧至四成热，放入腊肠，炸出香味，捞出，沥干油。

3.锅留底油，放入葱段、姜片、蒜末、豆豉，爆香；倒入红椒、泡椒，快速炒匀。

4.放入熏豆干、腊肠，炒匀；淋入料酒、生抽，炒匀；加清水、盐、鸡粉、水淀粉，炒至入味即可。

小贴士　腊肠含有蛋白质、硫胺素、维生素B$_2$、烟酸、钙、磷、钾、钠等营养成分，具有开胃助食的功效。

酱炒黄瓜白豆干

材料	五花肉120克，黄瓜100克，白豆干80克，姜片、蒜末、葱段各少许	调料	盐、鸡粉各2克，辣椒酱7克，生抽4毫升，料酒5毫升，水淀粉、花椒油、食用油各适量

相宜	黄瓜+土豆　排毒瘦身 黄瓜+虾米　保肝护肾	相克	黄瓜+柑橘　破坏维生素C

1.白豆干用斜刀切片；黄瓜去瓤，用斜刀切片；五花肉切薄片。

2.热锅注油，烧至三四成热，倒入白豆干，炸至金黄色，捞出，沥干油。

3.锅底留油烧热，倒入肉片，炒至变色；淋入生抽，炒匀；放入料酒，炒匀提味；倒入姜片、蒜末、葱段，炒香；放入黄瓜片，快速炒软。

4.放入白豆干，转小火，加鸡粉、盐、辣椒酱，淋入花椒油，炒匀调味；淋入水淀粉勾芡即可。

小贴士	黄瓜含有B族维生素、维生素C、维生素E、胡萝卜素、钙、磷、铁等营养成分，具有清热解毒、健脑安神、美容养颜等功效。

酱烧豆皮

材料	豆皮120克，黄豆酱20克，葱花少许	调料	鸡粉1克，生抽5毫升，食用油适量

相宜	豆腐皮+白菜　清肺热、止痰咳 豆腐皮+银耳　滋补气血、润肺护肝	相克	豆腐皮+葱　影响钙的吸收

 1.豆皮切小块。

 2.热锅注油，烧至五成热，倒入豆皮，炸至微黄，捞出，沥干油。

 3.锅底留油，倒入黄豆酱，加入生抽，注入少许清水，放入豆皮，加盖，大火焖10分钟。

 4.揭盖，加入鸡粉，炒匀调味；倒入葱花，炒香即可。

小贴士　豆皮含有蛋白质、B族维生素、铁、镁、钾、烟酸、铜、钙、锌、叶酸等营养成分，具有强壮骨骼、降压降糖、延年益寿等功效。

川味豆皮丝

| 材料 | 豆腐皮150克，瘦肉200克，水发木耳80克，豆瓣酱30克，香菜、姜丝各少许 | 调料 | 盐、鸡粉、白糖各1克，陈醋、辣椒油各5毫升，食用油适量 |

| 相宜 | 黑木耳+豆皮　补充钙质
黑木耳+猪肉　补肾强身 | 相克 | 黑木耳+田螺　不利于消化
黑木耳+野鸭　易消化不良 |

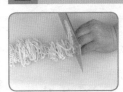 1.豆腐皮卷起，切丝；木耳切丝；瘦肉切丝。

 2.热锅注油，倒入姜丝，爆香；放入豆瓣酱，炒匀；注入清水，倒入肉丝，炒匀。

 3.放入豆皮丝、木耳丝，炒至食材变软。

 4.加盐、鸡粉、白糖、陈醋，炒匀调味；加盖，小火焖2分钟至熟；淋入辣椒油，炒匀；盛出装盘，点缀上香菜即可。

| 小贴士 | 　　木耳含有膳食纤维、糖类和多种维生素与无机盐，具有防止血液凝固、减少动脉硬化、增强抵抗力等作用。 |

鸡汤豆皮丝

材料	豆皮130克，鸡汤300毫升，鸡胸肉100克，红彩椒40克，香菜少许	调料	盐、鸡粉、胡椒粉各1克，料酒5毫升，食用油适量

相宜	鸡胸肉+丝瓜　清热利肠 鸡胸肉+辣椒　开胃消食	相克	鸡胸肉+李子　引起痢疾 鸡胸肉+兔肉　引起腹泻

1.豆皮卷成方块状，切丝；红彩椒切丝；鸡胸肉切丝。

2.热锅注油，倒入鸡胸肉，翻炒均匀；加入料酒，注入鸡汤，用大火煮开。

3.倒入豆皮丝，炒匀；加盐、鸡粉、胡椒粉，炒匀，大火煮开后转中火煮2分钟。

4.关火后盛出煮好的汤，装入碗中，放上彩椒丝、香菜即可。

小贴士

　　鸡胸肉含有蛋白质、磷脂、维生素C、维生素E、钙、铁等营养物质，具有温中益气、补虚填精、健脾胃、活血脉、强筋骨等功效。

水煮肉片千张

材料	千张300克，泡小米椒30克，红椒40克，猪瘦肉250克，姜片、蒜末、干辣椒、葱花各少许	调料	盐4克，鸡粉5克，水淀粉4毫升，辣椒油4毫升，陈醋8毫升，生抽4毫升，豆瓣酱、食粉、食用油各适量

相宜	千张+猪肉　提高人体免疫力 千张+生菜　滋阴补肾、减肥健美	相克	千张+葱　影响钙的吸收

1.千张切丝；泡小米椒切碎；红椒切粒；猪瘦肉切成片，装碗，加食粉、盐、鸡粉、水淀粉、食用油，腌渍10分钟。

2.锅中注水烧开，倒入食用油，加盐、鸡粉，倒入千张，煮1分钟，捞出，装入碗中，待用。

3.油锅下姜片、蒜末、红椒、泡小米椒爆香；加豆瓣酱、清水、辣椒油、陈醋、生抽、盐、鸡粉，煮沸；倒入肉片搅散，盛入装有千张的碗中。

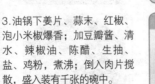

4.烧热炒锅，倒入食用油烧热；在碗中撒上葱花、干辣椒，浇上热油即可。

小贴士	千张含有丰富的蛋白质，且属于完全蛋白，其比例也接近人体需要，利于人体消化吸收。此外，它还有多种矿物质，能促进骨骼发育，防止因缺钙引起的骨质疏松。

酱爆香干丁

材料	香干200克，芹菜100克，红椒30克，姜片10克，蒜末15克，黄豆酱20克	调料	盐2克，鸡粉3克，水淀粉、食用油各适量

相宜	香干+韭黄　治心血管疾病 香干+金针菇　增强免疫力	相克	香干+葱　应该钙质的吸收

 1.芹菜切段；红椒切块；香干切丁。

 2.锅中注水烧开，倒入香干，焯煮片刻，捞出，沥干水分。

 3.用油起锅，倒入姜片、蒜末，爆香。

 4.放入芹菜、红椒、香干、黄豆酱，炒匀；注入清水，加盐、鸡粉，炒匀；淋入水淀粉勾芡即可。

小贴士	香干营养丰富，含有大量蛋白质和钙、磷、铁等多种人体所需的矿物质，有很好的健脑功效。

青红椒炒香干

材料	香干300克，青椒35克，红椒35克，姜片、蒜末、葱段各少许	调料	盐2克，鸡粉2克，料酒5毫升，生抽4毫升，豆瓣酱10克，辣椒酱7克，水淀粉4毫升，食用油适量

相宜	香干+韭黄　治心血管疾病 香干+韭菜　壮阳补肾	相克	香干+蜂蜜　损害眼睛

 1.香干切薄片；青椒切小块；红椒切小块。

 2.锅中注入食用油，烧至四成热，倒入香干，炸至微黄色，捞出，沥干油。

 3.锅底留油烧热，倒入姜片、葱段、蒜末，爆香；放入青椒、红椒，炒匀。

 4.倒入香干，淋入料酒、生抽，放入豆瓣酱、盐、鸡粉、辣椒酱，炒匀调味；淋入水淀粉勾芡即可。

 小贴士　香干含有蛋白质、维生素A、B族维生素、钙、铁、镁、锌等营养元素，能为身体补充钙质，增强机体免疫力，提高抗病能力。

虾米韭菜炒香干

材料	韭菜130克，香干100克，彩椒40克，虾米20克，白芝麻10克，豆豉、蒜末各少许	调料	盐2克，鸡粉2克，料酒10毫升，生抽3毫升，水淀粉4毫升

相宜	韭菜+豆腐　治疗便秘 韭菜+鸡蛋　补肾、止痛	相克	韭菜+菠菜　引起腹泻 韭菜+白酒　容易上火

1.香干切条；彩椒切条；韭菜切段。

2.热锅注油，烧至三成热，倒入香干，炸出香味，捞出，沥干油，待用。

3.锅底留油，放入蒜末，爆香；倒入虾米、豆豉，炒香；放入彩椒，淋入料酒，炒匀。

4.倒入韭菜，炒匀；放入香干，加盐、鸡粉、生抽，炒匀调味；淋入水淀粉勾芡，盛出装盘，撒上白芝麻即可。

小贴士　韭菜含有膳食纤维、胡萝卜素、维生素C及钙、磷、钾、铁等营养物质，能促进肠道蠕动，加速排出机体废物，对高血压有食疗作用。

腐竹烩菠菜

材料	菠菜85克，虾米10克，腐竹50克，姜片、葱段各少许	调料	盐2克，鸡粉2克，生抽3毫升，食用油适量

相宜	菠菜+猪肝　　提供丰富的营养 菠菜+胡萝卜　保持心血管的畅通	相克	菠菜+奶酪　　引起结石 菠菜+鳝鱼　　导致腹泻

 1.菠菜切段。

 2.热锅注油，烧至五成热，倒入腐竹，炸至金黄色，捞出，沥干油。

 3.锅底留油烧热，倒入姜片、葱段，爆香；放入虾米，炒匀；倒入腐竹，翻香；倒入清水，加盐、鸡粉，炒匀调味，大火煮至食材入味。

 4.淋入生抽，炒匀上色；盖上盖，中火煮2分钟；揭盖，放入菠菜，炒至熟软即可。

小贴士　　菠菜含有胡萝卜素、维生素C、钙、磷、铁等营养成分，具有利五脏、通肠胃、滋阴平肝、助消化、降血压、降血糖等功效。

红油腐竹

材料	腐竹段80克，青椒45克，胡萝卜40克，姜片、蒜末、葱段各少许	调料	盐、鸡粉各2克，生抽4毫升，辣椒油6毫升，豆瓣酱7克，水淀粉、食用油各适量

相宜	青椒+苦瓜　　美容养颜 青椒+空心菜　降压止痛	相克	青椒+黄瓜　破坏维生素

 1.胡萝卜切成薄片；青椒切成小块。

 2.锅中注水烧开，加食用油，倒入胡萝卜、青椒，煮1分钟，捞出。

 3.热锅注油，烧至三四成热，倒入腐竹段，炸半分钟，捞出，沥干油。

 4.油锅倒入姜片、蒜末、葱段爆香；放入腐竹段、焯过水的材料，注入清水，加生抽、辣椒油、豆瓣酱、盐、鸡粉调味；淋入水淀粉勾芡即可。

小贴士　青椒含有维生素C、膳食纤维及多种微量元素，具有保护心脏、降血压、清热解毒等功效。

板栗腐竹煲

材料	腐竹20克，香菇30克，青椒、红椒各15克，芹菜10克，板栗60克，姜片、蒜末、葱段、葱花各少许	调料	盐、鸡粉各2克，水淀粉适量，白糖、番茄酱、生抽、食用油各适量

相宜	板栗+鸡肉　补肾虚、益脾胃 板栗+白菜　健脑益肾	相克	板栗+杏仁　引起胃痛 板栗+羊肉　不易消化、呕吐

 1.芹菜切长段；青椒切小块；红椒切小块；香菇切小块；板栗切去两端。

 2.热锅注油，烧至四五成热，倒入腐竹，炸至金黄色，捞出；放入板栗，炸干水分，捞出，沥干油。

 3.锅留底油烧热，倒入姜片、蒜末、葱段、爆香；放入香菇，炒匀；注入清水，倒入腐竹、板栗，加入生抽，炒匀。

 4.加盐、鸡粉、白糖、番茄酱调味，小火略煮；倒入青椒、红椒炒匀；倒入水淀粉勾芡，撒上芹菜，炒匀；盛入砂锅中，煮至沸，撒上葱花即可。

小贴士　　板栗含有淀粉、蛋白质、B族维生素等营养成分，具有益气补脾、强筋健骨、延缓衰老等功效。

青红椒炒腐竹

材料	腐竹200克，青椒45克，红椒45克，姜片、蒜末、葱段各适量	调料	水淀粉5毫升，生抽5毫升，豆瓣酱15克，盐2克，鸡粉2克，食用油适量

相宜	腐竹+猪肝　促进人体对维生素的吸收 腐竹+青椒　提高人体免疫力	相克	腐竹+蜂蜜　影响消化吸收 腐竹+橙子　影响消化吸收

1.青椒去籽，切小块；红椒去籽，切小块。

2.热锅注油，烧至三四成热，倒入腐竹，炸至金黄色，捞出，沥干油。

3.锅底留油，放入蒜末、姜片、青椒、红椒，爆香。

4.加清水，放入腐竹，加盐、鸡粉、豆瓣酱、生抽，翻炒片刻，盖上盖，小火焖煮1分钟；淋入水淀粉勾芡；放入葱段，炒出香味即可。

小贴士　腐竹含有蛋白质、维生素E、硫胺素、维生素B_2、烟酸、磷脂、镁等营养成分，具有降低血液中胆固醇含量、降血压、预防动脉硬化等功效。

PART 4

浓香畜肉

　　人体中蛋白质的摄入大部分都来源于畜肉，而蛋白质是人体不可缺少的组成部分，是生命的物质基础，是构成细胞的基本有机物，是生命活动的主要承担者。可以这么说，没有蛋白质就没有生命。

　　既然蛋白质这么重要，而蛋白质又主要存在于肉类之中，所以，适当多吃一些肉类食物是必须的。本章就为您介绍一些色香味俱全的畜肉食谱，为您的营养加分。

肉类烹饪小窍门

肉类营养丰富，吸收率高，滋味鲜美，可烹调成多种多样为大众所喜爱的菜肴，所以肉类是食用价值很高的食品。但是，怎样烹饪才能把肉类的营养保持得最好，同时形成最佳口感呢？

1.烹饪羊肉要去膻味，可将萝卜块和羊肉一起下锅，半小时后取出萝卜块即可，放几块橘子皮更佳。

2.煮骨头汤时加一小匙醋，可使骨头中的磷、钙溶解于汤中，并可保留汤中的维生素。

3.为了使牛肉炖得快、炖得烂，加一小撮茶叶（约为泡一壶茶的量）同炖，用纱布包好同煮，肉很快就烂且味道鲜美。

4.在烹煮之前，较老的肉应先拍打、切薄、搅碎来增加与热之接触面，而且肉经拍薄后，热穿透力快，可缩短烹调时间，有助于保持肉的嫩度。

5.怎样把握肉品烹饪的最佳时机？肉类并非一宰杀就烹饪味道最好，这是因为刚宰出的肉品在一定时间里，需要经过自身酵素的物理、化学作用，才能变得

柔软、多汁、美味，而且容易煮烂。一般情况下，牲畜宰杀后，夏季经2小时，冬季4小时，家禽宰杀后经6小时，就可以烹饪。另外，要使肉品营养价值最大化，最好在宰杀后的24小时左右开始烹饪。

6.让肉嫩滑无比的5个诀窍：

①干淀粉法：适用于炒肉片、肉丝菜肴。肉片、肉丝切好后，加入适量干淀粉，反复拌匀，半小时后上锅炒。可使肉质嫩化，入口不腻。

②植物油法：先在肉中下好佐料，再加适量菜油拌匀，半小时后下锅。炒出来的肉金黄玉润，肉质细嫩。

③挂浆法：适用于炒肉丝、肉片菜肴。切好的肉片或肉丝放大碗中，加入盐、料酒和淀粉搅拌成浆（三者的比例为1:2:2），加入适量葱丝和姜丝调味，用手抓匀，静置20分钟。浆好的肉丝下锅前再次用手抓匀，如果有出水的现象，可以滤掉多余的水分再炒。

④蛋白法：在肉片、肉丝、肉丁中加入适量鸡蛋清，搅拌均匀，静置15~20分钟后上锅，炒出的肉质鲜滑、可口。

⑤敲打法：把肉切成所需厚度的大片，放在案板上，用肉槌有齿的一面反复捶打，直到肉片表面出现凹凸不平的小点、松软即可，捶打时不需要太用力。如果没有肉槌，可以试着用刀背代替。

猪肉炖豆角

材料	五花肉200克，豆角120克，姜片、蒜末、葱段各少许	调料	盐2克，鸡粉2克，白糖4克，南乳5克，水淀粉、料酒、生抽、食粉、老抽各适量

相宜	豆角+大米　补肾健脾、除湿利尿 豆角+虾米　健胃补肾、理中益气	相克	豆角+牛奶　对健康不利

 1.洗净的豆角切成段；五花肉切成小块；锅中注水烧开，加入食粉、豆角，煮至其七成熟，捞出。

 2.烧热炒锅，放入五花肉，炒出油，放入姜片、蒜末、南乳，炒匀，加料酒炒香。

 3.加入白糖、生抽、老抽、清水，搅匀，加鸡粉、盐，用小火焖至五花肉熟烂。

 4.放入豆角，用小火焖至全部食材熟透，用大火收汁，倒入水淀粉勾芡，放入葱段炒香即可。

小贴士　五花肉含有蛋白质、脂肪、维生素、钙等营养成分，具有补肾养血、滋阴润燥等功效；豆角所含B族维生素能使机体保持正常的消化腺分泌和胃肠道蠕动的功能。

春笋红烧肉

材料	五花肉350克，竹笋200克，香叶、八角、葱段、姜片各少许	调料	调料：盐2克，老抽3毫升，生抽4毫升，料酒5毫升，水淀粉、食用油各适量

相宜	竹笋+猪肉　益气解渴、祛热除烦 竹笋+鸡肉　清热消痰、健脾和胃	相克	竹笋+苦瓜　同食脾胃受损

1.洗净去皮的竹笋切滚刀块；洗好的五花肉切成块。

2.锅中注水烧开，倒入竹笋块，煮约6分钟，捞出；再放入肉块，加料酒，余去血水后捞出。

3.油锅爆香姜片、葱段，放入肉块，淋入适量料酒，炒香，加生抽，注水，加盐、老抽，拌匀。

4.倒入竹笋，撒上香叶、八角，焖煮至食材熟透，用水淀粉勾芡即成。

小贴士	竹笋含有蛋白质、B族维生素、纤维素、钙、磷、铁等营养成分，具有清热化痰、益气和胃、治消渴、利水道等功效。

咸鱼红烧肉

| 材料 | 五花肉200克，咸鱼100克，姜片、蒜末、葱段各少许 | 调料 | 白糖3克，生抽4毫升，老抽2毫升，料酒6毫升，盐、鸡粉各2克，水淀粉、食用油各适量 |

| 相宜 | 猪肉+红薯　降低胆固醇
猪肉+莴笋　补脾益气 | 相克 | 猪肉+茶　容易造成便秘 |

 1.洗净的五花肉切开，再切小块；洗好的咸鱼剔取鱼肉，再切条形，改切鱼丁。

 2.热锅注油烧热，倒入咸鱼丁，炸至金黄色，捞出沥干油；锅留底油，倒入五花肉，炒变色。

 3.加入白糖，淋入生抽、老抽，炒匀上色，撒上姜片、蒜末，炒匀，倒入咸鱼丁，淋入料酒。

 4.加盐、鸡粉调味，注水，烧开后用小火焖熟，倒入水淀粉勾芡，盛出，点缀上葱段即可。

| 小贴士 | 　　猪肉含有蛋白质、B族维生素、钙、磷、铁等营养成分，具有补血益气、滋阴润燥、丰肌泽肤等功效。 |

红烧肉炖粉条

材料	水发粉条300克，五花肉550克，姜片、葱段各少许，八角1个	调料	盐、鸡粉各1克，白糖2克，老抽3毫升，料酒、生抽各5毫升，食用油适量

相宜	猪肉+黑木耳 降低心血管病发病率 猪肉+豆苗 利尿、消肿、止痛	相克	猪肉+鸽肉 导致气滞

1.洗净的五花肉切粗条，切块；泡好的粉条从中间切成两段。

2.沸水锅中倒入五花肉，汆煮至去除血水及脏污，捞出，沥干水分。

3.油锅爆香八角、姜片、葱段，放入五花肉炒匀，加入料酒、生抽，炒匀，注入适量清水。

4.加老抽、盐、白糖，用小火炖熟，倒入粉条，加鸡粉，续煮至熟，盛出装碗，放上香菜点缀即可。

小贴士　猪肉含有蛋白质、脂肪、半胱氨酸、维生素B₁、铁、锌等营养成分，具有补肾养血、滋阴润燥、补中益气等功效。

尖椒回锅肉

材料	熟五花肉250克，尖椒30克，红彩椒40克，豆瓣酱20克，蒜苗20克，姜片少许	调料	盐、鸡粉、白糖各1克，生抽、料酒各5毫升，食用油适量

相宜	蒜苗+莴笋　预防高血压 蒜苗+虾仁　美容养颜	相克	蒜苗+蜂蜜　对眼睛不利

 1.洗好的红彩椒去柄，去籽，切成滚刀块；洗净的尖椒切滚刀块；洗好的蒜苗切成段。

 2.熟五花肉切片，热锅注油，倒入五花肉，炒至微微转色，倒入姜片，炒至五花肉微焦。

 3.放入豆瓣酱，炒香，淋入料酒、生抽，放入切好的尖椒、红彩椒，炒断生。

 4.加入盐、鸡粉、白糖，倒入切好的蒜苗，炒至食材熟透入味即可。

小贴士　尖椒含有纤维、维生素C、抗氧化物等营养物质，具有促进血液循环、排毒养颜、降低胆固醇等功效。

酱香回锅肉

材料	五花肉350克，青椒片、红椒片各20克，洋葱片35克，蒜片、姜片各少许，甜面酱25克	调料	盐3克，鸡粉、白糖各2克，料酒、食用油各适量

相宜	洋葱+玉米　降压降脂 洋葱+醋　　治疗咽喉肿痛	相克	洋葱+蜂蜜　对眼睛不利

1.锅中注水烧热，放入五花肉，放入姜片，加入盐、料酒，拌匀，大火烧开转小火煮熟。

2.捞出煮好的五花肉，放凉后切成片。

3.用油起锅，放入五花肉炒匀，加入蒜片炒匀，倒入甜面酱，注入清水，放入青椒片、红椒片、洋葱片，炒匀。

4.加入白糖、鸡粉，翻炒约2分钟至入味即可。

小贴士　　洋葱含有维生素C、纤维素、叶酸、钾、锌、硒等营养成分，具有增强免疫力、增进食欲、帮助消化等功效。

香干回锅肉

材料	五花肉300克，香干120克，青椒、红椒各20克，干辣椒、蒜末、葱段、姜片各少许	调料	盐2克，鸡粉2克，料酒4毫升，生抽5毫升，花椒油、辣椒油、豆瓣酱、食用油各适量

相宜	猪肉+白菜　开胃消食 猪肉+香菇　保持营养均衡	相克	猪肉+杏仁　引起身体不适

1.锅中注水烧热，倒入洗净的五花肉煮熟，捞出放凉；将香干切片；洗净的青椒、红椒切块。

2.把五花肉切成薄片；用油起锅，倒入香干炸香，捞出沥干。

3.锅底留油，放入肉片，炒出油，加入生抽，炒匀，倒入姜片、蒜末、葱段、干辣椒，炒香，加入豆瓣酱、香干，炒匀。

4.加盐、鸡粉、料酒，炒熟，放入青椒、红椒，炒匀，淋入花椒油、辣椒油，炒至入味即可。

小贴士	香干含有丰富的大豆卵磷脂，有很好的健脑功效；五花肉含有蛋白质、脂肪酸、维生素B$_1$、维生素B$_2$、烟酸等营养成分，具有补肾养血、滋阴润燥等功效。

胡萝卜片小炒肉

材料	五花肉300克，去皮胡萝卜190克，蒜苗40克，香菜少许	调料	生抽、料酒各5毫升，豆瓣酱30克，白糖、鸡粉各2克，食用油适量

相宜	胡萝卜+香菜　　开胃消食 胡萝卜+绿豆芽　排毒瘦身	相克	胡萝卜+柠檬　破坏维生素C

 1.洗净的五花肉去皮，切薄片；洗好的胡萝卜去皮，切片；洗净的蒜苗切段。

 2.热锅注油，倒入五花肉，煎炒至其边缘微微焦黄，放入豆瓣酱，炒匀。

 3.加入胡萝卜，稍炒1分钟至断生；淋入料酒，加入适量生抽、鸡粉、白糖，炒匀。

 4.倒入蒜苗，将食材翻炒2分钟至入味，盛出装盘，放上香菜点缀即可。

小贴士	胡萝卜含有淀粉、葡萄糖、胡萝卜素、钾、钙等营养成分，具有滋润肌肤、抗衰老、保护视力、改善夜盲症等功效。

魔芋烧肉片

| 材料 | 魔芋350克，猪瘦肉200克，泡椒20克，姜片、蒜末、葱花各少许 | 调料 | 盐、鸡粉各3克，豆瓣酱10克，料酒4毫升，生抽5毫升，水淀粉、食用油各适量 |

| 相宜 | 魔芋+猪肉　营养全面、滋阴润燥
魔芋+鸭肉　清热除烦 | 相克 | 魔芋+土豆　影响营养吸收 |

1.将洗净的魔芋切成片；洗好的猪瘦肉切薄片，加盐、鸡粉、水淀粉、食用油，腌渍入味。

2.锅中注水烧开，加盐、魔芋片，焯煮约半分钟，捞出魔芋，沥干水分。

3.起油锅，倒入肉片炒变色，淋入料酒，放入姜片、蒜末，倒入泡椒、豆瓣酱，炒出香辣味。

4.放入魔芋片，加鸡粉、盐、豆瓣酱、水淀粉，炒入味，盛出装盘，点缀上葱花即成。

| 小贴士 | 魔芋含有淀粉、蛋白质、维生素、钾、磷、硒等营养成分，具有活血化瘀、解毒消肿、宽肠通便等功效。此外，魔芋还含有魔芋多糖，对稳定血糖很有帮助。 |

豆豉刀豆肉片

材料	刀豆100克，甜椒15克，干辣椒5克，五花肉300克，豆豉10克，蒜末少许	调料	料酒8毫升，盐2克，鸡粉2克，生抽5毫升，食用油适量

相宜	五花肉+白菜　开胃消食 五花肉+香菇　保持营养均衡	相克	五花肉+杏仁　引起身体不适

 1.洗净的五花肉切成片；洗净的甜椒切开去籽，切成块；摘洗好刀豆切成块。

 2.热锅注油，倒入猪肉，炒转色，淋入料酒，倒入干辣椒、蒜末、豆豉，炒匀。

 3.加入生抽，倒入红椒、刀豆，快速翻炒片刻。

 4.倒入少许清水，加入盐、鸡粉、料酒，翻炒片刻，使食材入味至熟即可。

小贴士　猪肉含有脂肪酸、烟酸、维生素、胡萝卜素、膳食纤维等成分，具有滋阴润燥、益气补血、补肾养血等功效。

甜椒韭菜花炒肉丝

材料	韭菜花100克，猪里脊肉140克，彩椒35克，姜片、葱段、蒜末各少许	调料	盐2克，鸡粉少许，生抽3毫升，料酒5毫升，水淀粉、食用油各适量

相宜	猪里脊肉+白菜　开胃消食 猪里脊肉+香菇　保持营养均衡	相克	猪里脊肉+杏仁　引起身体不适

 1.将洗净的韭菜花切长段；洗好的彩椒切粗丝。

 2.洗净的里脊肉切细丝，加盐、料酒、鸡粉、水淀粉、食用油，腌渍入味。

 3.用油起锅，倒入肉丝炒匀，撒上姜片、葱段、蒜末，炒香，淋入料酒。

 4.倒入韭菜花、彩椒丝，炒至食材熟软，加盐、鸡粉、生抽、水淀粉，炒匀即可。

小贴士 猪里脊肉含有蛋白质、维生素A、维生素E、烟酸、镁、锌、铜、钾、磷、硒等营养成分，具有改善缺铁性贫血、补虚损、健脾胃、滋阴润燥等功效。

干煸芹菜肉丝

材料	猪里脊肉220克，芹菜50克，干辣椒8克，青椒20克，红小米椒10克，葱段、姜片、蒜末各少许	调料	豆瓣酱12克，鸡粉、胡椒粉各少许，生抽5毫升，花椒油、食用油各适量

相宜	芹菜+西红柿　降低血压 芹菜+核桃　美容养颜和抗衰老	相克	芹菜+牡蛎　降低锌的吸收

1.将洗净的青椒切细丝；洗好的红小米椒切丝；洗净的芹菜切段。

2.洗好的猪里脊肉切细丝，入油锅，煸干水汽，盛出；起油锅，放入干辣椒炸香，盛出，

3.倒入葱段、姜片、蒜末，爆香；加入豆瓣酱，放入肉丝，淋入料酒，撒上红小米椒，炒香。

4.倒入芹菜段、青椒丝，炒断生，加入适量生抽、鸡粉、胡椒粉、花椒油，炒入味即成。

小贴士	猪里脊肉含有优质蛋白、维生素A、B族维生素、钙、铁、锌、镁等营养成分，具有补肾养血、滋阴润燥、润肌肤、止消渴等功效。

228

蒜薹炒肉丝

材料	牛肉240克，蒜薹120克，彩椒40克，姜片、葱段各少许	调料	盐、鸡粉各3克，白糖、生抽、食粉、生粉、料酒、水淀粉、食用油各适量

相宜	牛肉+土豆　保护胃黏膜 牛肉+洋葱　补脾健胃	相克	牛肉+橄榄　引起身体不适

1.将洗净的蒜薹切成段；洗好的彩椒切成条形；洗净的牛肉切大片，拍打松软，再切细丝。

2.牛肉丝中加盐、鸡粉、白糖、生抽、食粉、生粉、食用油，腌渍入味。

3.热锅注油烧热，倒入牛肉丝，滑油至变色，捞出，沥干油。

4.油锅爆香姜片、葱段，放入蒜薹、彩椒、料酒、牛肉丝，加盐、鸡粉、生抽、白糖、水淀粉炒匀即可。

小贴士　　蒜薹含有胡萝卜素、纤维素、辣素、钙、磷等营养成分，具有降血脂、预防动脉硬化、润滑肠道、增强免疫力等功效。

青菜豆腐炒肉末

材料	豆腐300克，上海青100克，肉末50克，彩椒30克	调料	盐、鸡粉各2克，料酒、水淀粉、食用油各适量

相宜	豆腐+草菇　健脾补虚、增进食欲 豆腐+蛤蜊　润肤、补血	相克	豆腐+苋菜　破坏营养素

 1.洗好的豆腐切成丁；洗净的彩椒切成块；洗好的上海青切小块，备用。

 2.锅中注水烧热，倒入豆腐，略煮一会儿，去除豆腥味，捞出。

 3.用油起锅，倒入肉末，炒至变色，倒入适量清水，加入料酒。

 4.倒入豆腐、上海青、彩椒，炒至食材熟透，加入盐、鸡粉，倒入少许水淀粉炒匀即可。

小贴士　豆腐含有蛋白质、B族维生素、铁、钙、磷、镁等营养成分，具有补中益气、清热润燥、生津止渴、增强免疫力等功效。

酱爆肉丁

材料	里脊肉250克，黄瓜100克，葱段5克，蒜末10克	调料	甜面酱15克，生粉10克，白糖2克，鸡粉2克，料酒5毫升，食用油适量

相宜	黄瓜+鱿鱼　增强人体免疫力 黄瓜+木耳　排毒瘦身和补血养颜	相克	黄瓜+菠菜　降低营养价值

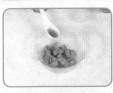 1.洗净的黄瓜去瓤，切成丁；处理好的里脊肉切成丁，加料酒、生粉、清水、食用油，腌渍入味。

 2.热锅注油烧热，倒入肉丁，翻炒至转色，盛出，锅底留油，倒入蒜末、甜面酱，翻炒爆香。

 3.倒入黄瓜炒匀，倒入清水、肉丁，炒匀，加入白糖、鸡粉，翻炒片刻。

 4.倒入葱段，快速翻炒使食材入味即可。

小贴士　猪肉含有蛋白质、脂肪、B族维生素、磷、钙、铁等成分，具有滋阴润燥、美容润肤、促进食欲等功效。

辣子肉丁

| 材料 | 猪瘦肉250克，莴笋200克，红椒30克，花生米80克，干辣椒20克，姜片、蒜末、葱段各少许 | 调料 | 盐4克，鸡粉3克，料酒10毫升，水淀粉5毫升，辣椒油5毫升，食粉、食用油各适量 |

| 相宜 | 莴笋+猪肉　补脾益气
莴笋+黑木耳　降低血压 | 相克 | 莴笋+乳酪　引起消化不良 |

 1.莴笋去皮切丁；红椒洗净切段；猪瘦肉洗净切丁，加食粉、盐、鸡粉、水淀粉、食用油，腌渍入味。

 2.锅中注水烧开，加盐、食用油、莴笋丁，煮断生后捞出，倒入花生米，煮约1分钟，捞出沥干。

 3.花生米用油炸香，捞出沥干，瘦肉丁滑油至变色，捞出沥干；油锅爆香姜片、蒜末、葱段、红椒、干辣椒。

 4.放入莴笋、瘦肉丁，炒匀，淋入辣椒油，放盐、鸡粉、料酒、水淀粉，炒匀，倒入花生米炒片刻即可。

小贴士　莴笋含有糖类、膳食纤维、钙、磷、铁、胡萝卜素、维生素B_2、维生素C等营养成分，具有利五脏、通经脉、降血压、清胃热、利尿等功效。

核桃枸杞肉丁

| 材料 | 核桃仁40克，瘦肉120克，枸杞5克，姜片、蒜末、葱段各少许 | 调料 | 盐、鸡粉各少许，食粉2克，料酒4毫升，水淀粉、食用油各适量 |

| 相宜 | 核桃+薏米　　补肺、补脾、补肾
核桃+黑芝麻　补肝益肾、乌发润肤 | 相克 | 核桃+白酒　易导致血热 |

1.将洗净的瘦肉切成丁，加少许盐、鸡粉、水淀粉、食用油，腌渍入味。

2.锅中注水烧开，加入食粉、核桃仁，焯煮1分30秒，捞出，过凉水，去除外衣。

3.热锅注油烧热，倒入核桃仁炸香，捞出；锅留底油，放入备好的姜片、蒜末、葱段，爆香。

4.倒入瘦肉丁，炒至转色，淋入料酒，倒入枸杞，加盐、鸡粉调味，放入核桃仁炒匀即可。

小贴士　　核桃富含蛋白质、B族维生素等营养元素，有健脑、增强记忆力等功效。猪肉含有丰富的优质蛋白质和人体必需的脂肪酸，能改善缺铁性贫血，对于营养性贫血的宝宝有一定食疗作用。

干豆角烧肉

材料	五花肉250克，水发豆角120克，八角3克，桂皮3克，干辣椒2克，姜片、蒜末、葱段各适量	调料	盐2克，鸡粉2克，白糖4克，老抽2毫升，黄豆酱10克，料酒10毫升，水淀粉4毫升，食用油适量

相宜	豆角+粳米　补肾健脾、除湿利尿 豆角+虾皮　健胃补肾、理中益气	相克	豆角+茶　影响消化、导致便秘

1.将洗净泡发的豆角切小段；洗好的五花肉切成丁。

2.锅中注水，倒入豆角，煮半分钟，捞出，沥干水分；用油起锅，倒入五花肉，炒出油脂。

3.加入白糖炒溶化，倒入八角、桂皮、干辣椒、姜片、葱段、蒜末，爆香，淋入老抽、料酒，炒匀提味。

4.加入黄豆酱炒匀，倒入豆角，加水煮沸，加盐、鸡粉，焖至食材熟软，倒入水淀粉炒入味即可。

小贴士　豆角含有淀粉、脂肪油、蛋白质、维生素B$_1$、维生素B$_2$、烟酸等营养成分，具有理中益气、补肾健胃、补肾止泄、和五脏、调营卫、生精髓等功效。

田螺烧肉

材料	五花肉300克，田螺肉120克，彩椒40克，姜片、蒜末、葱段各少许	调料	白糖3克，生抽、老抽各3毫升，料酒5毫升，盐、鸡粉各2克，水淀粉、食用油各适量

相宜	田螺+白菜　　补肝肾、清热毒 田螺+葡萄酒　除湿解毒、清热利水	相克	田螺+柿子　影响消化

 1.洗净的彩椒切块；洗好的五花肉切小块；锅中注水烧开，倒入洗净的田螺肉，煮约1分钟，捞出。

 2.起油锅，倒入五花肉炒变色，加入白糖，炒至溶化，加生抽、老抽、料酒，炒出香味。

 3.撒上姜片、蒜末，炒香，注入适量清水，倒入田螺肉，炒匀。

 4.加少许盐、鸡粉，拌匀调味，焖约15分钟，倒入彩椒，撒上葱段，用水淀粉勾芡即可。

小贴士	田螺含有蛋白质、灰分、硫胺素、维生素B_2、钙、磷、铁等营养成分，具有清热止渴、利尿通淋、明目等功效。

南瓜炒卤肉

材料	南瓜肉200克，卤猪肉185克，腐乳汁30克，姜片、蒜片、葱段各少许	调料	盐少许，鸡粉2克，料酒3毫升，生抽4毫升，食用油适量

相宜	南瓜+牛肉　补脾健胃 南瓜+莲子　降低血压	相克	南瓜+油菜　破坏维生素C

1.将洗净的南瓜肉切小块；备好的卤猪肉切片。

2.蒸锅上火烧开，放入南瓜块，蒸至食材变软，取出蒸好的材料，放凉待用。

3.用油起锅，倒入肉片炒香，撒上姜片、蒜片，淋入料酒、生抽，倒入腐乳汁，炒匀炒香。

4.倒入南瓜块，加盐、鸡粉调味，煮入味，撒上葱段，收汁即可。

小贴士　南瓜含有B族维生素、可溶性纤维、叶黄素以及磷、钾、钙、镁、锌等矿物质，对预防高血压、糖尿病以及提高人体免疫能力等有积极作用。

梅干菜卤肉

材料	五花肉250克，梅干菜150克，八角2个，桂皮10克，卤汁15毫升，姜片少许	调料	盐、鸡粉各1克，生抽、老抽各5毫升，冰糖、食用油各适量

相宜	猪肉+香菇　保持营养均衡 猪肉+冬瓜　开胃消食	相克	猪肉+茶　容易造成便秘

1.洗好的五花肉切块；梅干菜切段；沸水锅中倒入五花肉，汆煮至去除血水及脏污，捞出沥干。

2.热锅注油，倒入冰糖拌至成焦糖色，注入适量清水，放入八角、桂皮、姜片、五花肉。

3.加入老抽、卤汁、生抽、盐，拌匀，卤至五花肉熟软，倒入梅干菜，拌匀。

4.注入清水，续卤至食材入味，加入鸡粉，拌匀，盛出装盘，摆上香菜点缀即可。

小贴士	梅干菜含有蛋白质、纤维素、钙、磷及多种维生素等营养成分，具有解暑热、洁脏腑、消积食、治咳嗽、生津开胃等作用。

猪头肉炒葫芦瓜

材料	卤猪头肉200克，葫芦瓜500克，红彩椒10克，蒜末少许	调料	盐、鸡粉各1克，食用油适量

相宜	猪头肉+红薯　降低胆固醇 猪头肉+莴笋　补脾益气	相克	猪头肉+茶　容易造成便秘

 1.洗好的葫芦瓜切开，去籽，切薄片。

 2.洗净的红彩椒切粗条；卤猪头肉切成厚片。

 3.用油起锅，倒入蒜末爆香，倒入猪头肉，炒匀，放入红彩椒，炒匀。

 4.倒入葫芦瓜，炒断生，加适量盐、鸡粉，炒匀至入味即可。

小贴士　葫芦瓜含有膳食纤维、糖类、维生素C、钙、磷、钠等多种营养物质，具有利水消肿、止渴除烦、提高人体免疫等功效。

茶树菇炒五花肉

材料	茶树菇90克，五花肉200克，红椒40克，姜片、蒜末、葱段各少许

调料	盐2克，生抽5毫升，鸡粉2克，料酒10毫升，水淀粉5毫升，豆瓣酱15克，食用油适量

相宜	茶树菇+猪腰　营养丰富 茶树菇+豆角　增强食欲、促进消化

相克	茶树菇+田螺　不利于健康

1.洗净的红椒切小块；洗好的茶树菇切去根部，再切成段；洗净的五花肉切成片。

2.锅中注水烧开，放入盐、鸡粉、食用油，倒入茶树菇，煮1分钟，捞出，沥干。

3.用油起锅，放入五花肉炒匀，加入生抽，倒入豆瓣酱，炒匀，放入姜片、蒜末、葱段，炒香。

4.淋入料酒，炒匀提味，放入茶树菇、红椒，炒匀，加适量盐、鸡粉、水淀粉，炒匀即可。

小贴士	茶树菇含有谷氨酸、天门冬氨酸、异亮氨酸、甘氨酸和丙氨酸等营养成分，具有健肾、清热、平肝、明目等功效。

红烧莲藕肉丸

| 材料 | 肉末200克，莲藕300克，香菇80克，鸡蛋1个，姜片、葱段、香菜各少许 | 调料 | 盐2克，鸡粉3克，生抽5毫升，老抽4毫升，料酒、水淀粉各适量 |

相宜
莲藕+猪肉　滋阴血、健脾胃
莲藕+羊肉　润肺补血

相克
莲藕+人参　降低药效

1.洗净去皮的莲藕切成粒；洗好的香菇切成碎末。

2.取碗，倒入肉末、莲藕、香菇，加鸡粉、盐，再打入鸡蛋，倒入水淀粉，搅拌至起劲。

3.将拌好的材料挤成肉丸，入油锅炸至金黄色，捞出，沥干油；锅底留油，倒入姜片、葱段、爆香。

4.注入清水，加盐、鸡粉、生抽、肉丸、老抽，煮至食材上色，淋入料酒，搅匀，倒入水淀粉勾芡即可。

小贴士
　　莲藕含有蛋白质、淀粉、B族维生素、维生素C、钙、磷、铁等营养成分，具有健脾开胃、益血补心、强壮筋骨等功效。

酱汁狮子头

材料	肉末700克，蒜末、姜末各15克，葱花10克，生粉20克，柱侯酱20克	调料	白糖、胡椒粉各1克，蚝油10克，料酒、水淀粉各5毫升，生抽7毫升，芝麻油1毫升，十三香、食用油各适量

相宜	猪肉+竹笋　清热化痰、解渴益气 猪肉+南瓜　降低血压	相克	猪肉+杏仁　引起不适

 1.肉末中加入十三香、蒜末、姜末、葱花、料酒、生抽、白糖、蚝油、生粉，搅拌匀。

 2.热锅注油烧热，将拌好的肉末挤成肉丸，放入油锅炸至焦黄色，捞出沥干油。

 3.另起锅注油，倒入蒜末、姜末、柱侯酱、生抽、清水、狮子头，加入蚝油、胡椒粉拌匀，焖入味，盛出。

 4.锅中汁液中加水淀粉、芝麻油、植物油，拌匀，制成酱汁，浇在狮子头上，撒上葱花点缀即可。

小贴士	猪肉含有蛋白质、脂肪酸、维生素B$_1$、铁、锌等营养成分，具有补肾养血、滋阴润燥、补中益气等功效。

排骨酱焖藕

材料	排骨段350克，莲藕200克，红椒片、青椒片、洋葱片各30克，姜片、八角、桂皮各少许	调料	盐2克，鸡粉2克，老抽3毫升，生抽3毫升，料酒4毫升，水淀粉4毫升，食用油适量

相宜	排骨+西洋参　滋养生津 排骨+洋葱　抗衰老	相克	排骨+苦瓜　阻碍钙质吸收

 1.将洗净去皮的莲藕切丁；锅中注水烧开，倒入排骨，汆去血水，捞出，沥干。

 2.用油起锅，放入八角、桂皮、姜片，爆香，倒入排骨，翻炒匀，淋入料酒，加生抽，炒香。

 3.加适量清水，放入莲藕，放盐、老抽，大火煮沸，用小火焖35分钟。

 4.加入青椒、红椒和洋葱，炒匀，放鸡粉，大火收汁后用水淀粉勾芡即可。

小贴士　排骨含有蛋白质、脂肪、维生素A、维生素E、维生素C及多种微量元素，具有滋阴壮阳、益精补血等作用。

玉米烧排骨

材料	玉米300克，红椒50克，青椒40克，排骨500克，姜片少许	调料	料酒8毫升，生抽5毫升，盐3克，鸡粉2克，水淀粉4毫升，食用油适量

相宜	玉米+木瓜　预防冠心病和糖尿病 玉米+松仁　益寿养颜	相克	玉米+田螺　不利于营养吸收

 1.处理好的玉米切小块；洗净的红椒、青椒切段；锅中注水烧开，倒入排骨，氽去血水，捞出沥干。

 2.热锅注油烧热，倒入姜片，爆香，倒入排骨，淋入料酒、生抽，翻炒匀。

 3.注入清水，倒入玉米，加盐，翻炒片刻，煮开后转小火焖熟。

 4.倒入红椒、青椒，炒匀，加鸡粉，炒匀提鲜，倒入水淀粉，炒匀收汁即可。

小贴士　　玉米含有维生素E、维生素C、膳食纤维、糖类等成分，具有开胃消食、加速代谢、增强免疫力等功效。

孜然卤香排骨

材料	排骨段400克，青椒片20克，红椒片25克，姜块30克，蒜末15克，香叶、桂皮、八角、香菜末各少许	调料	盐2克，鸡粉3克，孜然粉4克，料酒、生抽、老抽、食用油各适量

相宜	排骨+西洋参　滋养生津 排骨+洋葱　　抗衰老	相克	排骨+苦瓜　阻碍钙质吸收

1.锅中注水烧开，倒入排骨段，氽煮片刻，捞出沥干。

2.用油起锅，放入香叶、桂皮、八角、姜块，炒匀，倒入排骨段，炒匀。

3.加入料酒、生抽，注入清水，加入老抽、盐，拌匀，大火烧开后转小火煮至食材熟透。

4.倒入青椒片、红椒片，加入鸡粉、孜然粉，炒匀，倒入蒜末、香菜末，炒匀，挑出香料及姜块即可。

小贴士　排骨含有钾、磷、钠、镁、蛋白质、脂肪、维生素B$_1$、维生素E等营养成分，具有益气补血、滋阴壮阳、增强免疫力等功效。

豆瓣排骨

材料	排骨段300克，芽菜100克，红椒20克，姜片、葱段、蒜末各少许	调料	豆瓣酱20克，料酒3毫升，生抽3毫升，鸡粉2克，盐2克，老抽2毫升，水淀粉、食用油各适量

相宜	芽菜+黑木耳　营养全面 芽菜+排骨　增进食欲、滋阴润燥	相克	芽菜+猪肝　破坏营养

 1.洗净的红椒切圈；锅中注水烧开，倒入排骨，余去血水，捞出，沥干水分。

 2.用油起锅，放入姜片、蒜末，爆香，加入豆瓣酱炒香，倒入排骨炒匀，加入芽菜炒匀。

 3.淋上料酒提香，注水，炒匀，放入生抽、鸡粉、盐、老抽，炒匀调味，焖至食材熟透。

 4.放入红椒圈、葱段，倒入适量水淀粉炒匀即可。

小贴士　猪排骨含有蛋白质、维生素、磷酸钙、骨胶原、骨黏蛋白等营养成分，能为身体补充钙质，具有滋阴润燥、益精补血等功效。

玉米腰果火腿丁

材料	鲜玉米粒120克，火腿80克，红椒20克，腰果15克，姜片、蒜末、葱段各少许	调料	盐、鸡粉各2克，料酒3毫升，水淀粉、食用油各适量

相宜	腰果+莲子　清心安神 腰果+茯苓　健脾除湿、安神	相克	腰果+鸡蛋　影响营养吸收

1.将洗净的火腿切成丁；洗好的红椒切成丁；锅中注水烧开，放入盐、玉米粒，煮断生，捞出沥干。

2.热锅注油，放入腰果，炸香脆，捞出沥干油，再放入火腿丁，炸至肉质脆嫩，捞出，沥干油。

3.油锅爆香姜片、蒜末、葱段、红椒块，倒入玉米粒，翻炒匀，放入火腿丁，淋入料酒炒匀。

4.加盐、鸡粉，倒入水淀粉，翻炒至全部食材入味，盛出，放在盘中，撒上炸熟的腰果即成。

小贴士　玉米含有维生素B$_2$、胡萝卜素、膳食纤维、维生素E等营养素，具有保护视力、润肠通便抗氧化、防衰老的功效。

杏鲍菇炒火腿肠

材料	杏鲍菇100克，火腿肠150克，红椒40克，姜片、葱段、蒜末各少许	调料	蚝油7克，盐2克，鸡粉2克，料酒5毫升，水淀粉4毫升，食用油适量

相宜	红椒+鳝鱼　可开胃爽口 红椒+苦瓜　美容养颜	红椒+干姜　开胃消食 红椒+肉类　健脾养胃、促进食欲

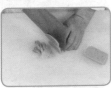 1.洗好的杏鲍菇切成薄片；火腿肠切成薄片；洗净的红椒切开，去籽，再切小段。

 2.锅中注水烧开，加入盐、鸡粉、食用油，倒入杏鲍菇，煮断生，捞出，沥干。

 3.油锅爆香蒜末、姜片，放入火腿肠炒匀，倒入杏鲍菇、红椒块，翻炒均匀。

 4.淋入料酒，加入鸡粉、盐、蚝油、水淀粉，翻炒均匀，放入葱段炒香即可。

小贴士	杏鲍菇含有糖类、蛋白质、维生素、钙、镁、铜、锌等营养物质，具有提高机体免疫力、降血脂、降胆固醇、促进胃肠消化等功效。

西蓝花炒火腿

材料	西蓝花150克，火腿肠1根，红椒20克，姜片、蒜末、葱段各少许	调料	料酒4毫升，盐2克，鸡粉2克，水淀粉3毫升，食用油适量

相宜	西蓝花+猪肉　消除疲劳、提高免疫力 西蓝花+糙米　护肤、防衰老、抗癌	相克	西蓝花+牛奶　影响钙的吸收

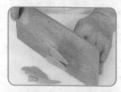

1.洗净的西蓝花切成小块；洗好的红椒斜切成小块；火腿肠去除外包装，切成片。

2.锅中注水烧开，放入食用油，倒入西蓝花，煮1分钟，捞出。

3.油锅爆香姜片、蒜末、葱段，放入红椒块、火腿肠，炒香，放入西蓝花，翻炒匀。

4.淋入料酒，放入盐、鸡粉、水淀粉，炒匀即可。

小贴士	西蓝花富含维生素C、维生素E，有很强的抗氧化作用，非常适合女性食用，能美白养颜、防衰老。

虫草花榛蘑猪骨汤

材料	排骨230克，水发榛蘑35克，水发香菇25克，虫草花40克，枸杞10克，姜片少许	**调料**	盐、鸡粉、胡椒粉各2克

相宜	排骨+西洋参　滋养生津 排骨+洋葱　　抗衰老	**相克**	排骨+苦瓜　阻碍钙质吸收

 1.洗净的榛蘑撕去根部；锅中注水烧开，放入洗净的排骨，汆煮片刻，盛出，沥干水分。

 2.砂锅中注水烧热，倒入排骨、榛蘑、香菇、虫草花、姜片、枸杞，拌匀。

 3.大火煮开后转小火煮1小时至有效成分析出。

 4.加入盐、鸡粉、胡椒粉，稍稍搅拌至入味即可。

小贴士 排骨含有蛋白质、脂肪、维生素A、维生素B$_1$、维生素B$_2$以及多种矿物质，具有滋阴润燥、益精补血等作用。

酸豆角炒猪耳

材料	卤猪耳200克，酸豆角150克，朝天椒10克，蒜末、葱段各少许	调料	盐2克，鸡粉2克，生抽3毫升，老抽2毫升，水淀粉10毫升，食用油适量

相宜	豆角+虾皮　健胃补肾、理中益气 豆角+粳米　补肾健脾、除湿利尿	相克	豆角+茶　影响消化、导致便秘

 1.将酸豆角的两头切掉，再切长段；洗净的朝天椒切圈；把卤猪耳切片。

 2.锅中注水烧开，倒入酸豆角，煮1分钟，减轻其酸味，捞出，沥干水分。

 3.用油起锅，倒入猪耳炒匀，淋入生抽、老抽炒透，撒上蒜末、葱段、朝天椒，炒出香辣味。

 4.放入酸豆角，炒匀，加入盐、鸡粉，炒匀调味，倒入水淀粉勾芡即可。

小贴士	豆角含有蛋白质、糖类及多种维生素、矿物质，具有抑制胆碱酶活性、帮助消化、增进食欲等功效。

葱香猪耳朵

材料	卤猪耳丝150克，葱段25克，红椒片、姜片、蒜末各少许	调料	盐2克，鸡粉2克，料酒3毫升，生抽4毫升，老抽3毫升，食用油适量

相宜	葱段+兔肉　提供丰富的营养 葱段+猪肉　增强人体免疫力	相克	葱段+杨梅　降低营养价值

1.用油起锅，倒入猪耳丝，炒松散。

2.淋入料酒，炒香，放入生抽，炒匀，放入少许老抽，炒匀上色。

3.倒入红椒片、姜片、蒜末，炒匀，注入少许清水，炒至变软。

4.撒上葱段，炒出香味，加入适量盐、鸡粉，炒匀调味即可。

小贴士
　　猪耳含有蛋白质、维生素B$_1$、维生素B$_2$、维生素E、钙、磷、铁等营养成分，具有补虚损、健脾胃等功效。

东北家常酱猪头肉

材料	猪头肉400克，干辣椒20克，花椒15克，八角、桂皮、姜片、香葱各少许	调料	黄豆酱30克，生抽5毫升，盐3克，老抽3毫升，食用油适量

相宜	花椒+粳米　辅助治疗牙痛 花椒+羊肉　可提高营养价值	相克	花椒+咖啡　对身体不利

1.锅中注水烧开，放入猪头肉，汆煮去味，捞出，沥干水分。

2.起油锅，倒入八角、桂皮、干辣椒、花椒、黄豆酱，翻炒片刻，注入清水，加生抽、盐，搅匀。

3.倒入姜片、香葱、猪头肉，淋入老抽，搅拌片刻，煮1小时至熟透，将猪头肉捞出，放凉。

4.将猪头肉切成薄片，放入摆有黄瓜片作装饰的盘中，浇上锅中汤汁即可。

小贴士	猪头肉含有蛋白质、脂肪、维生素E、维生素C、铜等成分，具有益气补血、开胃消食、美容润肤等功效。

香辣蹄花

材料	猪蹄块270克，芹菜75克，红小米椒20克，枸杞少许	调料	盐3克，鸡粉少许，料酒3毫升，生抽4毫升，芝麻油、花椒油、辣椒油各适量
相宜	芹菜+核桃　美容养颜和抗衰老 芹菜+茭白　降低血压	相克	芹菜+螃蟹　伤害脾胃、导致腹泻

1.将洗净的芹菜切段，再焯水断生；洗好的红小米椒切成圈；猪蹄洗净，倒入沸水锅中，拌匀。

2.淋入料酒，余约2分钟，捞出沥干；取小碗，倒入红小米椒，加盐、生抽、鸡粉、芝麻油、花椒油、辣椒油，制成味汁。

3.砂锅中注水烧热，倒入猪蹄块，撒上姜片、葱段，放入备好的枸杞，煮熟后捞出，沥干，置凉开水中，静置片刻。

4.将猪蹄块沥干水分后装入盘中，摆放好，撒上芹菜段，浇上味汁即可。

小贴士	芹菜含有胡萝卜素、膳食纤维、糖类、维生素C、维生素P、钙、磷、铁等营养成分，具有镇静安神、利尿消肿、养血补虚等功效。

洋葱猪皮烧海带

材料 猪皮270克，海带结130克，彩椒35克，洋葱55克，姜片、葱段各少许

调料 盐2克，鸡粉2克，白糖3克，生抽4毫升，料酒4毫升，水淀粉4毫升，食用油适量

相宜 海带+决明子　清肝明目、化痰
海带+绿豆　活血化瘀、软坚消痰

相克 海带+咖啡　降低机体对铁的吸收

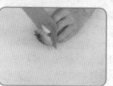

1.洗净的彩椒切块；洗净去皮的洋葱切片。

2.锅中注水烧开，放入猪皮，淋入料酒，煮约10分钟，捞出放凉，切去油脂，切成小块。

3.油锅爆香姜片、葱白，放入猪皮炒匀，注入清水，倒入海带结，炒匀，加生抽、盐、鸡粉、白糖炒匀，焖约5分钟。

4.倒入洋葱、彩椒，炒软，撒上胡椒粉，倒入水淀粉，放入葱叶，炒匀即可。

小贴士 海带含有蛋白质、膳食纤维、B族维生素、碘、钙等营养成分，具有消痰软坚、降血脂、降血糖、增强免疫力等功效。

小炒猪皮

材料	熟猪皮200克，青彩椒、红彩椒各30克，小米泡椒50克，葱段、姜丝各少许	调料	盐、鸡粉各1克，白糖3克，老抽2毫升，生抽、料酒各5毫升，食用油适量

相宜	猪皮+红薯　降低胆固醇 猪皮+莴笋　补脾益气	相克	猪皮+茶　容易造成便秘

1.猪皮切成粗丝；洗净的青彩椒、红彩椒去柄，去籽，切粗条，改切小段；泡椒对半切开。

2.热锅注油，倒入姜丝，放入泡椒爆香，倒入猪皮，加入白糖，翻炒至猪皮微黄。

3.加入生抽、料酒，翻炒均匀，放入青红彩椒，注入少许清水。

4.加入适量盐、鸡粉、老抽，将食材炒匀，倒入葱段，淋入辣椒油，翻炒均匀至入味即可。

小贴士　　猪皮含有大量胶原蛋白、少量脂肪，具有滋润肌肤、抗衰美容、滋阴补虚、养血益气、强壮筋骨等功效。

黄豆花生焖猪皮

材料	水发黄豆120克，水发花生米90克，猪皮150克，姜片、葱段各少许	调料	料酒4毫升，老抽2毫升，盐2克，鸡粉2克，水淀粉7毫升，食用油适量

相宜	黄豆+花生　丰胸补乳 黄豆+香菜　健脾宽中、祛风解毒	相克	黄豆+虾皮　影响钙的消化吸收

1.处理好的猪皮切块；锅中注水烧开，倒入猪皮，淋入少许料酒，汆去腥味，捞出，沥干水分。

2.用油起锅，放入姜片、葱段，爆香，放入猪皮炒匀，淋入料酒，加入老抽，翻炒均匀。

3.注入清水，放入黄豆、花生，拌匀，加入盐，拌匀，烧开后用小火焖约30分钟。

4.撇去浮沫，转大火收汁，加入鸡粉，拌匀调味，用水淀粉勾芡即可。

小贴士　黄豆含有蛋白质、大豆异黄酮、B族维生素、维生素C、钙、磷等营养成分，具有健脾宽中、增强免疫力、清热解毒等功效。

冬笋豆腐干炒猪皮

材料	熟猪皮120克，韭黄65克，冬笋90克，彩椒30克，圆椒30克，猪瘦肉60克，豆腐干150克，姜片少许	**调料**	盐3克，鸡粉2克，白糖3克，生抽4毫升，料酒8毫升，水淀粉6毫升，食用油适量

相宜	韭黄+鲜虾　温补肝肾 韭黄+豆腐　预防心血管疾病	**相克**	韭黄+蜂蜜　功效相悖

 1.洗净的圆椒、彩椒切小块；洗净的豆腐干切三角块；洗好去皮的冬笋切片；洗净的韭黄切段。

 2.洗好的猪瘦肉切片，加盐、生抽、料酒，水淀粉，腌渍入味；将熟猪皮去除油脂，切小块。

 3.锅中注水烧热，倒入冬笋，煮约5分钟，倒入豆腐干，加盐、食用油，倒入彩椒、圆椒，略煮片刻，捞出沥干。

 4.油锅爆香姜片，放入猪皮、猪瘦肉，淋入料酒，倒入焯过水的食材炒软，倒入韭黄，加盐、白糖、鸡粉、水淀粉，炒入味即可。

小贴士	冬笋含有胡萝卜素、膳食纤维、维生素B_1、维生素B_2、钙、磷、铁等营养成分，具有增强免疫力、清热解毒、清肝明目、开胃健脾等功效。

芹菜炒猪皮

材料	芹菜70克，红椒30克，猪皮110克，姜片、蒜末、葱段各少许
调料	豆瓣酱6克，盐4克，鸡粉2克，白糖3克，老抽2毫升，生抽3毫升，料酒4毫升，水淀粉、食用油各适量

相宜	芹菜+牛肉　增强免疫力 芹菜+羊肉　强身健体
相克	芹菜+生蚝　降低锌的吸收率

 1.将洗净的猪皮切成粗丝；洗好的芹菜切成小段；洗净的红椒切开，去籽，再切成粗丝。

 2.锅中注水烧开，倒入猪皮，放盐，煮沸，捞去浮沫，用中火煮至其熟透，捞出沥干。

 3.油锅爆香姜片、蒜末、葱段，倒入猪皮，翻炒匀，再淋入料酒，加入老抽、白糖、生抽，炒匀。

 4.倒入红椒、芹菜炒断生，注入清水，加入豆瓣酱、盐、鸡粉，炒入味，倒入水淀粉勾芡即成。

小贴士　猪皮的蛋白质含量较多，而脂肪含量却相对较低，对筋腱、骨骼、毛发有重要的保健作用。对女性而言，猪皮还能减少色素的沉着，增强皮肤的弹性与光泽。

山药肚片

材料 山药300克，熟猪肚200克，青椒、红椒各40克，姜片、蒜末、葱段各少许

调料 盐、鸡粉各2克，料酒4毫升，生抽5毫升，水淀粉、食用油各适量

相宜
猪肚+黄豆芽　增强免疫力
猪肚+莲子　　补脾健胃

相克
猪肚+芦荟　易引起腹泻

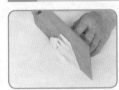
1.将洗净去皮的山药切成片；洗好的青椒、红椒切开，切成小块；把熟猪肚切成片。

2.锅中注水烧开，加入少许食用油，放入山药片，倒入青椒、红椒，煮至食材八成熟后捞出，沥干水分。

3.油锅爆香姜片、蒜末、葱段，倒入焯过水的食材，炒匀，放入猪肚，淋入料酒炒香。

4.加入生抽、盐、鸡粉，炒匀调味，倒入水淀粉炒入味即成。

小贴士　山药含有维生素及微量元素，能防止血脂在血管壁的沉积，预防心血管疾病，有益志安神、益气补血的功效。此外，山药还含有山药多糖，糖尿病患者常食，对降低血糖有一定的益处。

丝瓜炒猪心

材料	丝瓜120克，猪心110克，胡萝卜片、姜片、蒜末、葱段各少许	调料	盐3克，鸡粉2克，蚝油5克，料酒4毫升，水淀粉、食用油各适量

相宜	丝瓜+菊花　清热养颜、净肤除斑 丝瓜+鸭肉　清热滋阴	相克	丝瓜+芦荟　易引起身体不适

 1.将洗净去皮的丝瓜切成小块；洗净的猪心切成片，加盐、鸡粉、料酒、水淀粉，腌渍入味。

 2.锅中注水烧开，倒入食用油，放入丝瓜，煮约半分钟，捞出沥干，倒入猪心，汆煮约半分钟，捞出沥干。

 3.用油起锅，倒入胡萝卜片、姜片、蒜末、葱段，爆香，放入丝瓜、猪心，快速炒匀。

 4.再放入蚝油、鸡粉、盐，炒匀调味，倒入适量水淀粉炒入味即成。

小贴士　丝瓜含有糖类、钙、磷、铁、维生素B₁、维生素C，还含有皂苷、植物黏液、木糖胶等，对补充人体水分，稀释体内糖分的浓度很有帮助。

肉末尖椒烩猪血

材料	猪血300克，青椒30克，红椒25克，肉末100克，姜片、葱花各少许
调料	盐2克，鸡粉3克，白糖4克，生抽、陈醋、水淀粉、胡椒粉、食用油各适量

相宜	猪血+菠菜　润肠通便 猪血+韭菜　清肺健胃
相克	猪血+大豆　引起消化不良

 1.将洗净的红椒切成圈状；洗好的青椒切块；处理好的猪血横刀切粗条。

 2.锅中注水烧开，倒入猪血，加盐，氽煮片刻，捞出，装入碗中备用。

 3.用油起锅，倒入肉末，炒至转色，加入姜片，倒入少许清水，放入青椒、红椒、猪血。

 4.加适量盐、生抽、陈醋、鸡粉、白糖、炖熟，再撒上胡椒粉炖入味，倒入水淀粉拌匀，盛出装盘，撒上葱花即可。

小贴士　猪血含有蛋白质、脂肪、维生素B$_1$、维生素B$_2$、维生素E、烟酸及钠、铁、钙等营养成分，具有益气补血、排除有害物质、止血化瘀等功效。

韭菜炒猪血

材料	韭菜150克，猪血200克，彩椒70克，姜片、蒜末各少许	调料	盐4克，鸡粉2克，沙茶酱15克，水淀粉8毫升，食用油适量

相宜	韭菜+黄豆芽　排毒瘦身 韭菜+豆腐　　预防便秘	相克	韭菜+白酒　容易上火

 1.洗净的韭菜切成段；洗好的彩椒切成粒；洗净的猪血切成小块。

 2.锅中注水烧开，放入少许盐，倒入猪血块，煮至其五成熟，捞出，沥干水分。

 3.用油起锅，放入姜片、蒜末，加入彩椒，炒香，放入韭菜段，略炒片刻，加入沙茶酱炒匀。

 4.倒入猪血，加入清水炒匀，放入盐、鸡粉调味，淋入适量水淀粉炒匀即可。

小贴士	韭菜含有维生素B₁、烟酸、维生素C、胡萝卜素、硫化物及多种矿物质，具有补肾温阳、益肝健胃、润肠通便、行气理血等功效。

爆炒卤肥肠

| 材料 | 卤肥肠270克，红椒35克，青椒20克，蒜苗段45克，葱段、蒜片、姜片各少许 | 调料 | 盐、鸡粉各少许，料酒3毫升，生抽4毫升，水淀粉、芝麻油、食用油各适量 |

| 相宜 | 猪肠+香菜　增强免疫力
猪肠+豆腐　健脾开胃 | 相克 | 猪肠+苋菜　影响营养吸收 |

 1.将洗净的红椒、青椒切开，去籽，再切菱形片；备好的卤肥肠切小段。

 2.锅中注水烧开，倒入卤肥肠，汆煮一会儿，去除杂质后捞出，沥干水分。

 3.油锅爆香蒜片、姜片，倒入卤肥肠，炒匀，淋上料酒、生抽，放入青椒、红椒片，炒匀。

 4.注入清水，加盐、鸡粉调味，用水淀粉勾芡，放入洗净的蒜苗段、葱段，炒香，淋上芝麻油，炒入味即成。

| 小贴士 | 　肥肠含有蛋白质、肝素、胰泌素、胆囊收缩素以及铁、锌、钙等营养元素，具有润肠润燥、止渴止血等功效。 |

青豆烧肥肠

材料	熟肥肠250克，青豆200克，泡朝天椒40克，姜片、蒜末、葱段各少许	调料	豆瓣酱30克，盐2克，鸡粉2克，花椒油4毫升，料酒5毫升，生抽4毫升，食用油适量

相宜	肥肠+香菜　增强免疫力 肥肠+豆腐　健脾开胃	相克	肥肠+苋菜　影响营养吸收

 1.熟肥肠切成小段；将泡朝天椒切成圈。

 2.热锅注油烧热，倒入泡朝天椒、豆瓣酱，炒香，倒入备好的姜片、蒜末、葱段，翻炒片刻。

 3.倒入肥肠、青豆，翻炒片刻，淋入料酒、生抽，炒匀，注入清水，加盐调味，煮入味。

 4.加入少许鸡粉、花椒油，翻炒提鲜，再炒至食材入味即可。

小贴士　青豆含有皂角苷、蛋白酶抑制剂、异黄酮、钼、硒等成分，具有补肝养胃、滋补强壮、增强免疫力等功效。

干煸肥肠

材料	熟肥肠200克，洋葱70克，干辣椒7克，花椒6克，蒜末、葱花各少许	调料	鸡粉2克，盐2克，辣椒油适量，生抽4毫升，食用油适量

相宜	洋葱+猪肉　滋阴润燥 洋葱+醋　　治疗咽喉肿痛	相克	洋葱+蜂蜜　对眼睛不利

1.将洗净的洋葱切成小块；把肥肠切成段。

2.锅中注油烧热，倒入洋葱块，拌匀，捞出洋葱，沥干油，待用。

3.油锅爆香蒜末、干辣椒、花椒，放入少许油，倒入肥肠炒匀，淋入生抽炒匀，放入洋葱块。

4.加鸡粉、盐、辣椒油，拌匀，撒上葱花炒香即可。

小贴士　肥肠含有蛋白质、B族维生素、锌、硒、铜、锰等营养成分，具有润肺燥、补虚、止渴止血等功效。

酱爆腰花

材料	猪腰350克，黄瓜150克，水发木耳80克，豆瓣酱适量，姜片、葱段各少许	调料	盐2克，鸡粉1克，生抽5毫升，料酒10毫升，水淀粉10毫升，食用油适量

相宜	猪腰+豆芽　滋肾润燥 猪腰+竹笋　补肾利尿	相克	猪腰+茶树菇　不利于营养吸收

 1.洗净的黄瓜切菱形片；洗好的猪腰对半切开，去掉筋膜，横剖成片，在一面划十字刀不切透，切成腰花。

 2.腰花中注水，加料酒、盐，浸泡10分钟；沸水锅中倒入腰花，余煮至转色，捞出沥干。

 3.起油锅，倒入姜片、葱段、豆瓣酱炒香，倒入泡好洗净的木耳，放入腰花、黄瓜，炒断生。

 4.加料酒、生抽、鸡粉、盐，炒入味，用水淀粉勾芡即可。

小贴士　猪腰含有蛋白质、脂肪、铁、磷、钙及多种维生素，具有养肝护肾、补中益气、通膀胱、消积滞、止渴等功效。

彩椒炒猪腰

材料	猪腰150克，彩椒110克，姜末、蒜末、葱段各少许	调料	盐5克，鸡粉3克，料酒15毫升，生粉10克，水淀粉5毫升，蚝油8克，食用油适量

相宜	猪腰+豆芽　滋肾润燥 猪腰+竹笋　补肾利尿	相克	猪腰+茶树菇　影响营养吸收

1.洗净的彩椒切小块；洗好的猪腰切开，去筋膜，切上麦穗花刀，再切成片，加盐、鸡粉、料酒、生粉，腌渍10分钟。

2.锅中注水烧开，放盐、食用油、彩椒，煮断生，捞出沥干；将猪腰倒入锅中，汆至变色，捞出沥干。

3.油锅爆香姜末、蒜末、葱段，倒入猪腰炒匀，淋入料酒炒匀，放入彩椒，翻炒片刻。

4.加盐、鸡粉、蚝油，炒入味，倒入水淀粉，炒至芡汁包裹食材即可。

小贴士	猪腰含有蛋白质、脂肪、钙、磷、铁和维生素等，有健肾补腰、和肾理气的功效，适合肾虚、腰酸、遗精、盗汗者，以及肾虚耳聋、耳鸣的老年人食用。

木耳炒腰花

材料	猪腰200克，木耳100克，红椒20克，姜片、蒜末、葱段各少许	调料	盐3克，鸡粉2克，料酒5毫升，生抽、蚝油、水淀粉、食用油各适量

相宜	木耳+猪腰　滋阴补虚 木耳+青椒　开胃消食、润肺养阴	相克	木耳+马蹄　不利于健康

1.将洗净的红椒切成块；洗好的木耳切小块；猪腰切开，去筋膜，切上麦穗花刀，改切成片。

2.猪腰加盐、鸡粉、料酒、水淀粉，腌渍入味，余去血水后捞出；木耳焯水后捞出。

3.油锅爆香姜片、蒜末、葱段，放入红椒、猪腰，炒匀，淋入料酒，放入木耳，炒匀。

4.加生抽、蚝油、盐、鸡粉、水淀粉，炒匀即可。

小贴士　猪腰含有蛋白质、脂肪、钙、磷、铁、维生素等成分，有健肾补腰、和肾理气之功效，对肾虚腰痛、遗精盗汗、产后虚羸、身面浮肿等症有食疗作用。

软熘虾仁腰花

材料	虾仁80克，猪腰140克，枸杞3克，姜片、蒜末、葱段各少许	调料	盐3克，鸡粉4克，料酒、水淀粉、食用油各适量

相宜	虾仁+豆苗　增强体质、促进食欲 虾仁+西蓝花　补脾和胃、补肾固精	相克	虾仁+金瓜　对健康不利

 1.虾仁去虾线，加盐、鸡粉、料酒、水淀粉、食用油，腌渍入味。

 2.洗净的猪腰切开，去筋膜，切上花刀，再切片，加盐、鸡粉、料酒、水淀粉，腌渍入味。

 3.锅中注水烧开，倒入猪腰，汆至转色，捞出；油锅爆香姜片、蒜末、葱段，倒入虾仁、猪腰，炒匀。

 4.淋入料酒炒香，加盐、鸡粉、清水、水淀粉炒匀，放入洗好的枸杞，炒匀即成。

小贴士　虾仁含有蛋白质、钙、钾、碘及维生素A等营养成分，能促进儿童骨骼、牙齿的生长发育，适合身体虚弱的儿童食用。

酸枣仁炒猪舌

材料	熟猪舌300克，竹笋220克，彩椒35克，姜片、葱段、酸枣仁各少许	调料	盐、鸡粉各2克，料酒10毫升，生抽4毫升，水淀粉、食用油各适量

相宜	竹笋+鸡肉　暖胃益气、补精填髓 竹笋+莴笋　治疗肺热痰火	相克	竹笋+豆腐　易导致肠胃不适

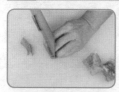 1.洗净的彩椒切成块；洗好去皮的竹笋切片；将熟猪舌切成片。

 2.锅中注水烧开，放入竹笋、料酒、食用油、盐、彩椒，煮至食材断生，捞出。

 3.用油起锅，放入姜片，爆香，倒入葱段、酸枣仁，放入猪舌，炒匀。

 4.淋入料酒，加入生抽，炒匀，倒入焯过水的食材，炒匀，加盐、鸡粉、水淀粉，炒匀即可。

小贴士　竹笋含有糖类、膳食纤维、胡萝卜素、B族维生素等营养成分，具有开胃消食、清热化痰、降血脂等功效。

红椒西蓝花炒牛肉

材料	西蓝花200克，红椒60克，洋葱80克，牛肉180克，姜片少许	调料	盐2克，胡椒粉、鸡粉各3克，料酒10毫升，生抽5毫升，蚝油5克，水淀粉、食用油各适量

相宜	牛肉+芋头　　防止便秘 牛肉+白萝卜　补五脏、益气血	相克	牛肉+橄榄　易引起身体不适

 1.洗净的西蓝花切小朵；洗好的红椒切块；洗净的洋葱切块；洗好的牛肉切片，加盐、胡椒粉、料酒，腌渍10分钟。

 2.锅中注水烧开，加盐、食用油、西蓝花，焯煮片刻，捞出；倒入牛肉片，氽煮片刻，捞出。

 3.油锅爆香姜片、洋葱，放入红椒块、牛肉片，炒匀，加入料酒、蚝油、生抽，炒匀。

 4.注入清水，倒入西蓝花，炒匀，加盐、鸡粉、水淀粉、食用油，炒熟即可。

小贴士　　牛肉含有蛋白质、脂肪、B族维生素、磷、钙、铁、胆固醇等成分，具有益气补血、增强免疫力、强筋健骨等功效。

红酒炖牛肉

材料	牛肉块200克，口蘑60克，胡萝卜95克，洋葱87克，红酒150毫升	调料	番茄酱40克，盐3克，鸡粉2克，白糖3克，食用油适量

相宜	胡萝卜+香菜　开胃消食 胡萝卜+绿豆芽　排毒瘦身	相克	胡萝卜+醋　降低营养价值

 1.洗净去皮的胡萝卜切滚刀块；处理好的洋葱对半切开，再切成块；洗净的口蘑对半切开。

 2.锅中注水烧开，倒入牛肉块，汆煮片刻，捞出沥干。

 3.用油起锅，倒入洋葱、胡萝卜，再放入口蘑、牛肉块炒香，淋上红酒，加入番茄酱、盐，炒匀。

 4.盛出装入砂锅中，注水，用大火煮开后转小火炖1个小时，放入白糖、鸡粉，搅匀调味即可。

小贴士　口蘑含有蛋白质、维生素、矿物质、纤维素等成分，具有增强免疫力、排毒瘦身等功效。

牛肉蔬菜咖喱

材料	牛肉380克，胡萝卜190克，土豆200克，口蘑100克，姜片、咖喱块各适量	调料	盐2克，鸡粉2克，水淀粉6毫升，白糖2克，食用油、食粉各适量

相宜	土豆+豆角　除烦润燥 土豆+牛奶　提供全面营养素	相克	土豆+柿子　导致消化不良

 1.洗净去皮的胡萝卜切菱形片；洗净去皮的土豆切片；洗净的口蘑去柄，切片。

 2.处理好的牛肉切片，加盐、鸡粉、食粉、水淀粉、食用油，搅拌片刻。

 3.锅中注水烧开，倒入土豆、口蘑、胡萝卜，焯煮片刻，捞出；倒入牛肉，汆煮片刻，捞出。

 4.起油锅，倒入姜片、咖喱块，炒溶化，注入清水，倒入食材拌匀，加盐、鸡粉、白糖、水淀粉调味即可。

小贴士	牛肉含有蛋白质、胡萝卜素、尼克酸、硫胺素、维生素B$_2$等成分，具有益气补血、健脾开胃、强筋健骨等功效。

笋干烧牛肉

材料	牛肉300克，水发笋干150克，蒜苗50克，干辣椒15克，姜片少许	调料	盐、鸡粉、白糖各2克，胡椒粉3克，料酒3毫升，生抽、水淀粉各5毫升，食用油适量
相宜	牛肉+土豆　保护胃黏膜 牛肉+洋葱　补脾健胃	相克	牛肉+橄榄　引起身体不适

 1.泡好的笋干切成块；洗净的蒜苗切成段；洗净的牛肉切成片。

 2.笋干氽煮去除异味，捞出；牛肉中加盐、鸡粉、料酒、胡椒粉、水淀粉，腌渍入味。

 3.起油锅，倒入牛肉，滑油2分钟，捞出；油锅爆香姜片、干辣椒，倒入笋干炒熟，放牛肉炒熟透。

 4.加入适量生抽、盐、鸡粉、白糖，倒入蒜苗，炒入味，用水淀粉勾芡，炒至收汁即可。

小贴士　牛肉含有蛋白质、脂肪、钙、铁、锌等营养物质，具有补中益气、滋养脾胃、强健筋骨、提高免疫力等功效。

干煸芋头牛肉丝

| 材料 | 牛肉270克，鸡腿菇45克，芋头70克，青椒15克，红椒10克，姜丝、蒜片各少许 | 调料 | 盐3克，白糖、食粉各少许，料酒4毫升，生抽6毫升，食用油适量 |

| 相宜 | 牛肉+枸杞　养血补气
牛肉+南瓜　排毒止痛 | 相克 | 牛肉+白酒　导致上火 |

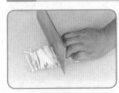 1.将去皮洗净的芋头切丝，入油锅炸成金黄色；洗好的鸡腿菇切粗丝，油炸片刻。

 2.洗净的红椒、青椒切丝；洗净的牛肉切丝，加姜丝、料酒、盐、食粉、生抽，腌渍约15分钟。

 3.起油锅，撒上姜丝，放入蒜片，爆香，倒入肉丝，炒转色，倒入红椒丝、青椒丝，炒透。

 4.放入芋头丝和鸡腿菇，炒散，加盐、生抽、白糖，炒熟透即可。

| 小贴士 | 牛肉含有蛋白质、胡萝卜素、视黄醇、维生素B_2、烟酸以及钙、磷、镁、钾等营养元素，具有补充体力、益气血、强筋骨、消水肿等功效。 |

南瓜炒牛肉

材料	牛肉175克，南瓜150克，青椒、红椒各少许	调料	盐3克，鸡粉2克，料酒10毫升，生抽4毫升，水淀粉、食用油各适量

相宜	南瓜+莲子　降低血压 南瓜+芦荟　美白肌肤	相克	南瓜+红薯　引起腹胀腹痛

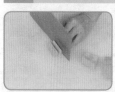
1.洗好去皮的南瓜切片；洗净的青椒、红椒切条形；洗净的牛肉切片。

2.牛肉中加盐、料酒、生抽、水淀粉、食用油，腌渍入味。

3.锅中注水烧开，倒入南瓜片，煮至断生，放入青椒、红椒，淋入食用油，捞出。

4.起油锅，倒入牛肉，炒变色，淋入料酒，倒入焯过水的材料炒匀，加盐、鸡粉、水淀粉炒匀即可。

小贴士	牛肉含有蛋白质、牛磺酸、维生素A、维生素B$_6$、钙、磷、铁、钾、硒等营养成分，具有补中益气、滋养脾胃、强健筋骨等功效。

西红柿鸡蛋炒牛肉

材料	牛肉120克，西红柿70克，鸡蛋1个，葱花、姜末各少许
调料	盐2克，鸡粉2克，生抽、料酒各5毫升，白糖、食粉、水淀粉、食用油各适量

相宜	西红柿+芹菜　降压、健胃消食 西红柿+山楂　降低血压
相克	西红柿+螃蟹　引起腹痛、腹泻

1.洗净的西红柿去蒂，切成小瓣；洗好的牛肉切片；鸡蛋打入碗中，加盐、鸡粉，制成蛋液。

2.牛肉片中加盐、生抽、料酒、食粉、水淀粉、食用油，腌渍20分钟，滑油片刻捞出。

3.起油锅，倒入蛋液，炒成蛋花，盛出；油锅爆香姜末，放入西红柿，炒匀。

4.加盐、白糖，炒匀，倒入牛肉，淋入料酒，炒香，放入鸡蛋炒散，撒上葱花，炒香即可。

小贴士　西红柿含有胡萝卜素、B族维生素、维生素C、钙、磷、钾、镁、铁等营养成分，具有健脾开胃、利水消肿、美容养颜等功效。

黑蒜牛肉粒

材料	软黑金富硒黑蒜80克，牛里脊150克，豆豉30克，蒜头30克	调料	盐2克，鸡粉2克，白糖2克，料酒10毫升，食粉2克，胡椒粉2克，生抽5毫升，水淀粉4毫升，食用油适量

相宜	牛肉+枸杞　养血补气 牛肉+南瓜　排毒止痛	相克	牛肉+白酒　导致上火

 1.洗净的蒜头切去根部，对半切开；豆豉切碎；黑蒜对半切开。

 2.牛肉切粒，加盐、料酒、胡椒粉、食粉、水淀粉、食用油，腌渍10分钟，入沸水锅中汆煮片刻，捞出。

 3.热锅注油烧热，倒入蒜头、豆豉，翻炒爆香，倒入牛肉，淋上适量料酒、生抽，注入清水。

 4.加盐、鸡粉、白糖，搅匀调味，放入黑蒜，倒入水淀粉，炒匀即可。

小贴士 　黑蒜含有多酚、蛋白质、酶类、苷类、维生素等成分，具有抗菌消炎、增强免疫力、促进食欲等功效。

川辣红烧牛肉

材料	卤牛肉200克，土豆100克，大葱30克，干辣椒10克，香叶4克，八角、蒜末、葱段、姜片各少许	**调料**	生抽5毫升，老抽2毫升，料酒4毫升，豆瓣酱10克，水淀粉、食用油各适量
相宜	土豆+牛奶　提供全面营养素 土豆+醋　　能分解有毒物质	**相克**	土豆+柿子　导致消化不良

 1.将卤牛肉切成小块；洗净的大葱切段；洗好去皮的土豆切大块。

 2.用油起锅，倒入土豆，炸至金黄色，捞出沥干；油锅爆香干辣椒、香叶、八角、蒜末、姜片。

 3.放入卤牛肉，炒匀，加入料酒、豆瓣酱，炒香，放入生抽、老抽，炒匀上色，注水煮入味。

 4.倒入土豆、葱段，炒匀，续煮至食材熟透，拣出香叶、八角，倒入水淀粉勾芡即可。

小贴士 土豆含有膳食纤维和多种氨基酸、矿物质、维生素等营养成分，具有和胃调中、健脾利湿、解毒消炎、宽肠通便、降糖降脂、活血消肿、益气强身等功效。

小炒牛肉丝

材料	牛里脊肉300克，茭白100克，洋葱70克，青椒25克，红椒25克，姜片、蒜末、葱段各少许	调料	食粉3克，生抽5毫升，盐4克，鸡粉4克，料酒5毫升，水淀粉4毫升，豆瓣酱、食用油各适量

相宜	茭白+鸡蛋　美容养颜 茭白+猪蹄　有催乳作用	相克	茭白+豆腐　易导致肠胃不适

1.洗好的洋葱切丝；洗净的红椒、青椒切细丝；洗净的茭白切丝；洗好的牛肉切成肉丝。

2.牛肉中放入食粉、生抽、鸡粉、盐、水淀粉、食用油，腌渍入味；茭白丝焯水1分钟捞出。

3.牛肉丝滑油至变色，捞出；油锅爆香姜片、葱段、蒜末，加入豆瓣酱炒香，放入洋葱炒匀。

4.倒入青椒丝、红椒丝、茭白丝，炒匀，倒入牛肉丝，淋入料酒、生抽，放盐、鸡粉、水淀粉，炒入味即可。

小贴士	牛肉含有蛋白质、B族维生素、牛磺酸、钙、磷、铁、胆固醇等营养成分，具有增强免疫力、补中益气、滋养脾胃、强健筋骨等功效。

酱焖牛腩

材料	熟牛腩240克，土豆130克，去皮胡萝卜120克，洋葱90克，茴香10克，八角、桂皮、姜片、蒜头各适量	调料	盐2克，生抽5毫升，黄豆酱10克，鸡粉2克，水淀粉4毫升，食用油适量

相宜	洋葱+大蒜　防癌抗癌 洋葱+玉米　降压降脂	相克	洋葱+蜂蜜　对眼睛不利

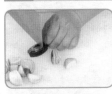 1.洗净去皮的胡萝卜切块；洗净去皮的土豆切块；处理好的洋葱切块；蒜头去皮，对半切开。

 2.油锅爆香蒜头、姜片、香料，倒入土豆、胡萝卜炒片刻，淋入生抽，倒入黄豆酱，翻炒上色。

 3.倒入熟牛腩，注入清水，炒匀，加入盐调味，煮开后转小火焖20分钟至熟软。

 4.加鸡粉、洋葱，炒匀，淋入少许水淀粉，翻炒片刻收汁即可。

 小贴士　　土豆含有淀粉、蛋白质、粗纤维、硫胺素等成分，具有健脾开胃、益气调中、缓急止痛等功效。

香菇牛柳

材料	芹菜40克，香菇30克，牛肉200克，红椒少许	**调料**	盐2克，鸡粉2克，生抽8毫升，水淀粉6毫升，蚝油4克，料酒、食用油各适量

相宜	芹菜+核桃　美容养颜、抗衰老 芹菜+莲藕　调理月经	**相克**	芹菜+黄豆　营养铁的吸收

 1.洗净的香菇切片；洗好的芹菜切成段；洗净的牛肉切成片，再切成条。

 2.把牛肉条装入碗中，放盐、料酒、生抽、水淀粉、食用油，腌渍入味。

 3.锅中注水烧开，倒入香菇，略煮片刻，捞出；热锅注油，倒入牛肉，炒匀。

 4.放入香菇、红椒、芹菜，炒匀，加生抽、鸡粉、蚝油、水淀粉，炒入味即可。

小贴士　　香菇含有蛋白质、B族维生素、叶酸、膳食纤维、铁、钾等营养成分，具有增强免疫力、保护肝脏、帮助消化等功效。

牛肉炒菠菜

材料	牛肉150克，菠菜85克，葱段、蒜末各少许	调料	盐3克，鸡粉少许，料酒4毫升，生抽5毫升，水淀粉、食用油各适量

相宜	菠菜+鸡蛋　补血养颜 菠菜+粉丝　养血润燥、滋补肝肾	相克	菠菜+黄瓜　破坏维生素E

 1.将洗净的菠菜切长段；洗好的牛肉开，再切薄片。

 2.把肉片装在碗中，加盐、鸡粉、料酒、生抽、水淀粉、食用油，拌匀，腌渍一会儿。

 3.用油起锅，放入牛肉，炒至转色，撒上葱段、蒜末炒香，倒入菠菜炒软。

 4.加入少许盐、鸡粉，炒匀炒透即可。

小贴士	菠菜含有维生素C、维生素E、维生素K以及钙、磷、铁等营养成分，具有补血、洁白皮肤、抗衰老、促进生长发育等作用。

花豆炖牛肉

材料	牛肉160克，水发花豆120克，姜片少许	调料	盐2克，鸡粉3克，料酒6毫升，生抽4毫升，食用油适量

相宜	牛肉+白萝卜　补五脏、益气血 牛肉+枸杞　　养血补气	相克	牛肉+田螺　引起消化不良

1.将洗净的牛肉切成块。

2.锅中注水烧开，倒入牛肉，煮沸，汆去血水，捞出，沥干水分，待用。

3.用油起锅，放入姜片，爆香，倒入牛肉，炒匀，放入料酒、生抽，再加入清水。

4.加入芸豆，放入盐，大火烧开后用小火炖2小时，放入鸡粉，炒匀即可。

小贴士　牛肉含有蛋白质、脂肪、维生素B$_1$、维生素B$_2$以及磷、钙、铁等营养成分，具有补中益气、滋养脾胃、强健筋骨等作用。

粉蒸牛肉

材料	牛肉300克，蒸肉米粉100克，蒜末、红椒、葱花各少许	调料	料酒5毫升，生抽4毫升，蚝油4克，水淀粉5毫升，食用油适量

相宜	蒜+洋葱　增强人体免疫力 蒜+黄瓜　促进脂肪和胆固醇的代谢	相克	蒜+芒果　导致肠胃不适

 1.处理好的牛肉切成片，加盐、鸡粉、料酒、生抽、蚝油、水淀粉，搅拌匀。

 2.加入蒸肉米粉，搅拌片刻，取一个蒸盘，将拌好的牛肉装入盘中。

 3.蒸锅上火烧开，放入牛肉，大火蒸20分钟至熟透，取出，装入另一盘中，放上蒜苗、红椒、葱花。

 4.锅中注入食用油，烧至六成热，浇在牛肉上即可。

小贴士	牛肉含有蛋白质、脂肪、B族维生素、磷、钙、铁等成分，具有益气补血、增强免疫力、促进食欲等功效。

荷叶菜心蒸牛肉

材料	荷叶1张，菜心90克，牛肉200克，蒸肉米粉90克，葱段、姜片各少许	调料	豆瓣酱35克，料酒5毫升，甜面酱20克，盐2克，食用油适量

相宜	菜心+豆皮　促进代谢 菜心+鸡肉　活血调经	相克	菜心+醋　破坏营养价值

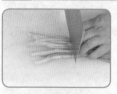 1.摘洗好的菜心切成小段；洗净的牛肉切成片；洗净的荷叶修整齐边。

 2.牛肉中放入甜面酱、豆瓣酱、料酒、姜片、葱段、蒸肉米粉，搅拌均匀。

 3.荷叶放盘中，将拌好的牛肉倒在荷叶上，大火蒸1个小时至入味，将牛肉取出。

 4.锅中注水烧热，放盐、食用油，倒入处理好的菜心，煮至断生，捞出，摆放在牛肉边即可。

小贴士　牛肉含有蛋白质、脂肪、铁、膳食纤维等成分，其中蛋白质所含氨基酸为人体必需氨基酸，容易被消化吸收，因此，常食牛肉，具有益气补血、增强免疫力、强筋健骨等功效。

茶树菇蒸牛肉

材料	水发茶树菇250克，牛肉330克，姜末、蒜末各少许	调料	蚝油8克，盐2克，料酒4毫升，水淀粉4毫升，胡椒粉2克，食用油适量

相宜	牛肉+白萝卜　补五脏、益气血 牛肉+枸杞　养血补气	相克	牛肉+田螺　引起消化不良

 1.泡发好的茶树菇切去根部；洗净的牛肉切片。

 2.牛肉中加料酒、姜末、胡椒粉、蚝油、水淀粉、盐、食用油，腌渍10分钟。

 3.锅中注水烧开，倒入茶树菇，汆煮去杂质，捞出；取一个蒸碗，摆放上茶树菇，倒入牛肉。

 4.将蒜末撒在牛肉上，大火蒸25分钟至熟透，将菜肴取出即可。

小贴士　茶树菇含有谷氨酸、天门冬氨酸、异亮氨酸、甘氨酸等成分，具有健脾止泻、延缓衰老、增强免疫力等功效。

黑椒葱香牛肉片

材料	牛肉220克，洋葱80克，彩椒35克，圆椒15克，姜片少许	调料	黑胡椒12粒，盐3克，食粉2克，料酒3毫升，水淀粉4毫升，白糖2克，生抽4毫升，蚝油6克，食用油适量

相宜	洋葱+玉米　降压降脂 洋葱+大蒜　防癌抗癌	相克	洋葱+蜂蜜　对眼睛不利

 1.处理干净的牛肉切成厚薄均匀的片；洗净的彩椒、圆椒切成块；处理好的洋葱切成块。

 2.牛肉中加料酒、盐、食粉、水淀粉、食用油，腌渍10分钟。

 3.热锅注油烧热，倒入牛肉，炒至转色，倒入姜片炒香，放入黑胡椒、蚝油，翻炒均匀。

 4.倒入洋葱、圆椒、彩椒，炒匀，加生抽、盐、白糖，炒匀调味即可。

小贴士	牛肉含有蛋白质、脂肪、B族维生素、磷、钙、铁、胆固醇等成分，具有益气补血、强筋健骨、健脾养胃等功效。

五香酱牛肉

材料	牛肉400克，花椒5克，茴香5克，香叶1克，桂皮2片，草果2个，八角2个，朝天椒5克，葱段20克，姜片少许，去壳熟鸡蛋2个	调料	老抽、料酒各5毫升，生抽30毫升
相宜	牛肉+芋头　治疗食欲不振、防止便秘 牛肉+芹菜　降低血压	相克	牛肉+田螺　引起消化不良

1.取一碗，倒入洗净的牛肉，放入花椒、茴香、香叶、桂皮、草果、八角、姜片、朝天椒，倒入料酒、老抽、生抽，充分拌匀。

2.用保鲜膜密封碗口，放入冰箱保鲜24小时至入味；取出腌渍好的牛肉，与酱汁一同倒入砂锅。

3.注入适量清水，放入葱段、鸡蛋，加盖，用大火煮开后转小火续煮1小时至牛肉熟软；取出酱牛肉及鸡蛋，与酱汁一同装碗。

4.放凉后用保鲜膜密封碗口，放入冰箱冷藏12小时，取出，将鸡蛋对半切开、酱牛肉切片，装入盘中，浇上卤汁即可。

小贴士　牛肉含有蛋白质、脂肪、钙、铁、多种氨基酸等营养成分，具有补中益气、滋养脾胃、强健筋骨、提高免疫力等功效。

韭菜黄豆炒牛肉

材料	韭菜150克，水发黄豆100克，牛肉300克，干辣椒少许	调料	盐3克，鸡粉2克，水淀粉4毫升，料酒8毫升，老抽3毫升，生抽5毫升，食用油适量

相宜	韭菜+鸡蛋　　补肾、止痛 韭菜+黄豆芽　排毒瘦身	相克	韭菜+白酒　容易上火

1.锅中注水烧开，倒入洗好的黄豆，煮断生，捞出；洗好的韭菜切成均匀的段。

2.洗净的牛肉切成丝，加盐、水淀粉、料酒，搅匀，腌渍入味。

3.热锅注油，倒入牛肉丝、干辣椒，炒至变色，淋入少许料酒，放入黄豆、韭菜。

4.加盐、鸡粉，淋入老抽、生抽，翻炒均匀，至食材入味即可。

小贴士　韭菜含有维生素B$_1$、烟酸、维生素C、胡萝卜素、硫化物及多种矿物质，具有补肾温阳、开胃消食、行气理血等功效。

牛肉苹果丝

材料	牛肉丝150克，苹果150克，生姜15克	**调料**	盐3克，鸡粉2克，料酒5毫升，生抽4毫升，水淀粉3毫升，食用油适量
相宜	苹果+洋葱　保护心脏 苹果+芦荟　消食顺气	**相克**	苹果+胡萝卜　破坏维生素C

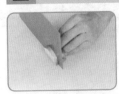 1.洗净的生姜切薄片，再切成丝；洗好的苹果切成厚片，去核，切成条。

 2.将牛肉丝装入盘中，加盐、料酒、水淀粉、食用油，腌渍半小时至其入味。

 3.热锅注油，倒入姜丝、牛肉，翻炒至变色。

 4.淋入少许料酒、生抽，放入盐、鸡粉，倒入苹果丝，快速翻炒均匀即可。

小贴士　苹果含有葡萄糖、蔗糖、胡萝卜素和多种维生素、矿物质，具有增强记忆力、美容养颜、养心润肺等功效。

红薯炒牛肉

材料	牛肉200克，红薯100克，青椒20克，红椒20克，姜片、蒜末、葱白各少许	调料	盐4克，食粉、鸡粉、味精各适量，生抽3毫升，料酒4毫升，水淀粉10毫升，食用油适量

相宜	牛肉+南瓜　排毒止痛 牛肉+芋头　改善食欲不振、防止便秘	相克	牛肉+田螺　易引起消化不良

1.把去皮洗净的红薯切成2厘米长的段，再切成片；洗净的红椒、青椒切成小块。

2.把洗好的牛肉切片，加食粉、生抽、盐、味精、水淀粉、食用油，腌渍入味。

3.红薯、青椒、红椒焯水约半分钟，捞出；将牛肉余约半分钟捞出；油锅爆香姜片、蒜末、葱白。

4.倒入牛肉炒匀，淋入料酒，倒入红薯、青椒、红椒，炒匀，加生抽、盐、鸡粉、水淀粉，炒熟透即可。

小贴士	红薯含有膳食纤维、胡萝卜素和多种维生素，营养价值很高，是营养最均衡的保健食品。红薯属碱性食品，常吃红薯有利于维持人体的酸碱平衡，同时还能降低血胆固醇，预防心脑血管疾病。

双椒孜然爆牛肉

材料	牛肉250克，青椒60克，红椒45克，姜片、蒜末、葱段各少许	调料	盐、鸡粉各3克，食粉、生抽、水淀粉、孜然粉、食用油各适量

相宜	青椒+鸡肉　开胃消食 青椒+白菜　促进消化	相克	青椒+羊肝　不利于身体

 1.将洗净的青椒、红椒切开，去籽，切小块；洗净的牛肉切成片。

 2.牛肉片中加盐、鸡粉、食粉、生抽、水淀粉、食用油，腌渍约10分钟。

 3.牛肉片滑油约半分钟至变色，捞出；锅底留油，倒入姜片、蒜末、葱段，爆香。

 4.放入青椒、红椒，炒匀，倒入牛肉，撒入孜然粉，放盐、鸡粉、生抽、水淀粉，炒匀即可。

小贴士	牛肉含有蛋白质、牛磺酸、维生素B$_1$、维生素B$_6$、铁、钾、磷等营养成分，具有增强免疫力、益气补脾、降低血压等功效。

杨桃炒牛肉

材料	牛肉130克，杨桃120克，彩椒50克，姜片、蒜片、葱段各少许	**调料**	盐3克，鸡粉2克，食粉、白糖各少许，蚝油6克，料酒4毫升，生抽10毫升，水淀粉、食用油各适量

相宜	杨桃+红醋　健脾消食 杨桃+白糖　消暑利水	**相克**	杨桃+田螺　不利于健康

 1.洗净的彩椒切小块；洗好的牛肉切片，加入生抽、食粉、盐、鸡粉、水淀粉，腌渍入味；洗净的杨桃切片。

 2.锅中注水烧开，倒入牛肉，汆煮变色后捞出；油锅爆香姜片、蒜片、葱段。

 3.倒入牛肉片炒匀，淋入料酒，炒匀，倒入杨桃片，撒上彩椒炒至食材熟软。

 4.淋上生抽，放入蚝油，加盐、鸡粉、白糖，炒匀调味，倒入水淀粉，快速翻炒均匀即成。

小贴士　杨桃含有纤维素、硫胺素、维生素B₂、烟酸及钾、钙、镁、铁、锌、硒等营养物质，有降血压、降血脂的作用，对高血压、动脉硬化等心血管疾病有预防作用。

葱韭牛肉

材料	牛腱肉300克，南瓜220克，韭菜70克，小米椒15克，泡小米椒20克，姜片、葱段、蒜末各少许	调料	鸡粉2克，盐3克，豆瓣酱12克，料酒4毫升，生抽3毫升，老抽2毫升，五香粉适量，水淀粉、冰糖各适量

相宜	南瓜+牛肉　补脾健胃、解毒止痛 南瓜+绿豆　清热解毒、生津止渴	相克	南瓜+带鱼　不利营养物质的吸收

1.锅中注水烧开，加老抽、鸡粉、盐、牛腱肉，撒上五香粉，煮熟软，取出放凉。

2.将洗净的红小米椒切圈；把泡小米椒切碎；洗好的韭菜切段；洗净去皮的南瓜切小块。

3.将牛腱肉切小块；油锅爆香蒜末、姜片、葱段，倒入小米椒、泡椒炒香，放入牛肉块炒匀。

4.淋入料酒，加豆瓣酱、生抽、老抽、盐、南瓜块，炒软，加冰糖、清水、鸡粉，续煮入味，倒入韭菜段炒匀，用水淀粉勾芡即可。

小贴士	牛腱肉含有蛋白质、维生素A、B族维生素、钙、磷、铁、钾、硒等营养成分，具有补中益气、滋养脾胃、强健筋骨、化痰息风、养肝明目、止渴止涎等功效。

牛肉煲芋头

材料	牛肉300克，芋头300克，花椒、桂皮、八角、香叶、姜片、蒜末、葱花各少许	调料	盐2克，鸡粉2克，料酒10毫升，豆瓣酱10克，生抽4毫升，水淀粉10毫升，食用油适量

相宜	芋头+芹菜　补气虚、增食欲 芋头+鲫鱼　治疗脾胃虚弱	相克	芋头+香蕉　引起肠胃不适

1.洗净去皮的芋头切块；洗好的牛肉切丁；锅中注水烧开，倒入牛肉丁，汆去血水，捞出。

2.油锅爆香花椒、桂皮、八角、香叶、姜片、蒜末，倒入牛肉丁炒匀，淋入料酒提鲜。

3.放入豆瓣酱、生抽、盐、鸡粉炒匀，倒入清水煮沸，焖至食材熟软，放入芋头，搅拌均匀。

4.用小火焖至其熟透，倒入水淀粉勾芡，将焖好的食材盛入砂煲中，加热片刻，撒上葱花即可。

小贴士　牛肉含有蛋白质、脂肪、维生素A、B族维生素、钙、磷、铁、钾、硒等营养成分，具有补中益气、滋养脾胃、强健筋骨、化痰息风、养肝明目、止渴止涎等功效。

韭菜炒牛肉

材料	牛肉200克，韭菜120克，彩椒35克，姜片、蒜末各少许	调料	盐3克，鸡粉2克，料酒4毫升，生抽5毫升，水淀粉、食用油各适量

相宜	韭菜+黄豆芽　排毒瘦身 韭菜+鸡蛋　　补肾、止痛	相克	韭菜+牛奶　影响钙的吸收

1.将洗净的韭菜切成段；洗好的彩椒切粗丝；洗净的牛肉切片，再切成丝。

2.把肉丝装入碗中，加料酒、盐、生抽、水淀粉、食用油，腌渍入味。

3.用油起锅，倒入肉丝炒变色，放入姜片、蒜末，炒香，倒入韭菜、彩椒，翻炒至食材熟软。

4.加入盐、鸡粉，淋入生抽，用中火炒匀，至食材入味即成。

小贴士　韭菜含有维生素B_2、烟酸、维生素C、膳食纤维、维生素E、钙、镁、铁、锌、钾等营养成分，有温肾助阳、益脾健胃的作用。此外，韭菜还含有挥发性精油，有降低血糖值的作用。

小笋炒牛肉

材料	竹笋90克，牛肉120克，青椒、红椒各25克，姜片、蒜末、葱段各少许	调料	盐3克，鸡粉2克，生抽6毫升，食粉、料酒、水淀粉、食用油各适量

相宜	竹笋+鸡肉　暖胃益气、补精填髓	相克	竹笋+红糖　对身体不利
	竹笋+莴笋　对肺热痰火有食疗作用		

1.将洗净的竹笋切片；洗好的红椒、青椒切小块；洗好的牛肉切片。

2.牛肉片中加食粉、生抽、盐、鸡粉、水淀粉、食用油，腌渍入味。

3.锅中注水烧开，加入竹笋片、食用油、盐、鸡粉，煮半分钟，倒入青椒、红椒，续煮至断生，捞出。

4.油锅爆香姜片、蒜末，倒入牛肉片炒匀，淋入料酒炒香，倒入竹笋、青椒、红椒炒匀，加生抽、盐、鸡粉、水淀粉，炒入味即可。

小贴士 　竹笋含有蛋白质、钙、磷、胡萝卜素、维生素B$_1$、维生素B$_2$、维生素C，具有清热化痰、益气和胃、利膈爽胃等功效，对高血压、高血脂、高血糖等症有食疗作用。

榨菜牛肉丁

材料	榨菜250克，牛肉50克，洋葱40克，红椒35克，姜末、蒜末、葱段各少许	调料	生抽9毫升，盐3克，鸡粉3克，水淀粉4毫升，料酒5毫升，生粉、食用油各适量

相宜	牛肉+芋头　改善食欲不振、防止便秘 牛肉+白萝卜　补五脏、益气血	相克	牛肉+田螺　易引起消化不良

1.去皮洗净的洋葱切小块；洗好的红椒去籽，切成小块；洗净的牛肉切成块；榨菜切成丁。

2.牛肉丁中加生抽、盐、鸡粉、生粉，腌渍10分钟；锅中注水烧开，倒入榨菜，焯煮2分钟，捞出。

3.牛肉丁滑油至变色，放入姜末、蒜末、葱段，炒香，倒入榨菜、洋葱、红椒，翻炒匀。

4.加入鸡粉、盐，炒匀调味，淋入料酒、生抽，翻炒匀，倒入水淀粉炒匀即可。

小贴士	榨菜含有谷氨酸、天门冬氨酸等人体所需的多种游离氨基酸。现代营养学认为，榨菜能健脾开胃、补气填精、增食助神，尤其适合没有食欲的人食用。

陈皮牛肉烧豆角

材料	陈皮10克，豆角180克，红椒35克，牛肉200克，姜片、蒜末、葱段各少许	调料	盐3克，鸡粉2克，料酒3毫升，生抽4毫升，水淀粉、食用油各适量

相宜	豆角+粳米　补肾健脾、除湿利尿 豆角+虾皮　健胃补肾、理中益气	相克	豆角+茶　影响消化、导致便秘

1.将洗净的豆角切小段；洗好的红椒切细丝；洗净的陈皮切丝；洗好的牛肉切片。

2.牛肉片中放入陈皮丝、生抽、盐、鸡粉、水淀粉、食用油，腌渍入味。

3.豆角焯水断生后捞出，沥干水分；油锅爆香姜片、蒜末、葱段、红椒丝。

4.倒入牛肉片炒散，淋入料酒炒香，倒入豆角炒熟，加鸡粉、盐、生抽、水淀粉，炒入味即成。

小贴士	牛肉含有蛋白质，且氨基酸组成也更接近人体需要，能提高机体抗病能力。此外，牛肉还含有锌，糖尿病患者食用牛肉，能增加胰岛素的分泌，降低血糖值。

酸笋牛肉

材料	酸笋120克，牛肉100克，红椒20克，姜片、蒜末、葱段各少许

调料	豆瓣酱5克，盐4克，鸡粉2克，食粉少许，生抽、料酒各3毫升，水淀粉、食用油各适量

相宜	竹笋+鸡肉　暖胃益气、补精填髓 竹笋+莴笋　治疗肺热痰火

相克	竹笋+豆腐　易形成结石

1.将洗净的酸笋切片；洗好的红椒切小块；洗净的牛肉切片，加食粉、生抽、盐、鸡粉、水淀粉、食用油，腌渍入味。

2.锅中注水烧开，放入酸笋片，加入盐，煮约1分钟，捞出，沥干水分，备用。

3.油锅爆香姜片、蒜末，倒入牛肉片炒匀，淋入料酒炒断生，倒入酸笋片，放入红椒块，快速翻炒几下。

4.加鸡粉、盐、豆瓣酱，翻炒至食材入味，倒入水淀粉勾芡，撒上葱段炒香即可。

小贴士	牛肉含有蛋白质、脂肪、B族维生素、钙、铁、牛磺酸、肌醇等，有补脾胃、益气血、强筋骨的作用。

上海青炒牛肉

材料	上海青70克，牛肉100克，彩椒40克，姜末、蒜末、葱段各少许	调料	盐3克，鸡粉2克，料酒3毫升，生抽5毫升，水淀粉、食用油各适量

相宜	上海青+猪肝　提高营养价值 上海青+黑木耳　营养均衡	相克	上海青+南瓜　降低营养

1.将洗净的彩椒切小块；洗好的上海青切成小瓣；洗净的牛肉切片，淋入生抽。

2.加盐、鸡粉、水淀粉、食用油，腌渍约15分钟；锅中注水烧开，放入食用油，下入上海青，煮断生，捞出。

3.用油起锅，倒入牛肉，炒松散，放入姜末、蒜末、葱段，快速炒匀，倒入切好的彩椒。

4.淋入料酒，翻炒断生，倒入上海青，加盐、鸡粉、生抽，炒匀，倒入水淀粉翻炒入味即成。

小贴士	上海青含有丰富的钙、铁、钾、维生素C、胡萝卜素，是人体黏膜及上皮组织维持生长的重要营养源。幼儿食用上海青，可以补铁，保护、滋养皮肤。

嫩姜菠萝炒牛肉

材料	嫩姜100克，菠萝肉100克，红椒15克，牛肉180克，蒜末、葱段各少许	调料	盐3克，鸡粉、食粉、鸡粉各少许，番茄汁15毫升，料酒、水淀粉、食用油各适量

相宜	菠萝+鸡肉　补虚填精、温中益气 菠萝+猪肉　促进蛋白质吸收	相克	菠萝+鸡蛋　影响消化吸收

1.将洗净的嫩姜切片；洗好的红椒切小块；菠萝肉切小块；洗净的牛肉切片。

2.姜片加盐腌渍5分钟；牛肉片中加食粉、盐、鸡粉、水淀粉、食用油，腌渍入味。

3.锅中注水烧开，倒入姜片、菠萝、红椒，焯煮半分钟，捞出；油锅爆香蒜末，倒入牛肉片炒转色。

4.淋入料酒炒香，放入焯好的材料炒匀，加入番茄汁、水淀粉炒匀，盛出装盘，放入葱段即可。

小贴士　菠萝含有蛋白质、蔗糖、胡萝卜素、膳食纤维、维生素等成分，有解暑止渴、消食止泻的功效。牛肉含有维生素B_6，可增强免疫力。

黑椒苹果牛肉粒

材料	苹果120克，牛肉100克，芥蓝梗45克，洋葱30克，黑胡椒粒4克，姜片、蒜末、葱段各少许	调料	盐3克，鸡粉、食粉各少许，老抽2毫升，料酒、生抽各3毫升，水淀粉、食用油各适量

相宜	苹果+牛奶　防癌抗癌、生津除热 苹果+绿茶　防癌、抗老化	相克	苹果+胡萝卜　破坏维生素C

1.将洗净去皮的洋葱切丁；洗好的芥蓝梗切段；洗净去皮的苹果切开，去除果核，再切小块。

2.洗好的牛肉切丁，加盐、鸡粉、生抽、食粉、水淀粉、食用油，腌渍入味；芥蓝梗、苹果丁，焯水后捞出。

3.牛肉丁汆煮断生；油锅爆香姜片、蒜末、葱段、黑胡椒粒，倒入洋葱丁炒软，倒入牛肉丁。

4.加料酒、生抽、老抽炒上色，倒入焯煮过的食材炒熟软，加盐、鸡粉、水淀粉炒匀即成。

小贴士　苹果含有多种维生素、矿物质及胡萝卜素等，不仅营养比较全面，而且容易消化吸收。因此，苹果是绝佳的补充儿童身体成长所需营养的食品。

酱牛蹄筋

材料	牛蹄筋120克，朝天椒、八角、草果、香叶各少许	调料	料酒8毫升，生抽10毫升，盐3克，老抽4毫升，鸡粉2克，食用油适量

相宜	牛蹄筋+芋头　　改善食欲不振 牛蹄筋+白萝卜　补五脏、益气血	相克	牛蹄筋+橄榄　　易引起身体不适

 1.处理好的蹄筋切成小段；热锅注油烧热，倒入八角、草果、香叶，爆香。

 2.倒入朝天椒，淋入料酒、生抽，注入清水，加盐，倒入牛蹄筋，炒匀。

 3.加入老抽，搅拌均匀，煮开后转小火煮两小时。

 4.加入适量鸡粉，搅拌匀，将煮好的蹄筋盛出装入盘中即可。

小贴士	牛筋含蛋白质、脂肪、灰分、胶原蛋白等成分，具有强筋健骨、祛风热的功效，其所含的胶原蛋白还有美容养颜的功效。

蒜薹炒牛舌

材料	蒜薹200克，青椒25克，红椒15克，卤牛舌230克，干辣椒、姜片、蒜末、葱段各少许	调料	盐2克，料酒4毫升，生抽3毫升，鸡粉2克，水淀粉10毫升，食用油适量

相宜	蒜薹+莴笋　预防高血压 蒜薹+虾仁　美容养颜	相克	蒜薹+蜂蜜　对眼睛不利

1.洗好的蒜薹切长段；洗净的青椒、红椒切开，去籽，再切小块；卤牛舌切薄片。

2.锅中注水烧开，加盐、食用油，倒入蒜薹、青椒、红椒，煮约半分钟，捞出。

3.油锅爆香姜片、蒜末、葱段、干辣椒，倒入牛舌，炒香，放焯过水的材料炒透。

4.淋入料酒、生抽，加入盐、鸡粉，炒至食材入味，用水淀粉勾芡即成。

小贴士　蒜薹含有膳食纤维、维生素C、维生素E、钙、磷、钾、镁、铁、锌等营养成分，具有温中下气、补虚、调和脏腑、活血等功效。

魔芋烧牛舌

材料	卤牛舌300克，魔芋豆腐350克，泡椒25克，姜片、蒜末、葱段各少许	调料	盐3克，鸡粉2克，料酒4毫升，辣椒酱10克，豆瓣酱5克，生抽3毫升，水淀粉、食用油各适量
相宜	魔芋+猪肉　营养全面、滋阴润燥 魔芋+鸭肉　清热除烦	相克	魔芋+土豆　影响营养吸收

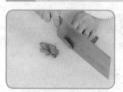 1.洗好的魔芋豆腐切块；将卤牛舌切成薄片；泡椒去蒂，对半切开。

 2.锅中注水烧开，加盐，倒入魔芋豆腐，煮断生，捞出材料，沥干水分，待用。

 3.油锅爆香蒜末、姜片、泡椒，倒入卤牛舌，炒匀，淋入适量料酒，倒入魔芋豆腐、辣椒酱。

 4.注入清水，加盐、鸡粉、豆瓣酱、生抽，炒匀煮熟，倒入水淀粉炒匀即可。

小贴士	魔芋豆腐含有淀粉、蛋白质及多种维生素、矿物质，具有降血糖、降血压、排毒养颜等功效。

西芹湖南椒炒牛肚

材料	熟牛肚200克，湖南椒80克，西芹110克，朝天椒30克，姜片、蒜末、葱段各少许	调料	盐、鸡粉各2克，料酒、生抽、芝麻油各5毫升，食用油适量

相宜	牛肚+鸡蛋　延缓衰老 牛肚+南瓜　排毒止痛	相克	牛肚+白酒　导致上火

 1.洗净的湖南椒切小块；洗好的西芹切小段；洗净的朝天椒切圈；熟牛肚切粗条。

 2.油锅爆香朝天椒、姜片，放入牛肚炒匀，倒入蒜末、湖南椒、西芹段，炒匀。

 3.加入适量料酒、生抽，注入适量清水，加入盐、鸡粉，炒匀。

 4.加入芝麻油炒匀，放入备好的葱段，翻炒约2分钟至入味即可。

小贴士	牛肚含有胆固醇、钾、磷、钙、钠、维生素A、维生素B、维生素E及烟酸等营养成分，具有健脾止泻、益气补血、补虚益精等功效。

308

凉拌牛百叶

材料	牛百叶350克，胡萝卜75克，花生碎55克，荷兰豆50克，蒜末20克	**调料**	盐、鸡粉各2克，白糖4克，生抽4克，芝麻油、食用油各少许

相宜	花生+红枣　健脾、止血 花生+猪蹄　补血催乳	**相克**	花生+蕨菜　腹泻、消化不良

 1.洗净去皮的胡萝卜切细丝；洗好的牛百叶切片；洗净的荷兰豆切成细丝。

 2.锅中注水烧开，倒入牛百叶，煮约1分钟，捞出；加入食用油、胡萝卜、荷兰豆，焯断生，捞出。

 3.取一盘，盛入部分胡萝卜、荷兰豆垫底；取碗，倒入牛百叶，放入余下的胡萝卜、荷兰豆。

 4.加盐、白糖、鸡粉、蒜末，淋入生抽、芝麻油，加入花生碎，拌入味即可。

小贴士　牛百叶含有蛋白质、维生素B_1、维生素B_2、烟酸、钙、磷、铁等营养成分，具有补益脾胃、补气养血、补虚益精等功效。

回锅牛筋

材料	牛筋块150克，青椒、红椒各30克，花椒、八角、姜片、蒜末、葱段各少许	调料	盐2克，鸡粉2克，生抽6毫升，豆瓣酱10克，料酒3毫升，水淀粉8毫升，食用油适量

相宜	牛筋+鸡蛋　延缓衰老 牛筋+南瓜　排毒止痛	相克	牛筋+白酒　导致上火

1.洗净的青椒、红椒切开，去籽，切小块；锅中注水烧开，加盐，倒入牛筋，煮约1分钟，捞出。

2.油锅爆香花椒、八角、姜片、蒜末、葱段，放入青椒、红椒，炒匀，倒入牛筋，炒匀炒香。

3.淋入生抽，放入豆瓣酱，炒匀，淋入料酒，炒香，倒入清水，炒匀。

4.加盐、鸡粉，炒匀调味，煮至食材入味，用水淀粉勾芡即可。

小贴士	牛筋含有胶原蛋白、灰分、钠、磷、钾、镁等营养成分，具有益气补虚、温中暖中、强筋壮骨等功效。

酱爆大葱羊肉

材料	羊肉片130克，大葱段70克，黄豆酱30克	调料	盐、鸡粉、白胡椒粉各1克，生抽、料酒、水淀粉各5毫升，食用油适量

相宜	羊肉+生姜　对腹痛有食疗作用 羊肉+香椿　缓解风湿性关节炎	相克	羊肉+荞麦　功效相反

 1.羊肉片装碗，加盐、料酒、白胡椒粉、水淀粉、食用油，腌渍10分钟至入味。

 2.热锅注油，倒入腌好的羊肉，炒约1分钟至转色。

 3.倒入黄豆酱，放入大葱，翻炒出香味。

 4.加入鸡粉、生抽，炒约1分钟至入味即可。

小贴士　羊肉含有蛋白质、B族维生素、磷、铁、钙等营养成分，具有益气补血、补虚温中、补肝明目等功效。

红焖羊肉

材料	白萝卜60克，胡萝卜40克，羊肉300克，大蒜籽、葱段、姜片、香叶、桂皮、八角、草果、沙姜各适量
调料	鸡粉2克，盐3克，老抽3毫升，生抽5毫升，料酒5毫升，水淀粉6毫升，食用油适量

相宜	白萝卜+羊肉　降低血脂 白萝卜+猪肉　消食、除胀、通便
相克	白萝卜+人参　降低营养价值

1.处理好的羊肉切成小块；洗净去皮的胡萝卜切滚刀块；洗净去皮的白萝卜切滚刀块。

2.油锅爆香葱段、大蒜籽、姜片，放入羊肉炒转色，淋入料酒、生抽，翻炒均匀。

3.加入香叶、桂皮、八角、草果、沙姜，翻炒片刻，注入清水，加适量老抽、盐，煮入味。

4.倒入胡萝卜、白萝卜，续煮至食材熟透，捡出香料，加入鸡粉，淋入水淀粉翻炒收汁即可。

小贴士　　白萝卜含有维生素、糖类、纤维素、胡萝卜素等营养成分，具有帮助消化、通便排气、排毒瘦身等功效。

红酒炖羊排

材料 羊排骨段300克，芋头180克，胡萝卜块120克，芹菜50克，红酒180毫升，蒜头、姜片、葱段各少许

调料 盐2克，白糖、鸡粉各3克，生抽5毫升，料酒6毫升，食用油适量

相宜 芋头+鲫鱼　治疗脾胃虚弱
芋头+芹菜　补气虚、增食欲

相克 芋头+香蕉　引起腹胀

1.去皮洗净的芋头切小块；洗净的芹菜切长段；热锅注油烧热，倒入芋头块炸出香味，捞出。

2.锅中注水烧开，倒入洗净的羊排骨段，淋入料酒，汆去血水，捞出，沥干水分。

3.用油起锅，倒入羊肉炒匀，放入蒜头、姜片、葱段，爆香，加入红酒，倒入清水，煮熟软。

4.倒入芋头、胡萝卜块，加盐、白糖、生抽调味，撇去浮沫，续煮入味，倒入芹菜段，撒上鸡粉，炒匀即成。

小贴士 芋头含有淀粉、糖类、维生素B$_1$、膳食纤维、钙、磷、铁、钾等营养成分，具有补充营养、增强免疫力、补中益气等功效。

韭菜炒羊肝

材料	韭菜120克，姜片20克，羊肝250克，红椒45克	调料	盐3克，鸡粉3克，生粉5克，料酒16毫升，生抽4毫升

相宜	羊肝+菠菜　促使恢复活力 羊肝+枸杞　养肝明目	相克	羊肝+毛豆　破坏营养成分的吸收

 1.洗好的韭菜切段；洗净的红椒切成条；处理干净的羊肝切成片。

 2.羊肝中加姜片、料酒、盐、鸡粉、生粉，腌渍入味，入沸水锅，汆去血水，捞出。

 3.用油起锅，倒入羊肝略炒，淋入料酒，加入生抽，翻炒均匀。

 4.倒入韭菜、红椒，加入适量盐、鸡粉，炒至食材熟透即可。

小贴士　　羊肝含有的维生素B$_2$是人体新陈代谢时许多酶和辅酶的组成部分，能促进机体的代谢。此外，羊肝含铁量丰富，有补血益气、增强免疫力、强身健体的作用。

土豆炖羊肚

材料	羊肚500克，土豆300克，红椒15克，桂皮、八角、花椒、葱段、姜片各少许	调料	盐2克，鸡粉3克，水淀粉、生抽、蚝油、料酒各适量

相宜	羊肚+山药 治疗脾胃虚弱 羊肚+葱 补脾健胃	相克	羊肚+杨梅 不利于健康

 1.锅中注水烧开，放入羊肚，淋入料酒，略煮一会儿，捞出。

 2.另起锅，注入清水，放入羊肚，加入葱段、八角、桂皮，淋入料酒，汆去异味，捞出放凉，切成小块。

 3.洗净的红椒切小块；洗好去皮的土豆切滚刀块；油锅爆香姜片、葱段，放入羊肚、花椒，炒匀。

 4.淋入料酒，注入清水，加生抽、盐、蚝油、土豆，炖熟，倒入红椒，加入鸡粉、水淀粉、葱段，炒匀即可。

小贴士
羊肚含有蛋白质、烟酸、钙、磷、镁等营养成分，具有益气补血、健脾养胃、增强免疫力等功效。

尖椒炒羊肚

材料	羊肚500克，青椒20克，红椒10克，胡萝卜50克，姜片、葱段、八角、桂皮各少许	调料	盐2克，鸡粉3克，胡椒粉、水淀粉、料酒、食用油各适量

相宜	胡萝卜+香菜　　开胃消食 胡萝卜+绿豆芽　　排毒瘦身	相克	胡萝卜+柠檬　破坏维生素C

1.洗净去皮的胡萝卜切丝；洗好的红椒、青椒切丝；锅中注水烧开，倒入羊肚，淋入料酒，略煮片刻，捞出。

2.另起锅，注入清水，放入羊肚、葱段、八角、桂皮、料酒，略煮片刻后捞出放凉，切成丝。

3.用油起锅，放入姜片、葱段，爆香，倒入胡萝卜、青椒、红椒，炒匀。

4.放入切好的羊肚，炒匀，加入料酒、盐、鸡粉、胡椒粉、水淀粉，炒匀即可。

小贴士　　羊肚含有蛋白质、维生素B$_1$、烟酸、钙、磷、镁等营养成分，具有增强免疫力、健脾养胃、固表止汗等功效。

红烧羊肚

材料	熟羊肚200克，竹笋100克，水发香菇10克，青椒、红椒、姜片、葱段各少许	调料	盐2克，鸡粉3克，料酒5毫升，生抽、水淀粉、食用油各适量

相宜	竹笋+猪腰　补肾利尿 竹笋+鸡肉　暖胃益气、补精填髓	相克	竹笋+豆腐　易形成结石

 1.洗净的青椒、红椒切成小块；洗净的香菇切去蒂部，再切成小块；洗好去皮的竹笋切片。

 2.将熟羊肚切成块；锅中注水烧开，倒入笋片，略煮一会儿，捞出。

 3.用油起锅，放入姜片、葱段，倒入青椒、红椒、香菇，炒匀，倒入竹笋、羊肚，翻炒匀。

 4.淋入料酒，炒匀，加入盐、鸡粉、生抽、拌匀，倒入水淀粉，炒匀即可。

小贴士　　羊肚含有蛋白质、维生素E、钙、磷、镁等营养成分，具有益气补血、健脾养胃、增强免疫力等功效。

孜然羊肚

材料	熟羊肚200克，青椒25克，红椒25克，姜片、蒜末、葱段各少许	调料	孜然2克，盐2克，生抽5毫升，料酒10毫升，食用油适量

相宜	羊肚+山药 治疗脾胃虚弱 羊肚+葱 补脾健胃	相克	羊肚+红豆 引起身体不适

1.将羊肚切成条状；洗好的红椒、青椒切开，去籽，再切成丝，改切成粒。

2.锅中注水烧开，倒入羊肚，煮半分钟，汆去杂质，捞出，沥干水分。

3.油锅爆香姜片、蒜末、葱段，放入青椒、红椒，翻炒均匀，倒入羊肚，翻炒片刻。

4.淋入料酒，炒匀，放入盐、生抽，翻炒匀，加入少许孜然粒，炒出香味即可。

小贴士	羊肚含有蛋白质、脂肪、钙、磷、铁、维生素B_1、维生素B_2、烟酸等营养成分，具有补虚、健脾胃、增强免疫力等功效。

PART

5

鲜嫩禽蛋

　　禽类和蛋类富含蛋白质和脂肪，能够增强体力、润肠益胃、补血强身。禽蛋类食材做成的家常菜既美味又营养，不管是蒸、煮，还是煎、炸、炖、炒，禽蛋食材都能够做成好吃的菜肴。本章为您介绍鲜嫩禽蛋菜肴，保证是餐桌上最受欢迎的家常菜。

处理鸡肉、鸡蛋小窍门

　　鸡肉、鸡蛋都富含蛋白质，能补充身体所需的各种营养，但是吃鸡肉和鸡蛋能更有营养呢，这也有小窍门哦。

● 鸡肉部位分档烹饪法 ●

　　鸡肉主要分为鸡里脊、鸡脯肉、板栗肉、鸡翅、鸡腿、鸡爪。

　　①鸡里脊又称"鸡柳"，是紧贴鸡胸骨的两条肌肉，外与鸡脯肉紧贴，内有一条筋，它是鸡身上最细嫩的一块肉。适宜于切丝、条、片、蓉等形状，可用炸、炒、爆、熘等烹调方法。

　　②鸡脯肉是紧贴鸡里脊的两块肉，是鸡全身最厚、最大的两块整肉。肉质细嫩，筋膜少，其应用与里脊相同。

　　③板栗肉是位于大腿根部上前方，脊背两侧各一块，近似圆形的一小块肉。因其近似板栗，大小也似板栗，但比板栗薄，故得名。该肉细嫩无筋，适宜于爆、炒等烹调方法。

　　④鸡翅又称凤翅，皮较多，肉质较嫩，可用于烧、煮、卤、酱、炸、焖等烹调方法。

　　⑤鸡腿骨较粗硬、肉厚，适宜于烧、扒、炖、煮等烹调方法。

　　⑥鸡爪又称凤爪，除骨外皆为皮筋，胶原蛋白质含量多，可用于酱、卤等烹调方法。

● 保持鸡蛋口感最佳的烹调方法 ●

　　鸡蛋是一种既简单又营养的食物，然而想要把鸡蛋做得很好吃，也需要一些技巧。

　　煮鸡蛋：鸡蛋应该冷水下锅，慢火升温，沸腾后微火煮3分钟，停火后再浸泡5分钟。这样煮出来的鸡蛋蛋清嫩，蛋黄凝固又不老，蛋白变性程度最佳，也最容易消化。而煮沸时间超过10分钟的鸡蛋，不但口感变老，维生素损失大，蛋白质也会变得难消化。

　　煮荷包蛋：水沸时打入鸡蛋，转至小火煨熟。咸味的荷包蛋中可以加入西红柿、青菜等，甜味的还可以加上酒酿、红枣、枸杞等配料。

　　煎荷包蛋：最好用小火，油也要少。有的人喜欢把蛋清煎得焦脆，这样不但会损失营养，还有可能产生致癌物。最好只煎一面，蛋清凝固即可。

　　鸡蛋羹：不要在搅拌鸡蛋的时候放入油或盐，因为那样容易使蛋胶质受到破坏，蒸出来的蛋羹又粗又硬。也不要用力搅拌，略搅几下，保证搅均匀就上锅蒸。另外，蒸蛋羹时加入少许牛奶，能让其口感更滑嫩，营养含量也更高。

　　摊鸡蛋：用油要少，最好用中火。蛋饼如果摊厚一点，更有利于保存营养。

　　炒鸡蛋：最好用中火，忌用大火，否则会损失大量营养，还会让鸡蛋变硬。但火太小了也不行，因为时间长了水分丢失多，摊出的鸡蛋发干，会影响质感。

茶树菇腐竹炖鸡肉

材料 光鸡400克，茶树菇100克，腐竹60克，姜片、蒜末、葱段各少许

调料 豆瓣酱6克，盐3克，鸡粉2克，料酒、生抽各5毫升，水淀粉、食用油各适量

相宜 鸡肉+枸杞　补五脏、益气血
鸡肉+人参　止渴生津

相克 鸡肉+芥菜　影响身体健康

1.将光鸡斩成小块；洗净的茶树菇切成段；锅中注水烧热，倒入鸡块，煮片刻捞出。

2.起油锅，倒入腐竹，炸至虎皮状，捞出浸水中，泡软后待用；油锅爆香姜片、蒜末、葱段。

3.倒入鸡块炒断生，淋入料酒炒香，放入生抽、豆瓣酱，翻炒几下，加盐、鸡粉，炒匀调味。

4.注入清水，倒入腐竹炒匀，煮熟透，倒入茶树菇，续煮约1分钟，倒入水淀粉勾芡即成。

小贴士 茶树菇含有多种氨基酸、菌蛋白、糖类等营养成分。此外，它还含有B族维生素和多种矿物质，糖尿病患者食用茶树菇，能提高胰岛素对糖类物质的消化率，从而降低血糖。

榛蘑辣爆鸡

材料	鸡块235克，水发榛蘑35克，八角2个，花椒10克，桂皮5片，干辣椒10克，姜片少许	调料	盐、鸡粉各2克，白糖3克，料酒、生抽、老抽、辣椒油、花椒油各5毫升，水淀粉、食用油各适量

相宜	花椒+粳米　辅助治疗牙痛 花椒+羊肉　可提高营养价值	相克	花椒+咖啡　对身体不利

1.锅中注水烧开，放入洗净的鸡块，余煮片刻，盛出。

2.油锅爆香八角、花椒、桂皮、姜片、干辣椒，倒入鸡块，加入料酒、生抽、老抽，炒匀。

3.放入洗净的榛蘑，炒匀，注入清水，加盐，大火煮开后转小火煮30分钟至食材熟透。

4.加鸡粉、白糖、水淀粉、辣椒油、花椒油，拌入味即可。

小贴士　榛蘑含有蛋白质、糖类、胡萝卜素、膳食纤维、钾、磷、镁、铁、锌等营养成分，具有益气补血、延缓衰老、促进消化等功效。

花椒鸡

材料	鸡肉块300克，花椒10克，洋葱90克，青椒50克，姜片、葱段各少许	调料	盐2克，鸡粉3克，料酒8毫升，生抽4毫升，老抽2毫升，水淀粉3毫升，食用油适量

相宜	洋葱+鸡肉　延缓衰老 洋葱+猪肉　滋阴润燥	相克	洋葱+蜂蜜　对眼睛不利

 1.将洗净的洋葱切小块；洗净的青椒切开，去籽，切小块。

 2.锅中注水烧开，倒入鸡肉块，汆去血水，捞出，沥干水分，待用。

 3.油锅爆香花椒、姜片、葱段，倒入鸡肉块，放入料酒、生抽、老抽，炒匀。

 4.加清水焖10分钟，放入洋葱、青椒炒匀，放盐、鸡粉调味，加水淀粉勾芡即可。

小贴士	鸡肉含有蛋白质、脂肪、硫胺素、维生素B_2、尼克酸、钙、磷、铁等多种成分，具有温中益气、补肾填精等作用。

三味南瓜鸡

材料	鸡肉750克，去皮南瓜300克，洋葱100克，陈皮、郁金、香附各5克，姜片、葱段各少许	调料	盐1克，生抽、料酒各5毫升，水淀粉、冰糖各少许，食用油适量

相宜	南瓜+牛肉　补脾健胃、解毒止痛 南瓜+绿豆　清热解毒、生津止渴	相克	南瓜+带鱼　不利营养物质的吸收

 1.洗净的南瓜切大块；洗好的洋葱切片；锅中注水烧开，倒入鸡肉，加入料酒，汆去血水，捞出。

 2.砂锅中注水，倒入陈皮、郁金、香附，拌匀，用大火煮30分钟，盛出药汁，滤掉药渣。

 3.油锅爆香葱段、姜片，加洋葱、鸡肉、料酒、生抽，炒匀，倒入药汁，放入南瓜。

 4.加清水、盐拌匀，焖30分钟，倒入冰糖，续煮至食材入味，用水淀粉勾芡即可。

小贴士	南瓜含有淀粉、蛋白质、胡萝卜素、B族维生素、维生素C、钙、磷等营养成分，具有润肺益气、美容养颜、止咳止喘、预防便秘等功效。

麻油鸡

材料	鸡肉块400克，水发花菇40克，姜片少许	调料	盐、鸡粉各2克，料酒6毫升，芝麻油少许

相宜	花菇+鸡肉 营养全面、增强食欲 花菇+鸭肉 滋阴补虚	相克	花菇+香蕉 影响营养吸收

1.洗净的花菇对半切开；锅中注水烧开，倒入鸡肉块，氽去血水，撇去浮沫，捞出，沥干水分。

2.锅中注入芝麻油烧热，放入姜片爆香，倒入鸡肉块，炒香，淋入料酒，炒匀。

3.放入花菇炒香，注入清水，烧开后用小火煮约40分钟。

4.加盐调味，用小火续煮约5分钟，加入鸡粉，拌匀，转大火收汁即可。

小贴士　花菇含有粗纤维、维生素C、烟酸、钙、磷、铁等营养成分，具有调节新陈代谢、帮助消化、降血压、增强免疫力等功效。

李子果香鸡

材料	鸡肉块400克，李子160克，土豆180克，洋葱40克，红椒片15克，八角、姜片各少许	调料	盐2克，生抽4毫升，料酒、食用油各少许

相宜	李子+香蕉　美容养颜 李子+绿茶　清热利湿、活血利水	相克	李子+雀肉　降低营养价值

1.洗净去皮的土豆切滚刀块；洗好的洋葱切成片。

2.锅中注水烧开，倒入鸡肉快，汆去血渍，捞出材料，沥干水分，待用。

3.油锅爆香八角、姜片，倒入鸡肉，淋入料酒、生抽，炒匀，注入清水，放入李子煮沸，撇去浮沫。

4.加盐拌匀，放入土豆，用小火焖约20分钟，倒入红椒片、洋葱，用大火炒至熟软即可。

小贴士　土豆含有蛋白质、纤维素、维生素B_1、维生素B_2、维生素B_6、泛酸及多种矿物质，具有延缓衰老、健脾和胃、益气调中等功效。

香辣田螺鸡

材料	鸡腿块300克，田螺200克，八角、干辣椒、姜片、葱段、蒜末各少许	调料	盐3克，鸡粉2克，料酒10毫升，生抽、老抽各3毫升，豆瓣酱、水淀粉、芝麻油、食用油各适量

相宜	田螺+葡萄酒　除湿解毒、清热利水 田螺+蒜　　　清热解毒、利尿	相克	田螺+柿子　影响消化

1.锅中注水烧开，倒入洗好的鸡腿块，拌匀，余去血水，撇去浮沫，捞出。

2.另起锅，注水烧开，倒入田螺，加盐、料酒，煮约1分钟，撇去浮沫，捞出。

3.油锅爆香八角、干辣椒、姜片、葱段、蒜末，倒入鸡块，淋入料酒、生抽，炒匀，倒入田螺，炒香。

4.加入豆瓣酱、老抽，注入清水，炒匀，加盐、鸡粉，煮至食材熟透，用水淀粉勾芡，淋入芝麻油调味即可。

小贴士　鸡肉含有蛋白质、B族维生素、维生素E、钙、磷、铁等营养成分，具有温中补脾、益气养血、补肾益精等功效。

辣酱鸡

材料	鸡腿200克，洋葱50克，彩椒10克，黄油15克，奶油15克，辣椒粉10克，鸡汤200毫升	调料	盐3克，鸡粉2克，料酒、胡椒粉各适量

相宜	鸡腿+金针菇　增强记忆力 鸡腿+板栗　补肝养肾	相克	鸡腿+菊花　影响营养吸收

1.取一盘，放入鸡腿，加盐、料酒，腌渍15分钟；洗净的洋葱切片；洗好的红椒切片。

2.热锅中倒入黄油，使其溶化，放入鸡腿，炸至两面呈金黄色，装盘。

3.用油起锅，倒入洋葱，炒香，加入红椒、辣椒粉、胡椒粉，炒匀，放入鸡腿，倒入鸡汤。

4.加入盐，拌匀，小火焖20分钟至熟，关火后倒入奶油，搅拌均匀即可。

小贴士　鸡腿肉含有蛋白质、不饱和脂肪酸、维生素D、维生素K、磷、铁、铜、锌等营养成分，具有增强免疫力、健脾胃、活血脉、强筋骨等功效。

黄焖鸡

材料 鸡肉块350克，水发香菇160克，水发木耳90克，水发笋干110克，干辣椒、姜片、蒜头、葱段各少许，啤酒600毫升

调料 盐3克，鸡粉少许，蚝油6克，料酒4毫升，生抽5毫升，水淀粉、食用油各适量

相宜 香菇+莴笋　利尿通便、降压降脂
香菇+西蓝花　润肺化痰、滋补元气

相克 香菇+鹌鹑肉　不利于健康

 1.将洗净的笋干切段；油锅爆香姜片、蒜头、葱白，倒入鸡肉块炒断生，淋上料酒炒香。

 2.放入洗净的香菇，倒入笋干，撒上干辣椒，炝出辣味，再倒入啤酒，拌匀。

 3.加盐、生抽、蚝油调味，焖至鸡肉入味，倒入洗净的木耳，煮约15分钟。

 4.加入鸡粉，炒匀，撒上葱叶炒断生，用水淀粉勾芡，转大火，炒至汤汁收浓即可。

小贴士 香菇含有叶酸、膳食纤维、维生素B$_2$、烟酸、钙、磷、钾、钠、镁、铁等营养成分，具有益气补血、健脾利湿、理气化痰等功效。

蒜子陈皮鸡

材料	鸡腿250克，彩椒120克，鸡腿菇50克，水发陈皮6克，蒜头30克，姜片、葱段各少许	调料	生抽12毫升，盐4克，鸡粉4克，水淀粉8毫升，料酒10毫升，食用油适量

相宜	鸡腿菇+鸡腿　养血补血 鸡腿菇+竹荪　促进营养素吸收	相克	鸡腿菇+绿豆　影响营养吸收

1.洗净的鸡腿菇切小块；洗好的彩椒切小块；鸡腿切小块，加生抽、盐、鸡粉、料酒、水淀粉，抓匀上浆。

2.锅中注水烧开，倒入食用油、盐、鸡腿菇，略煮；倒入彩椒煮断生，捞出。

3.将蒜头油炸至微黄色，捞出；将鸡块油炸至变色，捞出；油锅爆香姜片、葱段。

4.放入陈皮、蒜头、鸡块，炒匀，淋入料酒，倒入鸡腿菇、彩椒，加盐、鸡粉、生抽、水淀粉炒入味即可。

小贴士	陈皮含有挥发油、橙皮苷、川陈皮素、柠檬烯、肌醇等成分，具有理气健脾、燥湿化痰等功效，适用于胸脘胀满、食少吐泻、咳嗽多痰等症。

蜀香鸡

材料	鸡翅根350克，鸡蛋1个，青椒15克，干辣椒5克，花椒3克，蒜末、葱花各少许	调料	盐、鸡粉各2克，豆瓣酱8克，辣椒酱12克，料酒4毫升，生抽5毫升，生粉、食用油各适量
相宜	鸡蛋+西红柿　滋阴润燥、养血抗衰 鸡蛋+丝瓜　　清暑凉血、润肤美容	相克	鸡蛋+味精　影响口感

1.将洗净的青椒切圈；洗好的鸡翅根斩成小块；鸡蛋打入碗中，制成蛋液。

2.鸡块中加蛋液、盐、鸡粉、生粉，拌匀挂浆，腌渍入味，再用油炸至其金黄色，捞出。

3.油锅爆香蒜末、干辣椒、花椒，倒入青椒圈，放入鸡块，翻炒匀。

4.淋上少许料酒，加入豆瓣酱、生抽、辣椒酱调味，撒上葱花，炒出葱香味即成。

小贴士	鸡蛋含有丰富的卵磷脂、固醇类、蛋黄素、维生素及钙、磷、铁等营养成分，人体的消化吸收率高，对增进神经系统的功能大有裨益，是较好的健脑食品。

麻辣干炒鸡

材料	鸡腿300克，干辣椒10克，花椒7克，葱段、姜片、蒜末各少许	调料	盐2克，鸡粉1克，生粉6克，料酒4毫升，生抽5毫升，辣椒油6毫升，花椒油5毫升，五香粉2克，食用油适量
相宜	花椒+猪肉　有助于营养物质的消化 花椒+羊肉　可提高营养价值	相克	花椒+咖啡　对身体不利

 1.将洗净的鸡腿斩成小件，加盐、鸡粉、生抽、生粉、食用油，腌渍10分钟。

 2.锅中注油烧热，倒入鸡块，拌匀，捞出炸好的鸡块，沥干油，待用。

 3.锅底留油烧热，放入葱段、姜片、蒜末、干辣椒、花椒，爆香，倒入鸡块，炒匀。

 4.淋入料酒、生抽炒匀，加入盐、鸡粉调味，倒入辣椒油、花椒油，撒上五香粉，翻炒片刻即可。

小贴士　　鸡腿肉的蛋白质含量较高，而且消化率高，很容易被人体吸收利用，具有增强免疫力、温中益气、强壮身体、健脾胃等作用。

重庆芋儿鸡

材料 小芋头300克，鸡肉块400克，干辣椒、葱段、花椒、姜片、蒜末各适量

调料 盐2克，鸡粉2克，水淀粉10毫升，豆瓣酱10克，料酒8毫升，生抽4毫升，食用油适量

相宜 芋头+大枣　补血养颜
芋头+鲫鱼　治疗脾胃虚弱

相克 芋头+香蕉　引起腹胀

1.锅中注水烧开，放入鸡肉块，氽去血水，捞出；热锅注油烧热，倒入洗净去皮的小芋头，炸至微黄色，捞出。

2.油锅爆香干辣椒、葱段、花椒、姜片、蒜末，倒入鸡块，翻炒片刻。

3.放入豆瓣酱，淋入生抽、料酒，炒匀上色，倒入小芋头、清水煮沸，放入盐、鸡粉调味。

4.焖15分钟，倒入适量水淀粉，翻炒片刻，使食材更入味即可。

小贴士 芋头含有蛋白质、钙、磷、铁、钾、镁、胡萝卜素、维生素C、烟酸等营养成分，具有益胃健脾、宽肠通便、补益肝肾、消肿止痛等功效。

歌乐山辣子鸡

材料	鸡腿肉300克，干辣椒30克，芹菜12克，彩椒10克，葱段、蒜末、姜末各少许	调料	盐3克，鸡粉少许，料酒4毫升，辣椒油、食用油各适量

相宜	芹菜+核桃　美容养颜和抗衰老 芹菜+虾　　增强免疫力	相克	芹菜+黄瓜　破坏维生素C

1.将洗净的鸡腿肉斩开，改切小块；洗好的芹菜斜刀切段；洗净的彩椒切菱形片。

2.热锅注油烧热，倒入鸡块炸至食材断生后捞出；油锅爆香姜末、蒜末、葱段。

3.倒入鸡块炒匀，淋入料酒炒香，放入干辣椒，炒出辣味，加盐、鸡粉调味。

4.倒入芹菜和彩椒，炒匀炒透，淋入辣椒油，炒入味即可。

小贴士	鸡肉含有蛋白质、脂肪、硫胺素、维生素B$_2$、尼克酸、维生素A以及钙、磷、铁等多种成分，有温中益气、养血乌发、滋润肌肤的作用。

左宗棠鸡

材料	鸡腿250克，鸡蛋1个，姜片、干辣椒、蒜末、葱花各少许	**调料**	辣椒油5毫升，鸡粉3克，盐3克，白糖4克，料酒10毫升，生粉30克，白醋、食用油各适量

相宜	鸡蛋+黄花菜　清热解毒、滋阴润肺 鸡蛋+西红柿　滋阴润肺、养血润燥	**相克**	鸡蛋+菠萝　影响蛋白质的吸收

 1.处理干净的鸡腿去除骨头，切成小块，加盐、鸡粉、料酒、蛋黄、生粉，搅匀，腌渍入味。

 2.热锅注油烧热，倒入鸡肉炸至金黄色，捞出，锅底留油，放入蒜末、姜片、干辣椒，爆香。

 3.倒入鸡肉，淋入料酒，炒匀提鲜，放入辣椒油、盐、鸡粉、白糖，翻炒片刻。

 4.淋入少许白醋，倒入葱花，翻炒片刻，使其更入味即可。

小贴士　鸡肉含有蛋白质、维生素B$_1$、维生素B$_2$、烟酸、钙、磷、铁等营养成分，具有健脾养胃、增进食欲、增强免疫力等功效。

莲藕炖鸡

材料	莲藕80克，光鸡180克，姜末、蒜末、葱花各少许	调料	盐3克，鸡粉2克，生抽、料酒各6毫升，白醋10毫升，水淀粉、食用油各适量

相宜	鸡肉+金针菇　增强记忆力 鸡肉+冬瓜　排毒养颜	相克	鸡肉+李子　易引起肠胃不适

 1.将去皮洗净的莲藕切成丁；把鸡肉斩成小块，加盐、鸡粉、生抽、料酒，腌渍入味。

 2.锅中注水烧开，倒入莲藕丁，淋入白醋，煮约1分30秒，捞出；油锅爆香姜末、蒜末。

 3.放入鸡块炒转色，淋上生抽、料酒，炒香，倒入藕丁，注入清水，加盐、鸡粉，翻炒匀。

 4.焖煮约15分钟至全部食材熟透，倒入适量水淀粉勾芡，盛出，撒上葱花即成。

小贴士　莲藕的营养价值很高，其富含铁、钙、植物蛋白、维生素、鞣质等，有补益气血、增强人体免疫力的作用。幼儿食用莲藕不仅有健脾止泻的作用，还能增进食欲、促进消化。

麻辣怪味鸡

材料	鸡肉300克，红椒20克，蒜末、葱花各少许	调料	盐2克，鸡粉2克，生抽5毫升，辣椒油10毫升，料酒、生粉、花椒粉、辣椒粉、食用油各适量
相宜	鸡肉+红豆　提供丰富的营养 鸡肉+黑木耳　降压降脂	相克	鸡肉+芥菜　影响身体健康

 1.将洗净的红椒切成小块；洗好的鸡肉斩成小块。

 2.鸡块中加生抽、盐、鸡粉、料酒、生粉，拌匀，腌渍入味，入油锅稍炒后捞出。

 3.锅底留油烧热，撒上蒜末，炒香，放入红椒块、鸡肉块，炒匀。

 4.倒入花椒粉、辣椒粉、葱花，炒匀，加盐、鸡粉、辣椒油，炒匀即可。

小贴士　鸡肉含有对人体生长发育有重要作用的磷脂类、矿物质及多种维生素，具有增强免疫力、强壮身体、温中益气、补虚填精等功效。

香菇炖腊鸡

材料	香菇65克，腊鸡块170克，姜片、蒜片、花椒各少许	调料	盐、鸡粉各1克，生抽、料酒各5毫升，食用油适量

相宜	香菇+豆腐　有助吸收营养 香菇+马蹄　清热解毒	相克	香菇+鹌鹑　不利于营养吸收

 1.洗净的香菇切小块；沸水锅中倒入香菇，汆煮断生，捞出，沥干水分。

 2.用油起锅，倒入姜片、蒜片、花椒，爆香，倒入腊鸡块炒匀，加入料酒、生抽。

 3.注入适量清水，倒入香菇，炒拌均匀，用大火煮开后，转小火炖30分钟至熟软入味。

 4.加入盐、鸡粉，炒匀调味，盛出炖好的菜肴，装碗即可。

小贴士　腊鸡含有蛋白质、维生素E、B族维生素、钙、铁等成分，具有改善食欲、开胃助食、补虚等作用。

腊鸡炖莴笋

材料	腊鸡块130克，去皮莴笋90克，花椒粒10克，姜片、蒜片、葱段各少许	调料	料酒、生抽各5毫升，盐、鸡粉各2克，胡椒粉3克，食用油适量
相宜	莴笋+猪肉　补脾益气 莴笋+竹笋　辅助治疗肺热痰火	相克	莴笋+蜂蜜　不利于健康

 1.洗净的莴笋切滚刀块；用油起锅，放入花椒粒、姜片、蒜片、葱段，爆香。

 2.倒入腊鸡块，炒匀，加入料酒、生抽，注入清水，拌匀，大火炖约15分钟至腊鸡块变软。

 3.倒入莴笋块拌匀，续炖10分钟至食材熟透。

 4.加入盐、鸡粉、胡椒粉，炒入味即可。

小贴士　　莴笋含有维生素A、胡萝卜素、钾、磷、钠、钙、纤维素等营养成分，具有增强免疫力、清热利尿、宽肠通便等功效。

腊鸡腿烧土豆

材料	腊鸡腿块150克，去皮土豆110克，水发木耳70克，干辣椒15克，姜片少许	调料	盐、鸡粉、胡椒粉各2克，老抽、料酒、生抽各5毫升，食用油适量

相宜	土豆+豆角　除烦润燥 土豆+牛奶　提供全面营养素	相克	土豆+柿子　导致消化不良

1.洗净的土豆切滚刀块。

2.用油起锅，放入干辣椒、姜片爆香，倒入腊鸡腿块，加入料酒、生抽，炒匀。

3.放入土豆块，注入清水，倒入木耳，加入盐拌匀，大火焖约15分钟。

4.加入鸡粉、胡椒粉、老抽，翻炒均匀至入味即可。

小贴士	土豆含有淀粉、粗纤维、钙、磷、铁以及硫胺素、维生素B$_2$、尼克酸、膳食纤维等营养成分，具有调理肠胃、益气调中、抗衰老等功效。

白果鸡丁

材料	鸡胸肉300克，彩椒60克，白果120克，姜片、葱段各少许
调料	盐适量，鸡粉2克，水淀粉8克，生抽、料酒、食用油少许

相宜	白果+苹果　生津止渴、润肺止咳 白果+鸡肉　补虚止喘
相克	白果+鳗鱼　影响人体健康

 1.洗净的彩椒切小块；洗好的鸡胸肉切成丁，加盐、鸡粉、水淀粉、食用油，腌渍入味。

 2.锅中注水烧开，加入盐、食用油、白果，煮半分钟，加入彩椒块，再煮半分钟，捞出。

 3.起油锅，倒入鸡肉丁炸至变色，捞出；锅底留油，放入姜片、葱段，爆香。

 4.倒入白果、彩椒、鸡肉丁，淋入料酒，炒匀，加盐、鸡粉、生抽、水淀粉，炒匀即可。

小贴士　白果含有白果醇、白果酸，具有杀菌、化痰、止咳、补肺、通经、利尿等功效。

酱爆鸡丁

材料	鸡脯肉350克，黄瓜150克，彩椒50克，姜末10克，蛋清20克	调料	老抽5毫升，黄豆酱10克，水淀粉5毫升，生粉3克，白糖2克，鸡粉2克，料酒5毫升，盐、食用油各适量
相宜	黄瓜+鱿鱼　增强人体免疫力 黄瓜+大蒜　排毒瘦身	相克	黄瓜+花菜　破坏维生素C

1.洗净的黄瓜切条去瓤，切成丁；洗净的彩椒去籽，切块；处理好的鸡肉切丁。

2.鸡肉中加盐、料酒、蛋清、鸡粉、食用油，腌渍入味；起油锅，倒入鸡肉，搅匀，倒入黄瓜、彩椒，滑油后捞出。

3.锅底留油烧热，倒入姜末，炒香，放入黄豆酱，炒匀，注入清水，加入白糖、鸡粉，搅匀。

4.倒入鸡丁、黄瓜、彩椒，炒匀，加入老抽、水淀粉，快速翻炒，大火收汁即可。

小贴士	鸡肉含有维生素A、维生素B₂、硫胺素、蛋白质、脂肪等成分，具有补中益气、增强免疫力、补肾益精等功效。

西红柿炒鸡肉

材料	鸡胸肉145克，苹果50克，西红柿130克，蒜末、葱花各少许	调料	盐4克，白糖5克，黑胡椒粉2克，料酒10毫升，生粉20克，水淀粉5毫升，橄榄油15毫升，番茄酱适量
相宜	鸡肉+柠檬　增进食欲 鸡肉+红豆　提供丰富的营养	相克	鸡肉+菊花　影响营养吸收

1.洗净的鸡胸肉拍出条形纹路，加盐、黑胡椒粉、生粉，涂抹均匀，腌渍入味。

2.洗净的苹果去皮，切小块；洗好的西红柿切瓣，去皮，切小块。

3.锅置火上，倒入橄榄油烧热，放入鸡胸肉，煎至两面微黄，取出，切粗条；锅中注入橄榄油，倒入蒜末爆香，放入鸡肉条炒匀。

4.加料酒，注入清水，倒入苹果、番茄酱、西红柿，加白糖、盐、水淀粉炒匀，盛出撒上葱花即可。

小贴士	鸡肉含有蛋白质、卵磷脂、维生素E、钙、铁等营养成分，具有温中益气、补虚填精、健脾胃、活血脉、强筋骨等功效。

粉蒸鸡块

材料	鸡块255克，五香蒸肉米粉125克，姜末、葱花各少许	调料	料酒5毫升，白胡椒粉2克，生抽5毫升，老抽3毫升，盐3克，鸡粉2克

相宜	鸡肉+冬瓜　排毒养颜 鸡肉+板栗　增强造血功能	相克	鸡肉+芥菜　影响身体健康

1.取一个碗，倒入鸡块、姜末，放入料酒、生抽、盐、老抽，再放入鸡粉、白胡椒粉，腌渍10分钟。

2.将蒸肉米粉倒入鸡块中，搅拌均匀，备好一个蒸盘，将拌好的鸡块装入，待用。

3.电蒸锅注入适量清水烧开，放入鸡块，盖上锅盖，将时间设为20分钟。

4.待20分钟后掀开锅盖，取出蒸盘，撒上备好的葱花即可食用。

小贴士　鸡肉含有维生素E、蛋白质、脂肪、矿物质等成分，具有增强免疫力、滋阴补肾、助温生热等功效。

蚝油黄蘑鸡块

材料	鸡块300克，水发黄蘑150克，姜片、蒜片、香菜碎各少许

调料	盐3克，鸡粉少许，蚝油6克，老抽3毫升，料酒5毫升，生抽6毫升，水淀粉、食用油各适量

相宜	鸡肉+冬瓜　排毒养颜 鸡肉+板栗　增强造血功能

相克	鸡肉+芥菜　影响身体健康

1.将洗净的黄蘑切段；用油起锅，倒入洗净的鸡块，炒匀，至其转色。

2.撒上姜片、蒜片，炒香，淋上料酒，炒匀，放入生抽、蚝油，翻炒几下，倒入切好的黄蘑。

3.炒匀，加入老抽，炒匀上色，注入清水，加入盐，拌匀，烧开后转小火焖至食材熟透。

4.加鸡粉调味，再用水淀粉勾芡，至汤汁收浓，盛在盘中，摆好盘，点缀上香菜碎即可。

小贴士	鸡肉含有蛋白质、维生素E、卵磷脂以及钙、磷、铁等营养成分，具有温中益气、补虚填精、健脾胃、活血脉、强筋骨等功效。

橙汁鸡片

材料	鸡胸肉300克，橙汁80毫升，洋葱、红椒各30克，蒜末、葱花各少许	调料	盐、鸡粉各2克，白糖6克，料酒3毫升，水淀粉、食用油各适量

相宜	鸡胸肉+冬瓜　排毒养颜 鸡胸肉+板栗　增强造血功能	相克	鸡胸肉+菊花　影响营养吸收

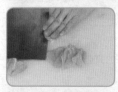
1.洗好的红椒去籽，再成丁；洗净去皮的洋葱切成丁；洗好的鸡胸肉切开，再切片。

2.鸡肉片中加盐、鸡粉、水淀粉、食用油，腌渍约10分钟至食材入味。

3.油锅爆香蒜末，放入洋葱丁、红椒丁，翻炒片刻，倒入鸡肉片炒匀，淋入料酒，炒香、炒透。

4.注入清水，翻动几下，倒入橙汁炒匀，加入白糖，炒至糖分溶化，盛出，撒上葱花即成。

小贴士　　鸡胸肉的蛋白质含量较高，而且很容易被人体吸收利用，有增强体力、强壮身体的作用。此外，鸡胸肉还含有对儿童生长发育有重要作用的磷脂类，有促进脑力发育和增高助长的作用，儿童可以适量食用。

三油西芹鸡片

材料	鸡胸肉170克，西芹100克，花生碎30克，葱花少许	调料	盐2克，鸡粉2克，料酒7毫升，生抽4毫升，辣椒油6毫升

相宜	西芹+西红柿　降低血压 西芹+核桃　　美容养颜和抗衰老	相克	西芹+黄豆　营养铁的吸收

 1.锅中注水烧热，倒入鸡胸肉，淋入料酒，烧开后用中火煮熟，捞出鸡肉，放凉。

 2.洗好的西芹用斜刀切段；把放凉的鸡胸肉切成片；锅中注水烧开，倒入西芹煮熟，捞出。

 3.取一个小碗，加盐、鸡粉、生抽、辣椒油，倒入花生碎，撒上葱花，拌匀，调成味汁。

 4.另取一个盘子，倒入西芹，摆放整齐，放入鸡肉，摆放好，再浇上味汁即可。

小贴士	西芹含有糖类、膳食纤维、芳芝麻油及多种维生素、矿物质，具有平肝清热、祛风利湿、降血压等功效。

香菇口蘑烩鸡片

材料	鸡胸肉230克，香菇45克，口蘑65克，彩椒20克，姜片、葱段各少许	调料	盐、鸡粉各2克，胡椒粉1克，水淀粉、料酒各少许，食用油适量

相宜	香菇+莴笋	利尿通便、降压降脂	相克	香菇+鹌鹑肉 不利于健康
	香菇+西蓝花	润肺化痰、滋补元气		

1.洗净的彩椒切大块；洗好的香菇去蒂，改切成小块；洗净的口蘑切成小块。

2.洗好的鸡胸肉切块；锅中注水烧开，倒入香菇、口蘑，煮约1分钟，捞出。

3.油锅爆香姜片、葱段，放入鸡胸肉炒匀，加入料酒炒变色，注入清水，倒入香菇、口蘑。

4.放入彩椒拌匀，用中火煮熟，加盐、鸡粉、胡椒粉、水淀粉，拌匀至入味即可。

小贴士　口蘑含有维生素、膳食纤维、叶酸、铁、钾、硒等营养成分，具有强身补虚、增强免疫力、防癌抗癌等功效。

怪味鸡丝

材料	鸡胸肉160克，绿豆芽55克，姜末、蒜末各少许	调料	芝麻酱5克，鸡粉2克，盐2克，生抽5毫升，白糖3克，陈醋6毫升，辣椒油10毫升，花椒油7毫升

相宜	绿豆芽+黑木耳　提供全面营养 绿豆芽+榨菜　　增进食欲	相克	绿豆芽+猪肝　破坏营养

 1.锅中注水烧开，倒入鸡胸肉，烧开后用小火煮约15分钟，捞出鸡胸肉，放凉，切成粗丝。

 2.锅中注水烧开，倒入绿豆芽煮断生，捞出；将鸡肉丝放在黄豆芽上，摆放好。

 3.取一个小碗，放入少许芝麻酱，加入鸡粉、盐、生抽、白糖、陈醋、辣椒油、花椒油、蒜末、姜末拌匀，调成味汁。

 4.浇在食材上即可。

小贴士　绿豆芽含有膳食纤维、维生素B$_2$、维生素C等营养成分，具有清热解毒、利尿除湿、健胃消食等功效。

蒜苗豆芽炒鸡丝

材料	蒜苗90克，黄豆芽70克，鸡胸肉130克，红椒20克，姜片、蒜末各少许	调料	盐2克，料酒3毫升，水淀粉6毫升，鸡粉2克，食用油适量

相宜	黄豆芽+猪肚　降低胆固醇吸收 黄豆芽+韭菜　解毒、补肾、减肥	相克	黄豆芽+猪肝　降低营养价值

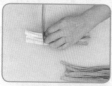 1.洗好的蒜苗切长段；洗净的黄豆芽切去根部；洗好的红椒去籽，切粗丝。

 2.处理好的鸡胸肉切细丝，加盐、料酒、水淀粉、食用油，腌渍入味。

 3.油锅爆香姜片、蒜末，放入鸡肉丝，炒匀，倒入蒜苗梗，放入红椒、黄豆芽，炒至熟软。

 4.放入蒜苗叶，炒出香味，加盐、鸡粉、料酒，倒入水淀粉，炒至食材入味即可。

小贴士　黄豆芽含有蛋白质、B族维生素、维生素C、钙、钾、磷、铁等营养成分，具有益气补血、促进骨骼发育、清热利湿等功效。

竹笋炒鸡丝

材料	竹笋170克，鸡胸肉230克，彩椒35克，姜末、蒜末各少许	调料	盐2克，鸡粉2克，料酒3毫升，水淀粉、食用油各适量

相宜	竹笋+鸡肉　暖胃益气、补精填髓 竹笋+莴笋　治疗肺热痰火	相克	竹笋+羊肝　对身体不利

1.洗净的竹笋切细丝；洗好的彩椒去蒂，切粗丝；洗净的鸡胸肉切细丝。

2.鸡肉丝中加盐、鸡粉、水淀粉、食用油，腌渍约10分钟；锅中注水烧开，放入竹笋丝、盐、鸡粉，焯煮约半分钟捞出。

3.油锅爆香姜末、蒜末，倒入鸡胸肉，炒匀，淋入料酒炒香，倒入彩椒丝、竹笋丝，炒匀。

4.加盐、鸡粉，炒匀调味，倒入水淀粉勾芡，拌炒片刻，至食材入味即可。

小贴士　竹笋含有蛋白质、纤维素、钙、磷、铁、胡萝卜素、维生素等营养成分，具有开胃健脾、润肠通便、增强免疫力等功效。

干煸麻辣鸡丝

材料	鸡胸肉300克，干辣椒6克，花椒4克，花生碎、白芝麻、蒜末、葱花各少许	调料	盐3克，鸡粉3克，生抽4毫升，辣椒油、食用油各适量

相宜	花椒+胡椒　辅助治疗痛经 花椒+猪肉　有助于营养物质的消化	相克	花椒+咖啡　对身体不利

1.处理好的鸡胸肉切成丝，加盐、鸡粉、水淀粉、食用油，抓匀，腌渍入味。

2.用油起锅，倒入蒜末、干辣椒、花椒，爆香，倒入腌好的鸡肉丝，快速翻炒至变色。

3.加入盐、鸡粉、生抽，炒匀调味，淋入适量辣椒油，翻炒至入味。

4.撒上葱花、白芝麻、花生碎，翻炒片刻，至食材入味即可。

小贴士　鸡肉含有蛋白质、维生素B_1、维生素B_2、钙、磷、铁等营养成分，对营养不良、畏寒怕冷、乏力疲劳、食欲不振、贫血、虚弱等症有很好的食疗作用。

鸡丁萝卜干

材料	鸡胸肉150克，萝卜干160克，红椒片30克，姜片、蒜末、葱段各少许	调料	盐3克，鸡粉2克，料酒5毫升，水淀粉、食用油各适量

相宜	白萝卜+紫菜　　清肺热、治咳嗽 白萝卜+金针菇　可治消化不良	相克	白萝卜+猪肝　降低营养价值

1.将洗好的萝卜干切成丁；洗净的鸡胸肉切成丁，加盐、鸡粉、水淀粉、食用油，腌渍入味。

2.锅中注水烧开，倒入萝卜丁，焯煮约2分钟，捞出；油锅爆香姜片、蒜末、葱段。

3.倒入鸡肉丁，翻炒片刻至其转色，再加入料酒，炒香、炒透。

4.放入萝卜丁，倒入红椒片，翻炒片刻至全部食材熟透，加盐、鸡粉，炒匀调味即成。

小贴士　　鸡胸肉含有较多的蛋白质、磷脂类、矿物质及维生素，而且很容易被人体吸收利用，对人体生长发育有重要作用。儿童食用鸡胸肉，能增强体力，强壮身体。

茄汁豆角焖鸡丁

| 材料 | 鸡胸肉270克，豆角180克，西红柿50克，蒜末、葱段各少许 | 调料 | 盐3克，鸡粉1克，白糖3克，番茄酱7克，水淀粉、食用油各适量 |

| 相宜 | 豆角+虾皮　健胃补肾、理中益气
豆角+粳米　补肾健脾、除湿利尿 | 相克 | 豆角+茶　影响消化、导致便秘 |

1.洗好的豆角切小段；洗净的西红柿对半切开，切成丁；洗好的鸡胸肉切粗丝，改切成丁。

2.鸡肉丁中加盐、鸡粉、水淀粉、食用油，腌渍入味；锅中注水烧开，加食用油、盐、豆角，焯煮至断生，捞出。

3.用油起锅，倒入鸡肉丁，炒至变色，放入蒜末、葱段、豆角，炒匀，放入西红柿丁炒软。

4.加入番茄酱、白糖、盐，炒匀调味，倒入水淀粉炒入味即可。

小贴士　鸡肉蛋白质含量高，而脂肪含量较低，还含有维生素A、维生素D、维生素B$_{12}$等营养成分，具有增强免疫力、强壮身体、补中益气、补精填髓、健脾胃等功效。

酱爆桃仁鸡丁

材料	核桃仁20克，光鸡350克，黄豆酱25克，蛋液15毫升，生粉10克，葱段、姜丝各少许	调料	盐2克，鸡粉2克，料酒4毫升，白糖3克，水淀粉4毫升，食用油适量

相宜	核桃仁+红枣　　美容养颜 核桃仁+百合　　润肺益肾、止咳平喘	相克	核桃仁+黄豆　　引发腹痛、腹胀

 1.将光鸡切丁，装入碗中，加盐、料酒、生粉，拌匀，腌渍10分钟。

 2.热锅注油烧热，放入核桃仁，滑油约1分钟，捞出，倒入鸡丁，滑油至断生，捞出。

 3.锅留底油，放入姜丝，爆香，倒入鸡丁，略炒，加黄豆酱，炒匀。

 4.倒入清水，放盐、鸡粉、白糖、水淀粉调味勾芡，放葱段、核桃仁，炒匀即可。

小贴士	核桃仁含有大量的维生素E、蛋白质及人体营养必需的不饱和脂肪酸，经常食用可润肺、黑发、滋养脑细胞，还有提升白细胞、保护肝脏，以及净化血液、降低胆固醇的作用。

茄汁鸡肉丸

材料	鸡胸肉200克，马蹄肉30克	调料	盐2克，鸡粉2克，白糖5克，番茄酱35克，水淀粉、食用油各适量

相宜	马蹄+海蜇皮　降低血压 马蹄+核桃仁　有利于消化	相克	马蹄+羊肉　影响营养吸收

 1.将洗好的马蹄肉剁成末；洗净的鸡胸肉切成肉丁；取搅拌机，将肉丁绞至颗粒状。

 2.取出肉末，装碗，撒上盐、鸡粉，加水淀粉、马蹄肉，拌匀，摔打至起劲。

 3.锅中注油烧热，将拌好的肉末分成若干等份的小肉丸，下入锅中，炸至食材熟透，捞出。

 4.锅底留油，放入番茄酱拌匀，撒上白糖，搅拌几下，倒入肉丸炒入味，淋上水淀粉勾芡即成。

小贴士　马蹄含有丰富的磷，能促进人体生长发育，维持生理功能的需要，对牙齿、骨骼的发育有很大好处，可促进体内的糖、脂肪、蛋白质三大物质的代谢，调节酸碱平衡，促进幼儿的身体发育。

炒鸡米

| 材料 | 香菇20克，大葱15克，菠菜15克，马蹄100克，鸡胸肉200克，姜片、蛋清各少许 | 调料 | 盐3克，鸡粉2克，生抽5毫升，水淀粉4毫升，料酒5毫升，生粉5克，食用油适量 |

| 相宜 | 菠菜+猪肝　提供丰富的营养
菠菜+鸡蛋　预防贫血、营养不良 | 相克 | 菠菜+黄瓜　破坏维生素E |

 1.洗净去皮的马蹄切丁；洗好的大葱切小段；洗净的香菇切丁；洗好的菠菜切成小段。

 2.洗净的鸡胸肉切成丁，加盐、蛋清、生粉，腌渍入味；锅中注水烧开，倒入香菇、马蹄，略煮一会儿，捞出。

 3.热锅注油，倒入鸡胸肉炒变色，倒入大葱、姜片、爆香，放入焯过水的食材，再加入菠菜。

 4.加入料酒、鸡粉、生抽、盐，炒匀调味，倒入水淀粉勾芡即可。

| 小贴士 | 鸡肉含有蛋白质、维生素A、B族维生素、钙、磷、铁等营养成分，具有增强免疫力、温中益气、健脾胃等功效。 |

357

魔芋炖鸡腿

材料	魔芋150克，鸡腿180克，红椒20克，姜片、蒜末、葱段各少许

调料	老抽2毫升，豆瓣酱5克，生抽、料酒、盐、鸡粉、水淀粉、食用油各适量

相宜	鸡腿+枸杞　补五脏、益气血 鸡腿+人参　止渴生津

相克	鸡腿+芥菜　影响身体健康

1.洗净的魔芋切小块；洗好的红椒切小块；洗净的鸡腿斩小块，加生抽、料酒、盐、鸡粉、水淀粉抓匀，腌渍入味。

2.锅中注水烧开，放入盐、魔芋，煮1分30秒，捞出；油锅爆香姜片、蒜末、葱段，倒入鸡腿块炒变色。

3.再加入生抽、料酒炒香，放入盐、鸡粉炒匀，注入适量清水，放入魔芋，搅匀。

4.加入老抽、豆瓣酱炒匀，炖入味，放入红椒块，拌煮均匀，淋入水淀粉炒匀，盛出，撒上葱段即可。

小贴士	魔芋所含的可溶性膳食纤维，在肠胃中会吸水变得膨胀起来，从而增加饱腹感，减少食物摄入量，有利于降脂减肥，是肥胖者和糖尿病患者的良好食物。

辣炒乌鸡

材料	乌鸡500克，青椒50克，红椒70克，洋葱150克，姜片少许	调料	鸡粉2克，料酒5毫升，生抽3毫升，豆瓣酱10克，白糖2克，水淀粉4毫升，食用油适量

相宜	洋葱+鸡肉　延缓衰老 洋葱+猪肉　滋阴润燥	相克	洋葱+蜂蜜　对眼睛不利

1.处理好的洋葱切块；洗净的红椒、青椒去籽，切块。

2.锅中注水烧开，倒入乌鸡块，去除血水，捞出；热锅注油烧热，倒入姜片、豆瓣酱，爆香。

3.倒入洋葱、鸡块，翻炒片刻，淋入料酒、生抽，注入清水，搅匀。

4.加入鸡粉、白糖调味，倒入红椒、青椒，翻炒匀，倒入水淀粉，搅匀收汁即可。

小贴士	乌鸡含有蛋白质、氨基酸、烟酸、维生素E、磷、铁、钾等成分，具有滋补身体、增强免疫力、益气补血等功效。

黄蘑焖鸡翅

材料	水发黄蘑220克，鸡翅180克，姜片、蒜片各适量，八角、桂皮、花椒、香菜碎各少许	调料	盐3克，鸡粉、白糖各2克，胡椒粉少许，蚝油8克，老抽3毫升，生抽4毫升，料酒5毫升，水淀粉、食用油各适量

相宜	鸡翅+枸杞　补五脏、益气血 鸡翅+人参　止渴生津	相克	鸡翅+芥菜　影响身体健康

1.将洗净的黄蘑切段；洗好的鸡翅切上花刀，加盐、鸡粉、胡椒粉，淋上料酒、老抽，腌渍一会儿。

2.锅中注水烧开，倒入黄蘑，焯煮片刻，捞出；油锅爆香八角、桂皮、花椒、姜片、蒜片。

3.放入鸡翅、黄蘑，炒匀，加入料酒、生抽、蚝油，炒匀炒透，注入清水焖熟。

4.加入盐、鸡粉、白糖，炒匀调味，再用水淀粉勾芡，至汤汁收浓，盛出，点缀上香菜碎即可。

小贴士	黄蘑含有蛋白质、B族维生素和铁、锌、钾、钙、磷、硒等营养成分，具有补充能量、增强免疫力、保护血管等作用。

鸡翅烧豆角

材料	鸡翅200克，豆角150克，干辣椒2克，香叶1克，姜片、葱段各少许	调料	盐2克，鸡粉、白糖各3克，生抽、料酒、食用油各适量

相宜	豆角+虾皮　健胃补肾、理中益气 豆角+粳米　补肾健脾、除湿利尿	相克	豆角+茶　影响消化、导致便秘

1.洗净的豆角切段；取一碗，倒入鸡翅，淋入料酒、生抽，拌匀，腌渍30分钟。

2.用油起锅，放入鸡翅，煎至两面金黄色，倒入姜片、葱段、干辣椒、香叶，拌匀。

3.放入豆角，拌匀，淋入料酒，注入适量清水，加入盐、白糖、生抽，拌匀。

4.中火焖20分钟至熟，放入鸡粉，拌匀即可。

小贴士　鸡翅含有蛋白质、不饱和脂肪酸、维生素D、维生素K、磷、铁、铜、锌等营养成分，具有增强免疫力、健脾胃、活血脉、强筋骨等功效。

香辣鸡翅

| 材料 | 鸡翅270克，干辣椒15克，蒜末、葱花各少许 | 调料 | 盐3克，生抽3毫升，白糖、料酒、辣椒油、辣椒面、食用油各适量 |

| 相宜 | 鸡翅+枸杞　补五脏、益气血
鸡翅+人参　止渴生津 | 相克 | 鸡翅+芥菜　影响身体健康 |

 1.洗净的鸡翅加盐、生抽、白糖、料酒，拌匀，腌渍15分钟，入油锅炸至金黄色，捞出。

 2.油锅爆香蒜末、干辣椒，放入鸡翅，淋入料酒炒香。

 3.加入生抽，炒匀，倒入辣椒面，炒香，淋入少许辣椒油，炒匀。

 4.加入盐，炒匀调味，撒上葱花，炒出葱香味即可。

小贴士　鸡肉含有多种维生素、钙、磷、锌、铁、镁等成分，还含有丰富的骨胶原蛋白，具有强化血管、肌肉、肌腱和改善缺铁性贫血、增强免疫力等功效。

泡椒鸡脆骨

材料	鸡脆骨120克，泡小米椒30克，姜片、蒜末、葱段各少许	调料	料酒5毫升，盐2克，生抽3毫升，老抽3毫升，豆瓣酱7克，鸡粉2克，水淀粉10毫升，食用油适量

相宜	小米椒+鳝鱼　可开胃爽口 小米椒+苦瓜　美容养颜	相克	小米椒+黄瓜　破坏维生素

 1.锅中注水烧开，倒入鸡脆骨，加入料酒、盐，汆去血水，捞出。

 2.油锅爆香姜片、葱段、蒜末，放入鸡脆骨，炒匀，淋入料酒。

 3.加入生抽、老抽，炒匀炒透，倒入泡小米椒、豆瓣酱，炒出香辣味。

 4.加入盐、鸡粉，注入清水，煮至食材入味，倒入水淀粉勾芡即可。

小贴士	小米椒含有胡萝卜素、维生素C、辣椒素等营养成分，具有温中健胃、增进食欲、防癌抗癌等功效。

363

椒盐鸡脆骨

| 材料 | 鸡脆骨200克，青椒20克，红椒15克，蒜苗25克，花生米20克，蒜末、葱花各少许 | 调料 | 料酒6毫升，盐2克，生粉6克，生抽4毫升，五香粉4克，鸡粉2克，胡辣粉3克，芝麻油6毫升，辣椒油5毫升，食用油适量 |

| 相宜 | 蒜苗+莴笋　预防高血压
蒜苗+虾仁　美容养颜 | 相克 | 蒜苗+蜂蜜　对眼睛不利 |

 1.洗好的蒜苗切小段；洗净的红椒、青椒切块；锅中注水烧开，加鸡脆骨、料酒、盐，氽去血水，捞出。

 2.鸡脆骨中加生抽、生粉，腌渍约10分钟；热锅注油，倒花生米炸约1分钟，捞出。

 3.油锅中倒入鸡脆骨炸约1分钟，捞出；锅底留油，爆香蒜末，倒入青椒、红椒、蒜苗，炒软。

 4.撒上五香粉，加入鸡脆骨、盐、鸡粉、胡辣粉、芝麻油、辣椒油，炒入味，撒上葱花香即可。

小贴士　鸡脆骨含有胶原蛋白、不饱和脂肪酸、钙、磷等营养成分，具有补充钙质、延缓衰老、美容等功效。

卤水鸡胗

材料	鸡胗250克，茴香、八角、白芷、白蔻、花椒、丁香、桂皮、陈皮各少许，姜片、葱结各适量
调料	盐3克，老抽4毫升，料酒5毫升，生抽6毫升，食用油适量

相宜	鸡胗+金针菇　增强记忆力 鸡胗+黑木耳　降压降脂
相克	鸡胗+大蒜　引起消化不良

1.锅中注水烧热，倒入处理干净的鸡胗，汆煮约2分钟，捞出。

2.用油起锅，倒入香料以及姜片、葱结，爆香，淋入适量料酒、生抽，注入适量清水。

3.倒入鸡胗，加入少许老抽、盐，拌匀，大火煮沸，转中小火卤约25分钟，至食材熟透。

4.关火后夹出卤熟的菜肴，装在盘中，浇入少许卤汁，摆好盘即可。

小贴士　鸡胗含有蛋白质、维生素A、维生素E、钙、磷、钾、锌、镁等微量元素，具有消食健胃、涩精止遗等作用。

花甲炒鸡心

材料	花甲350克，鸡心180克，姜片、蒜末、葱段各少许	调料	盐2克，鸡粉3克，料酒4毫升，生抽2毫升，水淀粉、食用油各适量

相宜	鸡心+红豆　提供丰富的营养 鸡心+丝瓜　清热利肠	相克	鸡心+芥菜　影响身体健康

 1.处理干净的鸡心切片，加入盐、鸡粉、料酒、水淀粉，腌渍入味。

 2.锅中注水烧开，倒入鸡心，汆去血水，捞出；炒锅注油烧热，倒入姜片、蒜末、葱段，爆香。

 3.倒入鸡心翻炒匀，淋入料酒，炒匀，放入处理好的花甲，加入生抽，快速炒匀。

 4.加入盐、鸡粉，炒匀调味，倒入适量水淀粉，翻炒至食材入味即可。

小贴士	花甲含有蛋白质、牛磺酸、维生素、铁、钙、磷、碘等营养成分，具有滋阴明目、软坚化痰等功效。

尖椒炒鸡心

材料	鸡心100克，青椒60克，红椒15克，姜片、蒜末、葱段各少许
调料	豆瓣酱5克，盐3克，鸡粉2克，料酒、生抽各4毫升，水淀粉、食用油各适量

相宜	青椒+鸡肉 开胃消食 青椒+白菜 促进消化
相克	青椒+羊肝 不利于身体

1.将洗净的青椒、红椒去籽，切小块；洗净的鸡心切小块，加盐、鸡粉、料酒、水淀粉，腌渍入味。

2.锅中注水烧开，放入食用油、青椒、红椒，煮断生后捞出；再倒入鸡心，搅匀至其断生，捞出。

3.用油起锅，放入姜片、蒜末、葱段，爆香，倒入鸡心，淋上料酒，炒香、炒透。

4.放入豆瓣酱、生抽，炒出香辣味，倒入红椒和青椒炒匀，加盐、鸡粉、水淀粉炒匀即成。

小贴士	青椒含有辣椒素，能促进脂肪的新陈代谢，防止体内脂肪积存，有利于降低血脂，预防心脑血管疾病。

酱爆鸡心

材料	鸡心100克，黄豆酱20克，白酒15毫升，姜片、葱段各少许	调料	盐、鸡粉、白糖各1克，老抽3毫升，水淀粉5毫升，食用油适量

相宜	鸡心+红豆　提供丰富的营养 鸡心+丝瓜　清热利肠	相克	鸡心+芥菜　影响身体健康

1.沸水锅中倒入洗净的鸡心，汆煮一会儿，捞出；油锅爆香姜片、葱段，放入黄豆酱炒香。

2.倒入汆好的鸡心，翻炒约1分钟至熟透，放入白酒，翻炒均匀。

3.注入少许清水，加入老抽、盐、鸡粉、白糖，翻炒约1分钟至入味。

4.加入少许水淀粉，大火翻炒收汁即可。

小贴士	鸡心含有脂肪、维生素A、视黄醇、钙、磷、钾、钠、镁等营养成分，具有保护心脏、改善干眼症、帮助身体机能恢复等功效。

山药酱焖鸭

材料	鸭肉块400克，山药250克，黄豆酱20克，姜片、葱段、桂皮、八角各少许，绍兴黄酒70毫升	调料	盐、鸡粉各2克，白糖少许，水淀粉、食用油各适量

相宜	鸭肉+山药　滋阴润肺 鸭肉+干贝　提供丰富的蛋白质	相克	鸭肉+鳖肉　导致腹泻

1.将去皮洗净的山药切滚刀块；锅中注水烧开，倒入洗净的鸭肉块，汆去血渍，捞出。

2.油锅爆香八角、桂皮，撒上姜片，放入鸭肉块，倒入黄豆酱，淋入生抽、绍兴黄酒，注入清水。

3.用大火煮至沸，加盐焖至食材熟软，倒入山药拌匀，用小火续煮约10分钟，至食材熟透。

4.加入鸡粉、白糖，撒上葱段，炒出葱香味，用水淀粉勾芡即可。

小贴士　　鸭肉含有蛋白质、维生素A、维生素E、钙、磷、钾、镁、铁、锌等营养成分，具有滋补、养胃、补肾、消肿、止咳化痰等功效。

粉蒸鸭肉

材料	鸭肉350克，蒸肉米粉50克，水发香菇110克，葱花、姜末各少许	调料	盐1克，甜面酱30克，五香粉5克，料酒5毫升
相宜	鸭肉+山药　滋阴润肺 鸭肉+干贝　提供丰富的蛋白质	相克	鸭肉+鳖肉　导致腹泻

1.取一个蒸碗，放入鸭肉，加入盐、五香粉。

2.再加入少许料酒、甜面酱，倒入香菇、葱花、姜末，搅拌匀。

3.倒入蒸肉米粉，搅拌片刻；取一个碗，放入鸭肉，待用。

4.蒸锅上火烧开，放入鸭肉，大火蒸30分钟至熟透，取出，扣在盘中即可。

小贴士　香菇含B族维生素、矿物质、胡萝卜素等有效成分，具有开胃消食、增强免疫力、帮助代谢等功效。

茭白烧鸭块

材料	鸭肉500克，青椒、红椒、茭白各50克，五花肉100克，陈皮5克，香叶、沙姜各2克，八角1个，生姜、蒜头各10克，葱段6克，冰糖15克	调料	盐、鸡粉各1克，料酒5毫升，生抽10毫升，食用油适量

相宜	茭白+鸡蛋　美容养颜 茭白+猪蹄　有催乳作用	相克	茭白+豆腐　容易得结石

1.将洗净的生姜切厚片；洗好的红椒、青椒切成圈；洗好的茭白切滚刀块；五花肉切厚片。

2.油锅爆香姜片、蒜头，放入洗净切块的鸭肉炒香，倒入葱段，加入五花肉，翻炒均匀。

3.加入生抽、料酒，放入各种香料，加入冰糖炒片刻，倒入茭白，注入清水。

4.加入盐，拌匀，焖30分钟至食材入味，倒入青椒、红椒，加入鸡粉、生抽，炒匀即可。

小贴士　鸭肉含有蛋白质、脂肪、维生素A及磷、钾等矿物质，具有补肾、消肿、止咳化痰、清热解毒等多种功效。

丁香鸭

材料	鸭肉400克，桂皮、八角、丁香、草豆蔻、花椒各适量，姜片、葱段各少许	调料	盐2克，冰糖20克，料酒5毫升，生抽6毫升，食用油适量

相宜	鸭肉+山药　滋阴润肺 鸭肉+干贝　提供丰富的蛋白质	相克	鸭肉+鳖肉　易导致腹泻 鸭肉+板栗　易导致腹胀

1.将洗净的鸭肉斩成小件；锅中注入水烧开，倒入鸭肉块，淋入料酒，汆煮约2分钟，捞出。

2.油锅爆香姜片、葱段，倒入鸭肉，淋入料酒，炒出香味，淋上生抽，炒匀炒透。

3.加入冰糖，放入桂皮、八角、丁香、草豆蔻、花椒，炒匀炒香，注入清水煮沸。

4.加入少许盐焖煮约30分钟，拣出姜片、葱段及其他香料，再转大火收汁即可。

小贴士　鸭肉含有蛋白质、维生素B_6、维生素E以及钙、磷、钠、镁、铁、锰等微量元素，具有温脾胃、消积食、理气滞、固本培元等功效。

青梅炆鸭

材料	鸭肉块400克，土豆160克，青梅80克，洋葱60克，香菜适量	调料	盐2克，番茄酱适量，料酒、食用油各适量

相宜	土豆+黄瓜　有利身体健康 土豆+牛奶　提供全面营养素	相克	土豆+柿子　导致消化不良 土豆+石榴　易引起中毒反应

 1.将洗净去皮的土豆切开，再切成块状；洗好的洋葱切成片；青梅切去头尾。

 2.锅中注水烧开，倒入鸭肉块，加入料酒，余去血渍，捞出。

 3.用油起锅，倒入鸭肉，炒匀，放入洋葱、番茄酱，炒香，注入清水，拌匀。

 4.倒入青梅、土豆，加盐调味，续煮至食材熟透，盛出炒好的菜肴，放上适量香菜即可。

小贴士　鸭肉含有蛋白质、维生素B$_1$、维生素B$_2$、烟酸、钙、磷、铁等营养成分，具有大补虚劳、补血行水、养胃生津、清热解毒等功效。

酸豆角炒鸭肉

材料	鸭肉500克，酸豆角180克，朝天椒40克，姜片、蒜末、葱段各少许	调料	盐3克，鸡粉3克，白糖4克，料酒10毫升，生抽5毫升，水淀粉5毫升，豆瓣酱10克，食用油适量

相宜	酸豆角+虾皮　健胃补肾、理中益气 酸豆角+粳米　补肾健脾、除湿利尿	相克	酸豆角+茶　影响消化、导致便秘

1.处理好的酸豆角切段；洗净的朝天椒切圈。

2.锅中注水烧开，倒入酸豆角，煮半分钟，捞出；把鸭肉倒入沸水锅中，汆去血水，捞出。

3.油锅爆香葱段、姜片、蒜末、朝天椒，倒入鸭肉，炒匀，淋入料酒，放入豆瓣酱、生抽，炒匀。

4.加少许清水，放入酸豆角，炒匀，放入盐、鸡粉、白糖，焖至食材入味，倒入水淀粉炒匀，盛出，放入葱段即可。

小贴士　鸭肉含有蛋白质、钙、磷、铁、维生素B$_1$、维生素B$_2$、烟酸等营养成分，具有补阴益血、清虚热等功效。

滑炒鸭丝

材料	鸭肉160克，彩椒60克，香菜梗、姜末、蒜末、葱段各少许	**调料**	盐3克，鸡粉1克，生抽4毫升，料酒4毫升，水淀粉、食用油各适量

相宜	鸭肉+山药　滋阴润肺 鸭肉+干贝　提供丰富的蛋白质	**相克**	鸭肉+鳖肉　导致腹泻

1.将洗净的彩椒切成条；洗好的香菜梗切段；将洗净的鸭肉切片，再切成丝。

2.鸭肉丝中加生抽、料酒、盐、鸡粉、水淀粉、食用油，腌渍10分钟至入味。

3.油锅爆香蒜末、姜末、葱段，放入鸭肉丝，加入料酒炒香，倒入生抽，炒匀。

4.下入彩椒炒匀，放入盐、鸡粉调味，倒入水淀粉勾芡，放入香菜段炒匀即可。

小贴士　鸭肉含有蛋白质、脂肪、维生素B_2及钙、磷、镁、锌等成分，有清虚劳之热、补血行水、养胃生津、清热健脾的功效，适合身体虚弱、营养不良的幼儿食用。

菠萝炒鸭丁

材料	鸭肉200克，菠萝肉180克，彩椒50克，姜片、蒜末、葱段各少许	调料	盐4克，鸡粉2克，蚝油5克，料酒6毫升，生抽8毫升，水淀粉、食用油各适量

相宜	鸭肉+白菜　促进血液中胆固醇的代谢 鸭肉+芥菜　滋阴润肺	相克	鸭肉+桃子　易引起恶心、呃逆

1.将菠萝肉切成丁；洗净的彩椒切小块；洗好的鸭肉切小块，加生抽、料酒、盐、鸡粉、水淀粉，拌匀上浆。

2.倒入食用油，腌渍入味；锅中注水烧开，加入食用油、菠萝丁、彩椒块，煮约半分钟，捞出。

3.油锅爆香姜片、蒜末、葱段，倒入鸭肉块，再淋入料酒，倒入焯煮好的食材，快速翻炒几下。

4.加入蚝油、生抽、盐、鸡粉，炒至食材入味，倒入水淀粉勾芡即成。

小贴士　　鸭肉含有蛋白质、维生素E、铁、铜、锌等营养元素，有养胃滋阴、清虚热、利水消肿的功效。

永州血鸭

材料	鸭肉400克，青椒、红椒各50克，干辣椒15克，鸭血200毫升，姜末、蒜末、葱段各适量	调料	盐3克，鸡粉3克，豆瓣酱20克，生抽5毫升，料酒10毫升，食用油适量

相宜	青椒+鸡肉　开胃消食 青椒+白菜　促进消化	相克	青椒+羊肝　不利于身体

1.洗净的红椒、青椒切开，再切条，改切成丁；洗好的鸭肉斩成小块。

2.将鸭肉装入碗中，加盐、鸡粉、生抽、料酒拌匀，腌渍入味。

3.用油起锅，倒入鸭肉炒出油，加入姜末、蒜末、葱段炒香，放入干辣椒，加入豆瓣酱，翻炒均匀。

4.放入盐、鸡粉、料酒，炒匀，倒入鸭血，加入青椒、红椒，炒匀即可。

小贴士	鸭肉含有B族维生素和维生素E，鸭肉中的脂肪不同于其他动物脂肪，其各种脂肪酸的比例接近理想值，有降低胆固醇含量的作用，有助于降血压。

腊鸭腿炖黄瓜

材料	腊鸭腿300克，黄瓜150克，红椒20克，姜片少许	调料	盐2克，鸡粉3克，胡椒粉、料酒、食用油各适量

相宜	黄瓜+鱿鱼　增强人体免疫力 黄瓜+大蒜　排毒瘦身	相克	黄瓜+花菜　破坏维生素C

 1.洗净的黄瓜横刀切开，去籽，切成块；洗好的红椒切开，去籽，切成片。

 2.锅中注水烧开，倒入腊鸭腿，氽煮片刻，捞出。

 3.用油起锅，放入姜片，爆香，倒入腊鸭腿，淋入料酒，炒匀，注入清水，倒入黄瓜，拌匀。

 4.小火炖20分钟至食材熟透，倒入红椒，加入盐、鸡粉、胡椒粉炒入味即可。

小贴士　黄瓜含有糖类、膳食纤维、维生素B$_1$、维生素C、磷、铁等营养成分，具有降低血糖、清热利水等功效。

腊鸭焖土豆

材料	腊鸭块360克，土豆300克，红椒、青椒各35克，洋葱50克，姜片、蒜片各少许	调料	盐2克、鸡粉2克、生抽3毫升、老抽2毫升、料酒3毫升、食用油适量
相宜	鸭肉+白菜　促进血液中胆固醇的代谢 鸭肉+芥菜　滋阴润肺	相克	鸭肉+桃子　易引起恶心、呃逆

1.将洗净去皮的土豆对半切开，切成小块；洋葱切条块，改切片；青椒、红椒去籽，切片。

2.用油起锅，放入腊鸭肉，略炒，放姜片、蒜片炒香。

3.放生抽、料酒，翻炒匀，加适量清水，放入土豆，放老抽、盐，中火焖15分钟。

4.放入洋葱、青椒、红椒，炒匀，放鸡粉，炒匀即可。

小贴士　土豆含有糖类、蛋白质、膳食纤维、胡萝卜素及多种维生素和矿物质，具有和胃调中、健脾利湿、解毒消炎等作用。

酱香鸭翅

材料	鸭翅300克，青椒80克，去皮胡萝卜60克，朝天椒10克，干辣椒段5克，姜丝少许	调料	料酒5毫升，食用油适量，沙茶酱、柱侯酱各20克

相宜	胡萝卜+香菜　　开胃消食 胡萝卜+绿豆芽　排毒瘦身	相克	胡萝卜+桃子　降低营养价值

 1.洗好的青椒去柄，去籽，切成丝；洗净的胡萝卜切丝；洗好的鸭翅切成段。

 2.取一碗，倒入鸭翅，放入干辣椒段、朝天椒段、柱侯酱、沙茶酱、料酒，腌渍入味。

 3.另起锅注油，倒入鸭翅煎至香味析出，放入姜丝，注入清水，拌匀，用中火焖至熟软。

 4.倒入胡萝卜丝、青椒丝，翻炒片刻至断生即可。

小贴士	鸭翅含有蛋白质、脂肪、钙、磷、铁、B族维生素等营养成分，具有补虚、滋阴、养胃生津等功效。

洋葱炒鸭胗

材料	鸭胗170克，洋葱80克，彩椒60克，姜片、蒜末、葱段各少许	调料	盐3克，鸡粉3克，料酒5毫升，蚝油5克，生粉、水淀粉、食用油各适量

相宜	洋葱+猪肉　滋阴润燥 洋葱+玉米　降压降脂	相克	洋葱+蜂蜜　伤害眼睛

1. 洗净的彩椒、洋葱切成小块；洗净的鸭胗切上花刀，再切成小块。

2. 把鸭胗装入碗中，加入少许料酒、盐、鸡粉、生粉，腌渍约10分钟。

3. 锅中注水烧开，倒入鸭胗，拌匀，汆去血水，捞出，待用。

4. 用油起锅，倒姜片、蒜末、葱段爆香，放入鸭胗炒匀，淋入料酒炒香，倒入洋葱、彩椒炒熟；加盐、鸡粉、蚝油、清水、水淀粉，炒入味即可。

小贴士	鸭胗含有蛋白质、维生素E、烟酸、钙、镁、铁、钾、磷、硒等营养成分，具有健胃消食、软化血管、增强体质等功效。

鱼香马蹄鸭肝片

材料	马蹄肉300克，鸭肝150克，姜片、蒜末、葱段各少许	调料	盐2克，鸡粉、料酒、生抽、陈醋各少许，豆瓣酱、水淀粉、食用油各适量

相宜	马蹄+核桃仁　有利于消化 马蹄+香菇　补气强身、益胃助食	相克	马蹄+西瓜　损伤脾胃

1.洗净去皮的马蹄肉切片；鸭肝切片，放碗中，加盐、鸡粉、料酒，腌渍10分钟。

2.锅中注水烧开，加入适量盐，倒入马蹄，煮约半分钟，捞出；倒入鸭肝片，煮半分钟，汆去血水，捞出，备用。

3.锅中倒入适量油烧热，放入姜片、葱段、蒜末，爆香，倒入鸭肝，炒匀。

4.加入盐、鸡粉、料酒、生抽、豆瓣酱，炒匀；倒入马蹄，淋入陈醋、水淀粉，翻炒匀即可。

小贴士　马蹄有膳食纤维、胡萝卜素、B族维生素、维生素C、铁、钙、磷和糖类等营养成分，有清热解毒、凉血生津、利尿通便、化湿祛痰、消食除胀的功效。

陈皮焖鸭心

材料 鸭心200克，醪糟100克，陈皮5克，花椒、干辣椒、姜片、葱段各少许

调料 料酒10毫升，盐2克，鸡粉2克，蚝油3克，水淀粉4毫升，食用油适量

相宜
陈皮+鸭肉　滋阴健脾
陈皮+排骨　开胃补虚

相克
陈皮+螃蟹　损伤脾胃

1.锅中注水烧开，倒入鸭心，略煮一会儿，淋入少许料酒，氽去血水，捞出，沥干待用。

2.热锅注油，放姜片、葱段爆香；放入鸭心，淋适量料酒，翻炒片刻；放入花椒、干辣椒，炒香；倒入陈皮、醪糟，快速翻炒均匀。

3.倒入少许清水，煮至沸；加入少许盐、蚝油，翻炒匀，盖上锅盖，转小火焖至其熟软。

4.揭开锅盖，加少许鸡粉，倒入适量水淀粉勾芡，再倒入葱段，翻炒出香味即可。

小贴士 陈皮含有挥发油、橙皮苷、川陈皮素等成分，具有开胃健脾、生津止渴、润肺化痰等功效。

葱爆鸭心

材料	鸭心350克，红椒25克，葱条40克，姜片少许	调料	盐2克，鸡粉3克，料酒7毫升，生抽2毫升，水淀粉6毫升，白糖、食用油各适量

相宜	鸭心+红椒 增强食欲 鸭心+生姜 去除异味	鸭心+茭白 清热消暑 鸭心+百合 养心安神

1.洗好的葱条切长段；洗净的红椒切开，去籽，用斜刀切块。

2.鸭心去除油脂，切成片，放入碗中，加盐、鸡粉、料酒、水淀粉、食用油，腌渍入味。

3.用油起锅，倒入姜片，爆香；放入葱白、鸭心，用大火翻炒匀。

4.倒入红椒、葱叶，炒匀炒香；加入白糖、料酒、生抽、鸡粉，拌炒至食材入味即可。

小贴士　　鸭心含有蛋白质、维生素A、钾、钠、钙、磷、硒等营养成分，具有健脾开胃、镇定安神、美容养颜等功效。

彩椒炒鸭肠

材料	鸭肠70克，彩椒90克，姜片、蒜末、葱段各少许	调料	豆瓣酱5克，盐3克，鸡粉2克，生抽3毫升，料酒5毫升，水淀粉、食用油各适量

相宜	彩椒+鳝鱼 开胃 彩椒+苦瓜 美容养颜	相克	彩椒+羊肝 对身体不利

1.将洗净的彩椒切成粗丝；洗好的鸭肠切成段，放在碗中，加适量盐、鸡粉、料酒、水淀粉，腌渍入味。

2.锅中注入适量清水，大火烧开，倒入鸭肠，搅匀，煮约1分钟，捞出，沥干水分，待用。

3.用油起锅，放入姜片、蒜末、葱段爆香；倒入鸭肠翻炒均匀。

4.淋料酒、生抽，倒入彩椒丝炒至断生；加少许清水，放鸡粉、盐、豆瓣酱、水淀粉，炒匀即可。

小贴士	彩椒含有维生素、糖类、纤维质、钙、磷、铁等营养元素。糖尿病患者食用彩椒，有助于人体内糖类成分的代谢，抑制血糖值的升高。

辣炒鸭舌

| 材料 | 鸭舌180克，青椒45克，红椒25克，姜末、蒜末、葱段各少许 | 调料 | 料酒18毫升，生抽10毫升，生粉10克，豆瓣酱10克，食用油适量 |

| 相宜 | 红椒+鳝鱼　开胃爽口
红椒+苦瓜　美容养颜 | 相克 | 红椒+黄瓜　破坏维生素 |

1.洗净的红椒、青椒切开，去籽，切小块，备用。

2.锅中注水烧开，倒入鸭舌，淋入料酒，汆去血水，捞出，装入碗中，放入生抽、生粉，搅拌均匀。

3.热锅注油，烧至五成热，倒入鸭舌，搅散，炸至金黄色，捞出，沥干油，备用。

4.用油起锅，放姜末、蒜末、葱段爆香；倒入青椒、红椒翻炒；放入鸭舌，加入豆瓣酱、生抽、料酒，快速翻炒至其入味即可。

| 小贴士 | 　　红椒含有挥发油、钙、磷、维生素C、胡萝卜素及辣椒红素等营养成分，具有促进血液循环、增强免疫力等功效。 |

鸭血虾煲

材料	鸭血150克，豆腐100克，基围虾150克，姜片、蒜末、葱花各少许

调料	盐少许，鸡粉2克，料酒4毫升，生抽3毫升，水淀粉5毫升，食用油适量

相宜	鸭血+豆腐　宽中益气 鸭血+韭菜　补肾养血

相克	鸭血+狗肉　有损身体健康 鸭血+奶酪　对身体不利

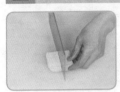

1.豆腐、鸭血切成块；基围虾切去虾须、虾脚，切开背部；锅中注水烧开，加少许食用油、盐，倒入豆腐块、鸭血块，略煮，捞出。

2.热锅注油，烧至五成热，放入基围虾，炸至变色，捞出，沥干油，备用。

3.锅底留油，放蒜末、姜片，倒入基围虾炒匀；淋适量料酒；倒入豆腐、鸭血，注适量清水，放鸡粉、盐、生抽、水淀粉，搅拌匀。

4.把煮好的食材盛出，装入砂锅中，盖上盖，置于火上煮3分钟，揭开盖，撒上葱花即可。

小贴士	鸭血含有蛋白质、维生素E、维生素K、钾、镁、铁、磷等营养成分，具有补血、清热解毒等功效。

黄焖仔鹅

材料	鹅肉600克，嫩姜120克，红椒1个，姜片、蒜末、葱段各少许	调料	盐3克，鸡粉3克，生抽、老抽各少许，黄酒、水淀粉、食用油各适量

相宜	鹅肉+山药	益气养阴、清热生津	相克	鹅肉+梨	对肾脏刺激较大
	鹅肉+冬瓜	补脾健胃、清热消火		鹅肉+柿子	导致腹泻、腹痛

 1.将洗净的红椒切小块；把洗好的嫩姜切片。

 2.锅中注水烧开，放入嫩姜，煮1分钟捞出；倒入鹅肉，汆去血水，捞出待用。

 3.用油起锅，放入蒜末、姜片，爆香；倒入鹅肉，炒匀；加入生抽、盐、鸡粉、黄酒、清水、老抽，炒匀，盖上盖，用小火焖5分钟。

 4.揭盖，拌匀，放红椒，加适量水淀粉，拌匀；盛出，装入盘中，放入葱段即可。

小贴士	鹅肉具有高蛋白、低脂肪、低胆固醇的特点，还含有不饱和脂肪酸、多种矿物质，具有暖胃生津、补虚益气、和胃止渴、祛风湿等功效。

鹅肉烧冬瓜

材料	鹅肉400克，冬瓜300克，姜片、蒜末、葱段各少许	调料	盐2克，鸡粉2克，水淀粉10毫升，料酒10毫升，生抽10毫升，食用油适量

相宜	冬瓜+鸡肉　排毒养颜 冬瓜+口蘑　利小便	相克	冬瓜+醋　降低营养价值

 1.洗净去皮的冬瓜切成小块；锅中注水烧开，倒入鹅肉，汆去血水，捞出，沥干水分，备用。

 2.用油起锅，放入姜片、蒜末，爆香；倒入鹅肉，快速炒匀；淋入料酒、生抽，炒匀提味。

 3.加入少许盐、鸡粉，倒入适量清水，炒匀，煮至沸，用小火焖至食材熟软。

 4.放入冬瓜块，搅匀，用小火再焖至食材软烂，转大火收汁，倒入水淀粉，快速炒匀即可。

小贴士	冬瓜含有糖类、粗纤维、胡萝卜素、维生素B$_1$、维生素B$_2$、维生素C、烟酸等营养成分，具有润肺生津、利尿消肿、降压降脂、清热祛暑、解毒排脓等功效。

鹅肝炖土豆

材料	鹅肝250克，土豆200克，香菜末、葱花各少许	调料	盐2克，甜面酱20克，料酒、生抽各4毫升，白糖、食用油各适量

相宜	土豆+牛肉　酸碱平衡 土豆+豆角　除烦润燥	相克	土豆+香蕉　引起面部生斑 土豆+柿子　导致消化不良

 1.洗净去皮的土豆切成小块；洗好的鹅肝用斜刀切片，备用。

 2.用油起锅，倒入甜面酱，炒香，放入鹅肝炒匀，淋入料酒炒香。

 3.倒入土豆块，炒匀，注入适量清水，烧开后用小火煮约30分钟。

 4.加入盐、白糖、生抽，用小火续煮至食材熟透，盛出，装入盘中，撒上香菜末、葱花即可。

小贴士　土豆含有蛋白质、维生素、膳食纤维、钾、锌、铁等营养成分，具有抗衰老、通便排毒、美容瘦身等功效。

香煎鹅肝

材料	鹅肝300克	调料	盐2克，料酒3毫升，生抽2毫升，食用油适量

相宜	鹅肝+料酒　去除腥味 鹅肝+黑胡椒　增加食欲	相克	鹅肝+梨　产生不良生化反应

1.洗净的鹅肝切开，去除油脂，切成片。

2.把鹅肝放入碗中，加入少许盐、料酒、生抽，拌匀，腌渍约10分钟，至其入味，备用。

3.煎锅置于火上烧热，淋入少许食用油烧热。

4.放入鹅肝，用小火略煎片刻，翻转鹅肝，煎至两面断生即可。

小贴士　　鹅肝含有蛋白质、维生素A、维生素C、铁、锌、铜、钾、磷、硒等营养成分，具有补血、明目、保护肝脏、延缓衰老等功效。

菌菇冬笋鹅肉汤

材料	鹅肉500克，茶树菇90克，蟹味菇70克，冬笋80克，姜片、葱花各少许	调料	盐2克，鸡粉2克，料酒20毫升，胡椒粉、食用油各适量

相宜	鹅肉+冬瓜　补脾健胃、清热消火 鹅肉+柠檬　益气补虚、暖胃生津	相克	鹅肉+鸡蛋　伤元气

1.洗好的茶树菇切去老茎，改切段；洗净的蟹味菇切去老茎；去皮洗好的冬笋切片，备用。

2.锅中注水烧开，倒入鹅肉，淋适量料酒，氽去血水，捞出，沥干水分。

3.砂锅中注入适量清水烧开，倒入鹅肉、姜片，淋入适量料酒，烧开后转小火炖至鹅肉熟软。

4.倒入茶树菇、蟹味菇、冬笋片，搅拌片刻，用小火再炖至食材熟透；放入盐、鸡粉、胡椒粉，搅拌片刻，至食材入味即可。

小贴士　鹅肉含有人体所需的多种氨基酸、维生素、微量元素及不饱和脂肪酸，并且脂肪含量很低，具有补阴益气、暖胃生津、降压降糖、祛风湿、延缓衰老等功效。

红烧鹌鹑

材料 鹌鹑肉300克，豆干200克，胡萝卜90克，花菇、姜片、葱条、蒜头、香叶、八角各少许

调料 料酒、生抽各6毫升，盐、白糖各2克，老抽2毫升，水淀粉、食用油各适量

相宜 胡萝卜+香菜　　开胃消食
胡萝卜+绿豆芽　排毒瘦身

相克 胡萝卜+山楂　　破坏维生素C
胡萝卜+醋　　　降低营养价值

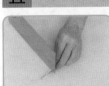

1.葱条切段；蒜头切成小块；胡萝卜去皮切成小块；花菇切成小块；把豆干切成三角块。

2.用油起锅，放入蒜头，炒香；加入姜片、葱条，倒入洗净的鹌鹑肉，炒至变色。

3.淋入适量料酒，加生抽、香叶、八角，注入适量清水，加入盐、白糖、老抽，倒入胡萝卜、花菇、豆干，烧开后用小火焖约15分钟。

4.用大火收汁，倒入适量水淀粉拌匀，煮至浓稠即可。

小贴士 胡萝卜含有蔗糖、葡萄糖、淀粉、胡萝卜素、钾、钙、磷等营养成分，具有益肝明目、降低血脂、降压强心、促进肾上腺素的合成等功效。

五彩鸽丝

材料	鸽子肉700克，青椒20克，红椒10克，芹菜60克，去皮胡萝卜45克，去皮莴笋30克，冬笋40克，姜片少许	调料	盐2克，鸡粉1克，料酒10毫升，水淀粉少许，食用油适量

相宜	鸽肉+芹菜　清热利尿 鸽肉+鳖肉　滋肾益气、散结痛经	相克	鸽肉+猪肝　使皮肤出现色素沉淀 鸽肉+黄花菜　引起肠胃不适

1.洗好的鸽子去骨，取肉切条；青椒、红椒切成条状；莴笋切成丝；芹菜切段；冬笋切成条；胡萝卜切片，再切成条。

2.往切好的鸽子肉里加入盐、料酒、水淀粉，拌匀，腌渍一会儿至入味。

3.锅中注水烧开，倒入冬笋条、胡萝卜，汆煮一会儿至食材断生，捞出待用。

4.用油起锅，放鸽肉翻炒，加姜片、料酒炒匀，放其他所有材料，炒至食材熟透；加料酒、盐、鸡粉、水淀粉炒匀即可。

小贴士　鸽子肉含有蛋白质、维生素A、B族维生素、钙、铁、铜等营养物质，具有壮阳补肾、健脑补神、提高记忆力、降低血压、养颜美容等功效。

香菇蒸鸽子

材料	鸽子肉350克，鲜香菇40克，红枣20克，姜片、葱花各少许	调料	盐2克，鸡粉2克，生粉10克，生抽4毫升，料酒5毫升，芝麻油、食用油各适量

相宜	香菇+扁豆　促进消化 香菇+马蹄　益胃助食	相克	香菇+河蟹　易引起腹泻 香菇+鹌鹑蛋　面部易长黑斑

1.将洗净的香菇切粗丝；洗好的红枣切开，去核，留枣肉待用。

2.洗净的鸽子肉斩成小块，装入碗中，加入鸡粉、盐、生抽、料酒、姜片、红枣肉、香菇丝、生粉、芝麻油，腌渍至鸽肉入味。

3.取一个干净的蒸盘，放入腌渍好的食材，静置片刻，待用。

4.蒸锅上火烧开，放入蒸盘，用中火蒸至食材熟透；取出，趁热撒上葱花，浇上热油即成。

小贴士	香菇含有钾、钙、磷、铁、维生素B_1、烟酸，有化痰理气、透疹解毒的功效。此外，香菇还含有香菇多糖和天门冬素，有降血糖的作用，适合糖尿病患者食用。

洋葱腊肠炒蛋

材料	洋葱55克，腊肠85克，蛋液120克	调料	盐2克，水淀粉、食用油各适量

相宜	洋葱+鸡肉　延缓衰老 洋葱+猪肉　滋阴润燥	相克	洋葱+蜂蜜　伤害眼睛

 1.将洗净的腊肠切开，改切成小段；洗好的洋葱切开，再切小块。

 2.把蛋液装入碗中，加入少许盐，倒入适量水淀粉，快速搅拌一会儿，调成蛋液，待用。

 3.用油起锅，倒入切好的腊肠，炒出香味，放入洋葱块，用大火快炒至变软。

 4.倒入调好的蛋液，铺开，呈饼型，再炒散，至食材熟透即成。

小贴士　洋葱含有蛋白质、胡萝卜素、B族维生素、膳食纤维、钙、磷、镁、铁等营养成分，具有润肠通便、利尿消肿、抗菌消炎等功效。

笋丁焖蛋

| 材料 | 竹笋丁200克，肉末100克，蛋液200克，红椒块、葱花各少许 | 调料 | 料酒5毫升，盐2克，鸡粉2克，食用油适量 |

| 相宜 | 竹笋+猪肉　辅助治疗肥胖症
竹笋+枸杞　治疗咽喉疼痛 | 相克 | 竹笋+羊肝　对身体不利 |

 1.热锅注油，倒入备好的肉末，炒至变色。

 2.倒入竹笋丁，加入少许料酒、盐、鸡粉，注入适量清水，用大火煮至食材入味。

 3.将备好的蛋液倒入锅中，再煮5分钟.

 4.倒入红椒、葱花，搅拌匀，略炒一会儿即可。

小贴士　竹笋含有蛋白质、胡萝卜素、膳食纤维、铁、磷、镁等营养成分，具有开胃健脾、清热解毒、增强免疫力等功效。

春笋叉烧肉炒蛋

材料	竹笋130克，彩椒12克，叉烧肉55克，鸡蛋2个	调料	盐2克，鸡粉2克，料酒3毫升，水淀粉、食用油各适量

相宜	竹笋+鸡肉　暖胃益气、补精填髓 竹笋+莴笋　治疗肺热痰火	相克	竹笋+红糖　对身体不利 竹笋+羊肉　导致腹痛

 1.彩椒切成小块；洗好去皮的竹笋切丁；叉烧肉切成小块；竹笋丁、彩椒丁焯水后捞出待用。

 2.把鸡蛋打入碗中，加入少许盐、鸡粉、水淀粉，快速搅拌匀，制成蛋液，待用。

 3.用油起锅，倒入焯过水的食材，炒匀；加入少许盐，倒入叉烧肉，转中火，快速炒干水汽，关火后盛出炒好的材料，待用。

 4.另起锅，注入适量食用油烧热，倒入蛋液，炒匀，放入炒好的食材，用中火炒至食材熟透即可。

小贴士　竹笋含有膳食纤维、维生素、钙、磷、镁、锌、硒、铜等营养成分，具有促进肠道蠕动、去积食、健脾等功效。

粉皮松花蛋

材料	水发粉皮180克，松花蛋140克，葱花、香菜各少许	**调料**	盐1克，鸡粉1克，生抽3毫升，花椒油2毫升，陈醋4毫升，辣椒油10毫升，芝麻酱少许

相宜	皮蛋+醋　　去除腥味 皮蛋+辣椒　开胃消食	**相克**	皮蛋+甲鱼　不利于健康 皮蛋+李子　对身体不利

 1.洗净的香菜切小段；去壳的皮蛋切开，再切小瓣。

 2.取一个小碗，加入芝麻酱、盐、鸡粉、生抽、花椒油、陈醋、辣椒油，拌匀。

 3.倒入香菜、葱花，拌匀，调成味汁，待用。

 4.另取一个盘子，盛入粉皮，放入松花蛋，浇上味汁即可。

小贴士　　粉皮富含糖类和膳食纤维，可增加饱腹感，是肥胖者和糖尿病患者的良好食物。皮蛋含有蛋白质及多种维生素、矿物质，具有开胃消食、润喉、通便等功效。

豆豉荷包蛋

材料	鸡蛋3个，蒜苗80克，小红椒1个，豆豉20克，蒜末少许	调料	盐3克，鸡粉3克，生抽、食用油各适量

相宜	蒜苗+香干　平衡营养 蒜苗+虾仁　美容养颜	相克	蒜苗+蜂蜜　易伤眼睛

 1.将洗净的小红椒切成小圈；洗好的蒜苗切段。

 2.用油起锅，打入鸡蛋，翻炒几次，煎至成形，放入碗中，按同样方法再煎2个荷包蛋。

 3.锅底留油，放入蒜末、豆豉，炒香；加入小红椒、蒜苗，炒匀。

 4.放入荷包蛋，炒匀，放入少许盐、鸡粉、生抽，炒匀即可。

小贴士　蒜苗含有维生素C、胡萝卜素、硫胺素、维生素B$_2$等营养成分，具有保护肝脏、防癌抗癌等功效。

香辣金钱蛋

材料 熟鸡蛋3个，圆椒55克，泡小米椒25克，蒜末、葱花各少许

调料 生抽5毫升，盐2克，鸡粉2克，料酒10毫升，水淀粉5毫升，芝麻油2毫升，食用油适量

相宜 鸡蛋+草鱼　温补强身
鸡蛋+紫菜　补充维生素B$_{12}$和钙质

相克 鸡蛋+甲鱼　导致腹泻
鸡蛋+豆浆　影响钙的吸收

1.将泡小米椒切碎；洗好的圆椒切粒；熟鸡蛋去皮，切成片，待用。

2.用油起锅，放入蒜末、圆椒、泡小米椒，翻炒匀；倒入鸡蛋，加入少许生抽，炒匀上色。

3.淋入适量料酒，放入盐、鸡粉、水淀粉，翻炒片刻。

4.淋入芝麻油，翻炒片刻，至食材入味即可。

小贴士 　鸡蛋含有蛋白质、卵磷脂、蛋黄素、维生素、铁、钙、钾等营养成分，具有益智健脑、补肺养血、滋阴润燥、恢复肝脏组织损伤等功效。

啤酒卤蛋

材料	鸡蛋3个，啤酒150毫升	调料	盐、白糖各1克，老抽5毫升

相宜	啤酒+鸡翅　消暑解热 啤酒+鸡蛋　增进食欲	相克	啤酒+海鲜　引发痛风 啤酒+白酒　刺激心脏、伤肝、伤肾

1.沸水锅中，放入鸡蛋，加盖，用大火煮5分钟至熟透。

2.揭盖，取出煮熟的鸡蛋，放入凉水中降温，取出去壳，装盘待用。

3.另起锅，倒入啤酒，放入去壳的鸡蛋，加入盐、白糖、老抽，用大火煮开。

4.转中火卤约20分钟至啤酒收干，盛出鸡蛋，装在盘中，浇上剩余汁液即可。

小贴士	啤酒含有糖类、维生素及钙、磷等营养物质，适当饮用，具有消暑解热、帮助消化、开胃健脾、增进食欲等功能，用来做菜则更具风味。

软炒蚝蛋

材料	生蚝肉120克，鸡蛋2个，马蹄肉、香菇、肥肉各少许	调料	鸡粉4克，盐3克，水淀粉4毫升，料酒9毫升，食用油适量

相宜	生蚝+鸡蛋　促进骨骼生长 生蚝+豆腐　开胃	相克	生蚝+啤酒　引起痛风 生蚝+芹菜　降低锌的吸收

1.洗净的香菇切成粒；洗净的马蹄肉切成粒；洗净的肥肉切成粒。

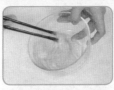
2.把洗好的生蚝肉装入碗中，加入少许鸡粉、盐、料酒，拌匀；将鸡蛋打入碗中，加入适量鸡粉、盐、水淀粉，打散调匀。

3.锅中注水烧开，放入生蚝肉，煮1分钟，捞出；另起锅，注入水烧开，加入适量鸡粉、盐、食用油，放入香菇、马蹄，煮1分钟，捞出，备用。

4.用油起锅，放入肥肉、马蹄和香菇，炒匀；放入生蚝肉，加入适量料酒、盐、鸡粉，炒匀调味；倒入蛋液，翻炒至熟即可。

小贴士	生蚝含有氨基酸、肝糖元、B族维生素、牛磺酸和钙、磷、铁、锌等营养成分。儿童常食，能增强机体免疫力、促进智力发育、提高大脑的活动效率。

秋葵炒蛋

材料	秋葵180克，鸡蛋2个，葱花少许	调料	盐少许，鸡粉2克，水淀粉、食用油各适量

相宜	鸡蛋+苦瓜 鸡蛋+醋	对骨骼及血管的健康有利 降低血脂	相克	鸡蛋+大蒜 鸡蛋+红薯	降低营养成分 容易造成腹痛

1.将洗净的秋葵对半切开，切成块。

2.鸡蛋打入碗中，打散调匀，放入少许盐、鸡粉、水淀粉，搅拌匀。

3.用油起锅，倒入切好的秋葵，炒匀；撒入少许葱花，炒香。

4.倒入鸡蛋液，翻炒至熟，将炒好的秋葵鸡蛋盛出，装盘即可。

小贴士　　秋葵含有一种黏性物质由蛋白质、牛乳聚糖等构成，儿童常食秋葵，能健胃、助消化、增强体力。

牛肉炒鸡蛋

材料	牛肉200克，鸡蛋2个，葱花少许	调料	盐2克，鸡粉2克，料酒、生抽、水淀粉、食用油各适量

相宜	牛肉+土豆　保护胃黏膜 牛肉+洋葱　补脾健胃	相克	牛肉+红糖　易引起腹胀 牛肉+橄榄　易引起身体不适

1.洗净的牛肉切成片。

2.把切好的牛肉片装入碗中，加入少许生抽、盐、鸡粉、水淀粉、食用油，腌渍至入味。

3.鸡蛋打入碗中，打散调匀，加入少许盐、鸡粉、水淀粉，调匀。

4.用油起锅，倒入牛肉，炒至转色，淋入料酒，炒香；倒入蛋液，拌炒至熟；撒入少许葱花，炒出香味即可。

小贴士　　牛肉含有氨基酸、矿物质、维生素B_6，可增强免疫力，促进蛋白质的新陈代谢和合成。鸡蛋含有的卵磷脂可提高人体血浆蛋白量，增强机体的代谢功能和免疫功能。两者同食可增强儿童的免疫力。

海鲜鸡蛋炒秋葵

材料	秋葵150克，鸡蛋3个，虾仁100克	调料	盐、鸡粉各3克，料酒、水淀粉、食用油各适量

相宜	秋葵+鸡蛋　补虚养肾 秋葵+虾仁　增强免疫力	相克	秋葵+黑木耳　易引发腹部不适 秋葵+螃蟹　易引起腹痛、腹泻

1.洗净的秋葵切去柄部，斜刀切小段；虾仁切成丁状；取一碗，打入鸡蛋，加盐、鸡粉搅散。

2.把切好的虾仁倒入碗中，加入盐、料酒、水淀粉，拌匀，腌渍10分钟。

3.用油起锅，倒入虾仁，炒至转色，放入秋葵，翻炒至熟，盛出，装入盘中待用。

4.用油起锅，倒入打好的鸡蛋液，放入秋葵和虾仁，翻炒约2分钟至食材熟透即可。

小贴士　秋葵含有糖类、纤维素、胡萝卜素、维生素C、维生素E及镁、钙、钾、磷等营养成分，具有保肝护肾、提高食欲、帮助消化等功效。

艾叶炒鸡蛋

材料	艾叶8克，鸡蛋3个，红椒5克	调料	盐、鸡粉各1克，食用油适量

相宜	艾叶+鸡蛋　温经散寒 艾叶+红糖　补血调经	相克	艾叶+西瓜　损伤脾胃

 1.洗净的艾叶稍稍切碎。

 2.洗好的红椒切开去籽，切成丝，改切成丁。

 3.鸡蛋打入碗中，加入盐、鸡粉，搅散，制成蛋液。

 4.用油起锅，倒入蛋液，稍稍炒拌，放入切好的艾叶、红椒，炒约3分钟至熟即可。

小贴士　　鸡蛋含有蛋白质、氨基酸、B族维生素、硒、铁等多种营养元素，具有增强免疫力、强健体格、防癌抗癌等多种作用。

陈皮炒鸡蛋

材料	鸡蛋3个，水发陈皮5克，姜汁100毫升，葱花少许	调料	盐3克，水淀粉、食用油各适量

相宜	鸡蛋+西红柿　抗衰防老 鸡蛋+大豆　　降低血脂	相克	鸡蛋+红薯　不消化、易腹痛 鸡蛋+豆腐　影响蛋白质吸收

 1.洗好的陈皮切丝。

 2.取一个碗，打入鸡蛋，加入陈皮丝、盐、姜汁、水淀粉，拌匀，待用。

 3.用油起锅，倒入蛋液，炒至鸡蛋成形。

 4.撒上葱花，略炒片刻，盛出炒好的菜肴，装入盘中即可。

小贴士　　鸡蛋含有蛋白质、卵磷脂、B族维生素、维生素C、钙、铁、磷等营养成分，具有益智健脑、延缓衰老、保护肝脏等功效。

火腿炒鸡蛋

| **材料** | 鸡蛋3个，火腿肠75克，黄油8克，西蓝花20克 | **调料** | 盐1克 |

| **相宜** | 火腿+冬瓜　开胃消食
火腿+鸡蛋　增强食欲 | **相克** | 火腿+杨梅　对身体不利
火腿+菊花　对身体不利 |

 1.火腿肠去包装，切成丁；洗净的西蓝花切成小块。

 2.取一碗，打入鸡蛋，加入盐，打散成蛋液。

 3.锅置火上，放黄油，烧至溶化，倒入蛋液，炒匀，放入西蓝花，炒约2分钟至熟。

 4.倒入火腿丁，翻炒1分钟至香气飘出即可。

小贴士　火腿经过发酵分解，各种营养成分更易被人体所吸收，具有养胃生津、益肾壮阳等作用，是病后、产后、体虚者调补的上品。

菠菜炒鸡蛋

材料	菠菜65克，鸡蛋2个，彩椒10克	调料	盐2克，鸡粉2克，食用油适量

相宜	菠菜+猪肝　提供丰富的营养 菠菜+胡萝卜　保持心血管的畅通	相克	菠菜+醋　损伤牙齿

1.洗净的彩椒切开，去籽，切条形，再切成丁。

2.洗好的菠菜切成粒。

3.鸡蛋打入碗中，加入适量盐、鸡粉，搅匀打散，制成蛋液，待用。

4.用油起锅，倒入蛋液，翻炒均匀；加入彩椒，翻炒匀；倒入菠菜粒，炒至食材熟软即可。

小贴士　菠菜含糖类、维生素、铁、钾、胡萝卜素、叶酸、草酸、磷脂等，能促进生长发育、增强抗病能力，促进人体新陈代谢，延缓衰老。

鸡蛋炒百合

材料 鲜百合140克，胡萝卜25克，鸡蛋2个，葱花少许

调料 盐2克，鸡粉2克，白糖3克，食用油适量

相宜
百合+芦笋　降压降脂
百合+胡萝卜　明目养神

相克 百合+虾皮　降低营养价值

1.洗净去皮的胡萝卜切厚片，再切条形，改切成片。

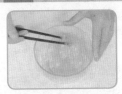
2.鸡蛋打入碗中，加入盐、鸡粉，拌匀，制成蛋液。

3.锅中注入适量清水烧开，倒入胡萝卜、百合，加入少许白糖，煮至食材断生，捞出待用。

4.用油起锅，倒入蛋液，炒匀，放入焯过水的材料，炒匀，撒上葱花，炒出葱香味即可。

小贴士 百合含还原糖、B族维生素、维生素C、秋水仙碱、钙、磷、铁等营养成分，具有养阴润肺、清心安神等功效。

鸡蛋炒豆渣

材料	豆渣120克，彩椒35克，鸡蛋3个	调料	盐、鸡粉各2克，食用油适量

相宜	鸡蛋+玉米 防止胆固醇过高 鸡蛋+桂圆 治血虚引起的头痛	相克	鸡蛋+菠萝 影响消化 鸡蛋+柿子 导致腹泻、腹胀、呕吐

1.将洗净的彩椒切成丁；把鸡蛋打入碗中，加入盐、鸡粉，调匀，制成蛋液待用。

2.炒锅烧热，倒入少许食用油，放入豆渣，用小火将水分炒干，盛出，放凉待用。

3.用油起锅，倒入彩椒丁，炒出香味；加入少许盐、鸡粉，炒匀调味，盛出待用。

4.另起锅，淋入少许食用油烧热，倒入蛋液，炒匀；放入炒好的彩椒、豆渣，翻炒均匀即可。

小贴士
　　鸡蛋含有蛋白质、卵磷脂、维生素A、维生素D、维生素E、烟酸、铁、磷、钙等营养成分，具有促进大脑发育、增强免疫力等功效。

彩椒玉米炒鸡蛋

材料	鸡蛋2个，玉米粒85克，彩椒10克	调料	盐3克，鸡粉2克，食用油适量

相宜	玉米+鸡蛋　防止胆固醇过高 玉米+松仁　益寿养颜	相克	玉米+田螺　对身体不利

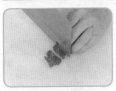 1.洗净的彩椒切开，去籽，切成条，再切成丁。

 2.鸡蛋打入碗中，加入少许盐、鸡粉，搅匀，制成蛋液，备用。

 3.锅中注入适量清水烧开，倒入玉米粒、彩椒，加入适量盐，煮至断生，捞出，沥干待用。

 4.用油起锅，倒入蛋液，炒匀，倒入焯过水的食材，快速炒匀，盛出装盘，撒上葱花即可。

小贴士　玉米含有膳食纤维、钙、磷等营养成分，具有促进大脑发育、降血脂、降血压、软化血管等功效。

桂圆炒鸡蛋

材料	鸡蛋3个，鲜桂圆肉60克，枸杞10克，葱花少许	**调料**	盐2克，鸡粉2克，水淀粉、食用油各适量

相宜	桂圆+莲子　养心安神 桂圆+鸡蛋　治血虚引起的头痛	**相宜**	桂圆+白果　养心、润肺 桂圆+百合　镇静安眠

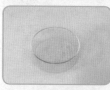 1.鸡蛋打入碗中，加少许盐、鸡粉、水淀粉，打散、调匀。

 2.用油起锅，倒入调好的蛋液，炒至成形。

 3.放入鲜桂圆肉，翻炒匀。

 4.加入泡发好的枸杞，炒至入味，盛出装入盘中，撒上葱花即可。

小贴士　　鸡蛋含有蛋白质、多种维生素和矿物质，具有健脑益智、保护肝脏、预防癌症的功效。

414

萝卜干肉末炒鸡蛋

材料	萝卜干120克，鸡蛋2个，肉末30克，干辣椒5克，葱花少许	**调料**	盐、鸡粉各2克，生抽3毫升，水淀粉、食用油各适量

相宜	萝卜干+绿豆芽　排毒瘦身 萝卜干+鸡蛋　　提高食欲	**相克**	萝卜干+山楂　破坏维生素C 萝卜干+醋　　降低营养价值

 1.将鸡蛋打入碗中，加入少许盐、鸡粉、水淀粉，制成蛋液，待用；洗净的萝卜干切成丁。

 2.锅中注入适量清水烧开，倒入萝卜丁，焯煮至其变软后捞出，沥干水分，待用。

 3.用油起锅，倒入蛋液，用中火翻炒一会儿，盛出炒好的鸡蛋，装入碗中，待用。

 4.锅底留油烧热，放肉末翻炒；淋生抽，放干辣椒炒香；倒萝卜丁、鸡蛋炒散；加盐、鸡粉炒至食材入味；盛出，点缀上葱花即成。

小贴士　　萝卜干含有胡萝卜素、抗坏血酸、钙、磷等营养成分，具有降血脂、降血压、清热生津、化痰止咳等功效。

海带虾仁炒鸡蛋

1.洗好的海带切成小块；虾仁切开背部，去除虾线，装入碗中，放入少许料酒、盐、鸡粉、水淀粉、芝麻油，腌渍10分钟。

2.鸡蛋打入碗中，放入少许盐、鸡粉，用筷子打散、搅匀；用油起锅，倒入蛋液，翻炒至蛋液凝固，盛出。

3.锅中注入适量清水烧开，倒入海带，煮半分钟，捞出，沥干水分，备用。

4.用油起锅，倒虾仁快速翻炒；加海带，淋料酒、生抽，加入鸡粉，炒匀调味；倒入鸡蛋，翻炒匀；放入葱段，翻炒匀即可。

小贴士　　海带含有较多的不饱和脂肪酸、食物纤维、钙等营养物质。缺钙是诱发高血压的重要原因之一，常食海带对预防高血压大有裨益。

416

茭白木耳炒鸭蛋

材料 茭白300克，鸭蛋2个，水发木耳40克，葱段少许

调料 盐4克，鸡粉3克，水淀粉10毫升，食用油适量

相宜
茭白+鸡蛋　美容养颜
茭白+猪蹄　有催乳作用

相克
茭白+豆腐　容易得结石
茭白+蜂蜜　引发痼疾

1. 将木耳切小块；茭白切成片；将鸭蛋打入碗中，放入少许盐、鸡粉、水淀粉，打散，调匀。

2. 锅中注水烧开，放入适量盐、鸡粉，倒入茭白、木耳，煮至七成熟，捞出，装盘，备用。

3. 用油起锅，倒入蛋液，搅散，翻炒至七成熟盛出。

4. 另起锅，注油烧热，放入葱段，爆香；倒入茭白、木耳，炒匀；放入鸭蛋，翻炒匀；调入适量盐、鸡粉、水淀粉，翻炒均匀即可。

小贴士 茭白含有糖类、维生素C、胡萝卜素等营养物质，可补充人体所需的营养，增强免疫力，还能有效软化角质层，使皮肤润滑细腻，有很好的美容功效。

嫩姜炒鸭蛋

材料	嫩姜90克，鸭蛋2个，葱花少许	调料	盐4克，鸡粉2克，水淀粉4毫升，食用油少许

相宜	生姜+醋　　减缓恶心和呕吐 生姜+红糖　预防感冒	相克	生姜+狗肉　　容易上火 生姜+白酒　　伤害肠胃

1.洗净的嫩姜切成细丝，装入碗中，加入2克盐，抓匀，腌渍10分钟。

2.将腌好的姜丝放入清水中，洗去多余盐分。

3.鸭蛋打入碗中，放入葱花，加入适量鸡粉、盐、水淀粉，用筷子打散搅匀。

4.炒锅注油烧热，倒入腌好的姜丝，炒至姜丝变软，倒入搅拌好的蛋液，快速炒至熟透即可。

小贴士　　生姜含有的姜辣素进入人体后能产生一种抗氧化酶，对抗自由基。此外，生姜还有姜醇、姜烯、水芹烯等，可缓解疲劳、乏力、厌食、腹胀、腹痛等症状，有健胃、增进食欲的作用。

鸭蛋炒洋葱

<table>
<tr><td>材料</td><td>鸭蛋2个，洋葱80克</td><td>调料</td><td>盐3克，鸡粉2克，水淀粉4毫升，食用油适量</td></tr>
</table>

相宜	洋葱+大蒜　防癌抗癌 洋葱+鸡蛋　降压降脂	相克	洋葱+蜂蜜　伤害眼睛

 1.去皮洗净的洋葱切丝。

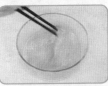 2.鸭蛋打入碗中，放入少许鸡粉、盐、水淀粉，用筷子打散、调匀。

 3.锅中倒入适量食用油烧热，放入切好的洋葱，翻炒至洋葱变软，加入适量盐，炒匀调味。

 4.倒入调好的蛋液，快速翻炒至熟，盛出，装入盘中即可。

小贴士　　洋葱含有前列腺素A，是天然的血液稀释剂，能扩张血管，降低血液黏稠度，具有降血压、增加冠状动脉的血流量、预防血栓形成的作用。

香菇肉末蒸鸭蛋

材料	香菇45克，鸭蛋2个，肉末200克，葱花少许	调料	盐3克，鸡粉3克，生抽4毫升，食用油适量

相宜	香菇+豆腐 香菇+薏米	健脾养胃、增加食欲 化痰理气	相克	香菇+鹌鹑蛋 香菇+河蟹	面部易长黑斑 易引起腹泻

 1.洗好的香菇切成粒；将鸭蛋打入碗中，加入少许盐、鸡粉，加入适量温水，搅拌匀，备用。

 2.用油起锅，放入肉末，炒至变色；加入香菇粒，炒匀，炒香；放入少许生抽、盐、鸡粉，炒匀调味。

 3.把蛋液放入烧开的蒸锅中，用小火蒸约10分钟至蛋液凝固。

 4.把香菇肉末放在蛋羹上，用小火再蒸至熟；取出蒸蛋，放入葱花，再浇上少许熟油即可。

小贴士 香菇含有嘌呤、胆碱、酪氨酸、氧化酶及某些核酸物质，具有降血压、降胆固醇、降血脂的作用，还可预防动脉硬化、肝硬化等疾病。

北极贝蒸蛋

材料	北极贝60克，鸡蛋3个，蟹柳55克	调料	盐2克，鸡粉少许

相宜	北极贝+鸡蛋	提高免疫力	相克	北极贝+啤酒	引发痛风
	北极贝+蟹柳	增强食欲		北极贝+水果	对胃肠道产生刺激

1.将洗净的蟹柳切片，再切条形，改切丁。

2.把鸡蛋打入碗中，再注入适量清水，加入盐、鸡粉，倒入蟹柳丁，制成蛋液，倒入蒸碗中。

3.蒸锅上火烧开，放入蒸碗，用中火蒸约6分钟，至食材断生。

4.再把备好的北极贝放入蒸碗中，铺放开，转大火蒸约5分钟，至食材熟透即可。

小贴士　北极贝肉质肥美，含有丰富的蛋白质和不饱和脂肪酸，脂肪含量低，有滋阴平阳、养胃健脾等作用，是上等的滋补食材。

肉末蒸鹅蛋羹

材料	鹅蛋1个，猪肉末120克，高汤适量，葱花少许	调料	盐1克，鸡粉1克，胡椒粉1克，料酒4毫升，生抽2毫升，芝麻油、生粉、食用油各适量

相宜	猪肉+香菇　保持营养均衡 猪肉+茄子　增加血管弹性	相克	猪肉+田螺　容易伤肠胃 猪肉+茶　　容易造成便秘

1.用油起锅，倒入肉末，炒至变色，加入适量料酒、生抽、炒匀，盛入盘中，制成肉馅。

2.鹅蛋打入碗中，加入适量盐、鸡粉、胡椒粉、芝麻油、高汤、生粉拌匀待用。

3.取一个蒸碗，倒入拌好的蛋液，放入烧开的蒸锅中，用中火蒸6分钟。

4.放入肉馅，铺开，中火蒸4分钟至熟；取出蒸碗，淋少许芝麻油，撒上葱花即可。

小贴士　猪肉含有蛋白质、维生素、磷、钙等营养成分，具有滋阴润燥、补虚养血等功效。此外，猪肉还含有血红素和促进铁吸收的半胱氨酸，能改善缺铁性贫血。

紫菜萝卜蛋汤

材料	水发紫菜160克，白萝卜230克，鸭蛋1个，陈皮末、葱花各少许	**调料**	盐、鸡粉各2克，芝麻油适量

相宜	紫菜+白萝卜　清心开胃 紫菜+甘蓝　　帮助合成牛磺酸	**相克**	紫菜+花菜　影响钙的吸收 紫菜+柿子　不利消化

1.将洗净去皮的白萝卜切薄片，再切成细丝。

2.将鸭蛋打入碗中，打散调匀，制成蛋液。

3.锅中注入清水烧热，倒入陈皮末、白萝卜，拌匀，煮至断生。

4.放入紫菜、盐、鸡粉、芝麻油、蛋液，拌匀，煮至蛋花成形，盛出煮好的蛋汤，撒上葱花即可。

小贴士　　紫菜含有胆碱、胡萝卜素、维生素B$_1$、烟酸、维生素C、碘等营养成分，具有化痰软坚、清热利水、补肾养心等功效。

黄花菜鸡蛋汤

材料	水发黄花菜100克，鸡蛋50克，葱花少许	调料	盐3克，鸡粉2克，食用油适量

相宜	黄花菜+猪肉　　增强体质 黄花菜+马齿苋　清热祛毒	相克	黄花菜+鹌鹑　　引发痔疮 黄花菜+驴肉　　导致腹泻

 1.将洗净的黄花菜切去根部；将鸡蛋打入碗中，打散、调匀。

 2.锅中注水烧开，加入盐、鸡粉、黄花菜，淋入食用油，拌匀，煮约2分钟，至其熟软。

 3.倒入蛋液，边煮边搅拌，至液面浮出蛋花。

 4.将煮好的汤盛出装入碗中，撒上葱花即成。

小贴士　黄花菜含有维生素C、钙、胡萝卜素等营养成分，有消炎、清热、利湿的功效。黄花菜还含有较多的粗纤维，对稳定血压、降血压有一定的作用。

6

美味水产

水产类菜肴味道非常鲜美，是深受人们欢迎的饮食佳品。水产类食材所含有的脂肪不但含量低，而且多数为不饱和脂肪酸，非常有利于健康；且其中的蛋白质与人体组织蛋白质的组成相似，因此营养价值较高，属于优质蛋白。

本章就为您介绍多款美味水产家常菜，配有详细做法和步骤图，制作简单，容易上手，快跟着我们一起来做吧。

水产品的初步加工要求

水产品味道鲜美，是我们生活中不可缺少的烹调原料。水产品的种类繁多，初步加工方法较为复杂，必须认真细致地加以处理，才能成为适合于烹调的原料。对于水产品，在切配与烹调以前，首先要去鳞、除鳃、洗净。具体的步骤，依品种与烹调方法而异，一般而言，先去鳞、鳍、鳃后摘除内脏。水产品的初步加工的要求有3点。

除尽污秽杂质，确保清洁卫生

在进行水产品加工时，鱼、虾、蟹、贝类等水产品本身就有某些部位不能食用，如鱼鳞、鱼鳃、鱼鳍、鱼骨、硬壳、内脏、黏液、血污、砂粒、皮膜、硬皮等，同时，这些部位往往含有较重的腥臭气味，因此在初步加工过程中，要及时、有效地清除这些部位，以便更好地体现出水产品特有的鲜美滋味。比如比目鱼的初加工处理，比目鱼的表面外皮粗糙，颜色灰暗，极不美观，不仅影响菜肴的质量，而且还会引起食物中毒。去皮方法是：先用刀在鱼的头部划一刀口，在手指上沾一点盐，放在头部刀口处用力擦，鱼皮上翻，即用手剥去外皮，接着，用同样的方法去掉另一面鱼皮。然后将鱼鳃挖掉，用刀剖开鱼腹，去除内脏，清洗干净。

根据烹调要求加工

水产品初加工时，要根据烹调的不同要求，而采取不同的加工方法。例如鱼，不同的菜肴，对鱼体的形态要求不一。需整条鱼上席的，初步加工时，须从鱼的口腔中将鱼鳃和内脏卷出，而用于出肉加工的鱼则可剖腹取出内脏；又如鳝鱼，也因烹制菜肴的品种不同，而采取生杀或熟杀两种不同方式。

根据原料的不同品种进行加工

水产品有的带有鳞片，有的带有黏液，有的还带有沙粒等。初加工应根据不同的品种特点进行，才能保证原料的质量符合烹调的要求。比如大虾仁的拆肉加工方法是：先用手摘去虾头，左手捏住背脊上部，右手的大拇指和食指捏住虾的颈部背脊处，用力一挤，即可将整只虾身的肉全部挤出。

番茄酱烧鱼块

材料	鳙鱼肉300克，番茄酱30克，生粉50克，葱段、姜片各少许	调料	盐3克，白糖3克，白醋4毫升，料酒3毫升，水淀粉5毫升，食用油适量

相宜	鳙鱼+苹果　治疗腹泻 鳙鱼+豆腐　有益补钙	相克	鳙鱼+山楂　不利营养吸收

1.鳙鱼肉切小块，装碗，加盐、料酒、生粉，拌匀，腌渍10分钟。

2.热锅注入油，烧至五六成热，放入鱼块，炸至金黄色，捞出。

3.用油起锅，放入姜片，加入番茄酱，爆香；加清水、白糖、白醋、盐，煮至白糖融化。

4.淋入水淀粉勾芡，制成稠汁；放入葱段，倒入鱼块，翻炒均匀即可。

小贴士	鳙鱼富含优质蛋白质、钙、磷、锌及多种维生素，其中的蛋白质含人体必需的多种氨基酸，能有效增强人体免疫力，提高抗病能力，尤其适合儿童和中老年人食用。

酱烧啤酒鱼

材料	鲫鱼300克，啤酒180毫升，黄豆酱25克，姜片、蒜片、葱段各少许	调料	盐2克，鸡粉、白糖各3克，料酒、生抽、食用油各适量

相宜	鲫鱼+黑木耳　润肤抗老 鲫鱼+花生　利于营养吸收	相克	鲫鱼+葡萄　产生强烈刺激 鲫鱼+芥菜　导致肠胃不适

 1.将鲫鱼处理干净后，两面切上花刀。

 2.用油起锅，放入鲫鱼，煎至两面金黄色。

 3.倒入姜片、蒜片、葱段，炒匀，淋入料酒、生抽，倒入啤酒，大火煮1分钟至入味。

 4.放入黄豆酱，加盐，炒匀，加盖，中火焖10分钟；加白糖、鸡粉，转大火收汁即可。

小贴士　鲫鱼含有蛋白质、B族维生素、维生素E及钙、磷、铁等营养成分，具有增强抵抗力、益气健脾、清热解毒、利水消肿等功效。

香芋焖鱼

材料	净鲫鱼300克，芋头180克，椰浆220毫升，姜片、红枣、枸杞各少许	调料	盐3克，食用油适量

相宜	芋头+红枣　补血养颜 芋头+牛肉　防治食欲不振	相克	芋头+香蕉　引起腹胀

1.将芋头洗净去皮，切成小方块，备用。

2.鲫鱼切一字花刀，装入盘中，撒上盐，抹匀，腌渍10分钟。

3.用油起锅，放入鲫鱼，中火煎至两面断生；撒上姜片，倒入芋头块，注入椰浆，大火煮沸。

4.倒入红枣、枸杞，倒入清水，加盐，盖上盖，烧开后转小火焖10分钟；揭盖，转大火收汁即可。

小贴士	芋头含有蛋白质、膳食纤维、淀粉、维生素C、维生素E、钾、钠、钙、镁、铁、锰、锌、硒等营养成分，具有开胃生津、消炎镇痛、补气益肾等功效。

酱焗鱼头

材料	净鱼头850克，蒜薹60克，芹菜55克，豆腐250克，土豆150克，黄豆酱25克，剁椒35克，葱花、蒜末各少许	调料	盐3克，老抽2毫升，生抽5毫升，料酒8毫升，水淀粉、辣椒油、食用油各适量
相宜	豆腐+姜　　润肺止咳 豆腐+西红柿　补脾健胃	相克	豆腐+蜂蜜　易导致腹泻

1.豆腐切小方块；土豆切条；蒜薹切长段；芹菜切段；把鱼头放盘中，撒上盐，抹匀，淋入料酒，腌渍10分钟。

2.用油起锅，放入鱼头，煎至两面断生，盛出装入盘中，待用。

3.另起锅注油烧热，放入蒜末、剁椒、黄豆酱，炒香；倒入土豆条、豆腐块，炒匀；淋入料酒、生抽炒透，盛入装有鱼头的盘中。

4.用油起锅，倒入盘中的材料，加清水、盐、老抽，煮10分钟；放蒜薹、芹菜，续煮片刻；加水淀粉、辣椒油炒香盛出，撒上葱花即可。

小贴士	豆腐含有蛋白质、蛋黄素、维生素B$_1$、维生素B$_6$、叶酸以及铁、镁、钾、铜、钙、锌等营养元素，具有补中益气、清热润燥、生津止渴、清洁肠胃等功效。

腊鱼烧五花肉

材料	腊鱼200克，五花肉300克，豆角、青椒30克，红椒20克，八角、干辣椒、桂皮、花椒、辣椒酱、姜片、葱段、蒜末各少许	调料	白糖2克，鸡粉3克，料酒、生抽、食用油各适量

相宜	五花肉+红薯　降低胆固醇 五花肉+白菜　开胃消食	相克	五花肉+田螺　容易伤肠胃

1.红椒切块；青椒切块；豆角切小段；五花肉切片。

2.锅中注水烧开，倒入腊鱼，汆煮片刻，捞出，沥干水分。

3.用油起锅，倒入五花肉，炒至转色；放入八角、桂皮、花椒，炒匀；加姜片、蒜末、干辣椒，炒香；淋入料酒、生抽，炒匀。

4.倒入腊鱼，注入清水，放入豆角，中火焖5分钟；加入辣椒酱、青椒、红椒、白糖、鸡粉、葱段，炒匀；拣出八角、桂皮、花椒即可。

小贴士	五花肉含有蛋白质、维生素A、磷、钾、镁等营养成分，具有增强免疫力、健脾开胃、生津益血等功效。

腊肉泥鳅钵

| 材料 | 泥鳅300克，腊肉300克，紫苏15克，剁椒、豆瓣酱各20克，葱段、姜片、蒜片、青菜叶各少许 | 调料 | 鸡粉2克，白糖3克，水淀粉、老抽、芝麻油、食用油各适量 |

| 相宜 | 泥鳅+豆腐　　增强免疫力
泥鳅+黑木耳　补气养血、健体强身 | 相克 | 泥鳅+茼蒿　降低营养
泥鳅+黄瓜　不利营养吸收 |

1.腊肉切片；泥鳅切一字刀，再切成段。

2.锅中注水烧开，倒入腊肉，氽煮片刻，捞出；锅中注油烧至五成热，放入泥鳅，炸至金黄色，捞出，沥干油。

3.锅底留油，倒入姜片、蒜片、剁椒、腊肉，炒匀；倒入豆瓣酱、泥鳅，炒匀；注入适量清水，拌匀；加盖，大火焖5分钟。

4.加鸡粉、白糖、老抽、紫苏，炒匀；倒入葱段、水淀粉，炒匀；加入芝麻油，翻炒至入味；盛出装入放有青菜叶的碗中即可。

小贴士　泥鳅含有蛋白质、钾、磷、镁、钠、硒及维生素E等营养成分，具有益气补血、益智健脑、益肝补肾等功效。

红烧腊鱼

材料	腊鱼块350克，生粉30克，花椒、桂皮各适量，姜片、葱段各少许	**调料**	白糖3克，料酒3毫升，生抽3毫升，胡椒粉少许，食用油适量

相宜	花椒+红糖　催乳 花椒+胡椒　辅助治疗痛经	**相克**	花椒+咖啡　对身体不利 花椒+桑葚　导致胸闷

1. 锅中注水烧开，放入腊鱼块，汆去杂质，捞出装碗，加生粉，拌匀。

2. 热锅注油烧至四五成热，放入腊鱼块，炸至焦黄色，捞出，沥干油。

3. 用油起锅，倒入花椒、桂皮、姜片，爆香；淋入料酒，放入腊鱼块，放生抽，加清水，放白糖、胡椒粉，盖上盖，中火焖2分钟。

4. 揭开盖，放入葱段，炒匀即可。

小贴士　花椒有芳香健胃、温中散寒、除湿止痛、杀虫解毒之功效，对恶心、食积、呕吐、风寒湿痹、齿痛等症有食疗作用。

糖醋腊鱼

材料	腊鱼块110克，蛋黄1个

调料	番茄酱20克，生粉20克，蚝油10克，料酒5毫升，盐2克，白糖10克，白醋5毫升，食用油适量

相宜	蛋黄+干贝　增强人体免疫 蛋黄+韭菜　保肝护肾

相克	蛋黄+葱　　引起腹泻 蛋黄+红薯　容易造成腹痛

1.取一碗，放入腊鱼块，加入蚝油、料酒、蛋黄、生粉，拌匀。

2.再取一碗，放入番茄酱，加白糖、白醋、盐，拌匀，制成酱料。

3.热锅注油，放入腊鱼块，小火炸至两面金黄色，捞出，沥干油。

4.用油起锅，倒入酱料，炒匀；放入腊鱼块，翻炒使其均匀裹上酱料即可。

小贴士	蛋黄含有蛋白质、维生素A、B族维生素、维生素D、钙、磷、铁等营养成分，具有保肝护肾、健脑益智、延缓衰老等功效。

小鱼花生

材料 小鱼干150克，花生米200克，红椒50克，葱花、蒜末各少许

调料 盐、鸡粉各2克，椒盐粉3克，食用油适量

相宜
花生+红枣　健脾、止血
花生+芹菜　预防心血管疾病

相克
花生+蕨菜　腹泻、消化不良
花生+肉桂　降低营养

1.将红椒切开，去籽，再切成丁，待用。

2.锅中注水烧开，倒入小鱼干，汆煮片刻，捞出。

3.热锅注油，倒入花生米，炸至微黄色，捞出，沥干油；再倒入小鱼干，炸至酥软，捞出，沥干油。

4.用油起锅，倒入蒜末、红椒丁、小鱼干，炒匀；加盐、鸡粉、椒盐粉，炒匀；加葱花、花生米，翻炒至熟即可。

小贴士　花生含有蛋白质、不饱和脂肪酸、胡萝卜素、维生素E、钙、磷、钾等营养成分，具有益气补血、增强记忆力、养阴补虚等功效。

酱烧武昌鱼

材料	武昌鱼650克，黄豆酱30克，红椒30克，姜末、蒜末、葱花各少许	调料	盐3克，胡椒粉2克，白糖1克，陈醋、水淀粉各5毫升，料酒10毫升，食用油适量

相宜	武昌鱼+青椒　开胃消食 武昌鱼+枸杞　益气补血	相宜	武昌鱼+香菇　促进钙的吸收 武昌鱼+香菜　开胃消食

1.红彩椒切丁；武昌鱼两面划几道一字花刀，撒盐，抹匀，撒上胡椒粉，淋入料酒，腌渍10分钟至入味。

2.热锅注油，放入武昌鱼，煎至两面微黄，盛出装盘。

3.另起锅注油，下姜末、蒜末爆香，倒入黄豆酱，注入清水，放入武昌鱼，加盐、白糖、鸡粉、陈醋，焖煮10分钟，盛出装盘待用。

4.往锅中的剩余汤汁里加入红椒，倒入水淀粉、食用油，边倒边搅匀；放入葱花，拌匀成酱汁，浇在武昌鱼身上即可。

小贴士	武昌鱼含有蛋白质、钙、磷、维生素B$_2$、B族维生素等营养物质，具有健体补虚、健脾养胃、利水消肿等功效。

剁椒武昌鱼

<table>
<tr><td>材料</td><td>武昌鱼650克，剁椒60克，姜块、葱段、葱花、蒜末各少许</td><td>调料</td><td>鸡粉1克，白糖3克，料酒5毫升，食用油15毫升</td></tr>
</table>

<table>
<tr><td rowspan="2">相宜</td><td>武昌鱼+枸杞</td><td>益气补血</td><td rowspan="2">相克</td><td>武昌鱼+香菇</td><td>促进钙的吸收</td></tr>
<tr><td>武昌鱼+白萝卜</td><td>除烦消食</td><td>武昌鱼+荆芥</td><td>对身体不利</td></tr>
</table>

1.武昌鱼切段，放入一大盘，放入姜块、葱段，将鱼头摆在盘子边缘，鱼段摆成孔雀开屏状，待用。

2.备一碗，倒入剁椒，加料酒、白糖、鸡粉、10毫升食用油，搅拌均匀，淋在武昌鱼身上。

3.蒸锅中注入适量清水烧开，放上武昌鱼，加盖，大火蒸8分钟至熟，取出，撒上蒜末、葱花。

4.另起锅注入5毫升食用油，烧至五成热，浇在蒸好的武昌鱼身上即可。

小贴士
武昌鱼富含优质蛋白质、不饱和脂肪酸、钙、磷、铁、锌等营养物质，具有补虚、益脾、养血、祛风、健胃等功效。

蒜烧武昌鱼

材料	武昌鱼650克，黄豆酱25克，蒜瓣60克，香菜少许	调料	盐4克，白糖2克，生抽、陈醋各5毫升，料酒15毫升，食用油适量

相宜	大蒜+猪肉　提供丰富的营养 大蒜+洋葱　增强人体免疫力	相克	大蒜+羊肉　导致体内燥热 大蒜+芒果　导致肠胃不适

1.蒜瓣切去头尾，切两半；武昌鱼两面划一字花刀，装盘，抹上盐，淋上料酒，腌渍10分钟。

2.热锅注油，放入武昌鱼，煎至两面微焦，盛出装盘。

3.锅底留油，倒入蒜瓣，爆香；倒入豆瓣酱，炒匀；加料酒、生抽、清水，放入武昌鱼，加盐、白糖、陈醋，拌匀，小火焖10分钟。

4.揭盖，盛出武昌鱼，装盘；将锅中汁液浇在鱼身上即可。

小贴士　　大蒜含有糖类、B族维生素、钙、磷、铁等营养物质，具有抗菌消炎、保护肝脏、调节血糖、保护心血管等功效。

酱焖黄花鱼

材料	黄花鱼600克，葱段5克，姜片10克，蒜末10克，香菜少许	调料	生抽5毫升，黄豆酱10克，盐2克，白糖2克，食用油适量

相宜	黄鱼+乌梅　对大肠癌有疗效 黄鱼+竹笋　口感好且营养丰富	相克	黄鱼+羊油　加重肠胃负担 黄鱼+洋葱　降低蛋白质的吸收

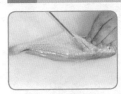

1.将黄花鱼处理干净，背部切一字刀。

2.热锅注油烧热，放入黄花鱼，煎至两面微黄色，装入盘中。

3.锅底留油，倒入姜片、蒜末、葱段、黄豆酱，炒香；加生抽，注入清水，倒入黄花鱼，加盐、白糖，炒匀调味，盖上盖，大火焖5分钟。

4.揭盖，盛出黄花鱼装入盘中，浇上汤汁，点缀上香菜即可。

小贴士　黄鱼含有蛋白质、B族维生素、矿物质成分，具有增强免疫力、开胃消食、补中益气、利水消肿等功效。

439

酱烧八爪鱼

| **材料** | 八爪鱼650克，XO酱40克，豆瓣酱30克，黄彩椒30克，红彩椒40克，韭菜花80克，姜片、蒜片各少许 | **调料** | 盐、鸡粉各1克，水淀粉、料酒、芝麻油各5毫升，食用油适量 |

| **相宜** | 八爪鱼+猪蹄　　补充营养
八爪鱼+黑木耳　美容养颜 | **相克** | 八爪鱼+柿子　引起腹泻 |

 1.韭菜花切段；黄彩椒切条；红彩椒切条；八爪鱼切小块。

 2.热水锅中倒入八爪鱼，汆煮去除异味及脏污，捞出。

 3.另起锅注入油，倒入姜片、蒜片，爆香，倒入八爪鱼，放入韭菜花，炒匀；加入豆瓣酱、XO酱，炒至食材六分熟。

 4.加入料酒，倒入红彩椒、黄彩椒，炒匀；注入清水，加盐、鸡粉，炒匀；淋入水淀粉勾芡；加入芝麻油，快速炒匀即可。

小贴士　八爪鱼含有蛋白质、维生素E、钙、镁、硒等营养物质，具有益气养血、增强免疫力、收敛、生肌等功效。

青椒兜鱼柳

| 材料 | 鱼柳150克，青椒70克，红甜椒5克 | 调料 | 盐2克，鸡粉3克，水淀粉、胡椒粉、料酒、食用油各适量 |

| 相宜 | 青椒+绿豆芽　利尿消肿
青椒+豆腐干　美容、益智 | 相克 | 青椒+黄瓜　　会破坏维生素C
青椒+胡萝卜　破坏维生素C的吸收 |

 1.青椒洗净切小块；红甜椒洗净切小块。

 2.鱼柳切块，放入碗中，加料酒、水淀粉、鸡粉，拌匀，腌渍15分钟。

 3.用油起锅，放入青椒、红甜椒，炒香。

 4.倒入鱼柳，翻炒至熟；加盐、胡椒粉、水淀粉，炒至入味即可。

小贴士　青椒对消化道有较强的刺激作用，能刺激胃液的分泌，加速新陈代谢，并能减轻一般感冒症状，还有促进消化、改善食欲、增强体力的功效。

红烧大眼鱼

材料	大眼鱼400克，姜片、蒜末、葱段各少许	调料	盐1克，生抽、老抽、料酒各5毫升，水淀粉、食用油各适量

相宜	姜+松花蛋　　延缓衰老 姜+羊肉　　　温中补血、调经散寒	相克	姜+狗肉　　容易上火 姜+兔肉　　破坏营养成分

 1.用油起锅，放入大眼鱼，煎至两面微黄。

 2.放入姜片、蒜末、葱段，注入清水，煎煮片刻。

 3.加盐、生抽、老抽、料酒，拌匀，用大火烧开后转中火续煮20分钟，盛出大眼鱼，装盘待用。

 4.锅中剩余汤汁用水淀粉勾芡，浇在鱼身上即可。

小贴士　姜具有发汗解表、温中止呕、温肺止咳、解毒的功效，对外感风寒、胃寒呕吐、风寒咳嗽、腹痛、腹泻等病症有食疗作用。

蛋白鱼丁

材料	蛋清100克，红椒10克，青椒10克，脆皖100克	调料	盐2克，鸡粉2克，料酒4毫升，水淀粉适量

相宜	蛋清+羊肉　延缓衰老 蛋清+菠菜　养心润肺、安神	相克	蛋清+兔肉　导致腹泻 蛋清+甲鱼　对身体不利

1.红椒洗净切开，去籽，切小块；青椒洗净切开，去籽，切小块。

2.鱼肉切成丁，装碗，加盐、鸡粉、水淀粉，腌渍10分钟。

3.热锅注油，倒入鱼肉、青椒、红椒，炒匀；加盐、鸡粉、料酒，炒匀调味。

4.倒入备好的蛋清，快速翻炒均匀即可。

小贴士　鸡蛋清能益精补气、润肺利咽、清热解毒，还具有护肤美肤的作用，经常食用有助于延缓衰老。

手工鱼丸烩海参

材料	草鱼600克，海参300克，山药丁100克，鸡蛋清20克，葱花、姜末各少许	调料	盐、鸡粉、胡椒粉各2克，料酒10毫升，水淀粉、芝麻油各少许，食用油适量

相宜	海参+葱　　　益气补肾 海参+黑木耳　滋阴养血、润燥滑肠	相克	海参+葡萄　引起腹痛、恶心 海参+醋　　影响口感

1.草鱼用平刀切开，去除鱼骨、鱼皮，鱼肉切成小段；海参去除内脏，刮去脏污，切成粗条。

2.取榨汁机，放入草鱼肉、山药丁，打成泥状，装碗，加姜末、葱花、鸡蛋清，沿一个方向拌至上劲。

3.用手将鱼肉泥挤成鱼丸，放入沸水锅中，煮成形，捞出，备用。

4.油锅爆香姜末、葱花；放海参、料酒炒匀；加清水、盐、鸡粉、鱼丸，焖5分钟；加胡椒粉、料酒、水淀粉、芝麻油、葱花炒匀即可。

小贴士

海参含有蛋白质、维生素A、B族维生素、牛磺酸、钙、钾、锌、铁、硒、锰等营养成分，具有补肾益精、补血润燥、健脾利胃、增强免疫力等功效。

香辣水煮鱼

材料	净草鱼850克，绿豆芽100克，干辣椒30克，蛋清10克，花椒15克，姜片、蒜末、葱段各少许	调料	豆瓣酱15克，盐、鸡粉各少许，料酒3毫升，生粉、食用油各适量

相宜	绿豆芽+猪肚　降低胆固醇 绿豆芽+韭菜　解毒、补肾	相克	绿豆芽+猪肝　降低营养价值

 1.草鱼切开，取鱼骨，切大块，鱼肉用斜刀切片，装碗，加盐、蛋清、生粉，腌渍入味；热锅注油烧热，倒入鱼骨，炸2分钟，捞出。

 2.用油起锅，放入姜、蒜、葱、豆瓣酱，炒香；倒入鱼骨，炒匀；加入开水、鸡粉、料酒、绿豆芽，煮至断生；捞出食材，装入碗中。

 3.锅中留汤汁煮沸，放入鱼肉片，煮至断生，连汤汁一起倒入汤碗中。

 4.另起锅注油烧热，放入干辣椒、花椒，中小火炸香，盛入汤碗中即成。

小贴士　绿豆芽含有氨基酸、维生素C、锌、镁、锰、铁、磷、硒等营养成分，具有清热解毒、利尿除湿、美容养颜等功效。

糖醋鱼片

材料	鲤鱼550克，鸡蛋1个，葱丝少许

调料	番茄酱30克，盐2克，白糖4克，白醋12毫升，生粉、水淀粉、食用油各适量

相宜	鲤鱼+香菇　营养丰富 鲤鱼+花生　利于营养吸收

相克	鲤鱼+甘草　对人体不利 鲤鱼+鸡肉　妨碍营养吸收

1.鲤鱼洗净切开，取鱼肉用斜刀切片。

2.鸡蛋打入碗中，撒上生粉，加盐，搅散；注入清水，放入鱼片，搅拌匀，腌渍一会儿。

3.热锅注油，烧至四五成热，放入腌鱼片，炸至熟透，捞出，装盘待用。

4.锅中注水烧热，加盐、白糖、番茄酱，搅拌匀；加入水淀粉，调成稠汁，浇在鱼片上，点缀上葱丝即成。

小贴士	鲤鱼含有蛋白质、维生素A、B族维生素、钾、镁、锌、硒等营养成分，具有补脾健胃、利水消肿、清热解毒等功效。

红烧鱼鳔

材料	鱼鳔160克，彩椒35克，鲜香菇25克，姜片、葱段各少许	调料	老抽3毫升，盐、鸡粉各2克，料酒12毫升，白醋4毫升，生抽5毫升，水淀粉、食用油各适量

相宜	香菇+牛肉　补气养血 香菇+猪肉　促进消化	相克	香菇+鹌鹑蛋　同食面生黑斑 香菇+螃蟹　引起结石

1.香菇洗净去蒂，切粗条；彩椒洗净，去籽，切块。

2.锅中注水烧开，放入鱼鳔，淋入料酒、白醋，汆去血水，捞出。

3.用油起锅，倒入姜片、葱段，爆香；放入香菇、鱼鳔，炒匀；淋入料酒、生抽，炒香；加入清水、老抽、盐，小火焖煮15分钟。

4.揭盖，转大火收汁；放入彩椒，炒至断生；加鸡粉，炒香，用水淀粉勾芡即可。

小贴士　　香菇含有蛋白质、B族维生素、维生素D、铁、钾、钙、磷等营养成分，具有增强免疫力、降血压、健脾胃等功效。

茄汁香煎三文鱼

材料	三文鱼160克，洋葱45克，彩椒15克，芦笋20克，鸡蛋清20克	调料	番茄酱15克，盐2克，黑胡椒粉2克，生粉适量

相宜	芦笋+黄花菜　养血、止血、除烦 芦笋+冬瓜　　降压降脂	相克	芦笋+羊肉　导致腹痛 芦笋+羊肝　降低营养价值

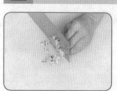 1.彩椒切粒；洋葱切粒；芦笋切丁。

 2.三文鱼装碗，加盐、黑胡椒、蛋清、生粉，拌匀，腌渍15分钟。

 3.煎锅倒油烧热，放入三文鱼，小火煎至两面熟透，盛出装盘。

 4.锅底留油烧热，倒入洋葱、芦笋、彩椒，翻炒片刻；加番茄酱，炒匀；注入清水、盐，搅匀，调成味汁，浇在鱼块上即可。

小贴士	芦笋含有蛋白质、维生素B_1、维生素B_2、硒、钼、铬、锰等营养成分，具有调节机体代谢、增强免疫力、清热解暑、降血压等功效。

豉香乌头鱼

材料	乌头鱼300克，红椒15克，青椒15克，豆豉45克，姜末、葱花各少许	调料	生抽5毫升，鸡粉2克，食用油适量

相宜	红椒+墨鱼　降低胆固醇 红椒+白菜　助消化	相克	红椒+黄瓜　破坏维生素C 红椒+胡萝卜　破坏维生素C

 1.乌头鱼切开背部；青椒切粒；红椒切粒。

 2.豆豉剁成细末，装碗，放入青椒、红椒、姜末，加生抽、鸡粉，拌匀；淋入食用油，调成味汁。

 3.将乌头鱼放入盘中，倒上味汁，待用。

 4.蒸锅上火烧开，放入蒸盘，盖上盖，用中火蒸15分钟至其熟透，取出，撒上葱花即可。

小贴士　红椒含有丰富的辣椒素，对消化道有较强的刺激作用，能刺激胃液的分泌，加速新陈代谢，并能减轻感冒症状，还有改善食欲的功效。

蜜汁红烧鲌鱼

材料 鲌鱼270克，蜂蜜25克，葱花适量

调料 盐3克，鸡粉2克，生抽6毫升，老抽2毫升，料酒3毫升，蜂蜜、生粉、食用油各适量

相宜
葱+牛肉　预防和治疗风寒感冒
葱+毛豆　改善睡眠

相克
葱+豆腐　不易人体吸收
葱+杨梅　降低营养价值

1.鲌鱼切段，装碗，加盐、料酒、生抽，拌匀，腌渍10分钟。

2.热锅注入油，烧至六成热，将鲌鱼沾上生粉，放入油锅中，中火炸至金黄色，捞出。

3.锅中注入清水，加盐、老抽、生抽，倒入部分蜂蜜，快速搅拌片刻。

4.倒入鲌鱼段，翻炒片刻，盖上锅盖，中小火焖5分钟；揭盖，倒入剩余的蜂蜜，翻炒片刻即可。

小贴士
葱含有挥发性硫化物，有杀菌、通乳、利尿、发汗和安眠等功效，对风寒感冒轻症、小便不利等病症有食疗作用。

香菇笋丝烧鲳鱼

材料	鲳鱼350克，竹笋丝15克，肉丝50克，香菇丝15克，葱丝、姜丝、彩椒丝各少许	**调料**	盐3克，鸡粉2克，料酒5毫升，水淀粉4毫升，生抽4毫升，老抽2毫升，食用油适量

相宜	鲳鱼+西洋菜　保护肝脏 鲳鱼+薏米　补气养血	**相克**	鲳鱼+羊肉　不利营养的吸收 鲳鱼+蜂蜜　导致身体不适

 1.处理干净的鲳鱼两面切上十字花刀。

 2.油锅烧热，倒入鲳鱼，略微搅动，炸至起皮，将炸好的鲳鱼捞出，沥干油，待用；锅底留油，倒入肉丝、姜丝，爆香。

 3.放入竹笋、香菇翻炒均匀，淋料酒炒匀提味，注入清水，加盐、生抽、老抽，放鲳鱼，煮10分钟，倒入葱丝、彩椒拌匀，盛盘。

 4.锅中放入少许鸡粉、水淀粉，搅拌匀，至汤汁浓稠，关火后将汤汁盛出，浇在鱼身上即可。

小贴士	鲳鱼含有蛋白质、不饱和脂肪酸、硒、镁、钙、磷、铁等营养成分，具有益气养胃、柔筋利骨、增强免疫力等功效。

香酥刀鱼

材料	刀鱼300克，鸡蛋1个，姜片、葱段各少许	调料	盐3克，鸡粉2克，料酒、生抽、水淀粉各少许，生粉、胡椒粉、食用油各适量

相宜	鸡蛋+韭菜　　保肝护肾 鸡蛋+西红柿　预防心血管疾病	相克	鸡蛋+红薯　　容易造成腹痛 鸡蛋+兔肉　　导致腹泻

 1.刀鱼切上花刀；鸡蛋打开，取出蛋黄，放入碗中，加盐、料酒，打散，放入生粉，拌匀，制成蛋糊。

 2.热锅注油，烧至五六成热，将刀鱼裹上蛋糊，放入油锅中，炸至金黄色，捞出，备用。

 3.用油起锅，倒入姜片、葱段，爆香；注入清水，加盐、鸡粉、生抽、料酒、胡椒粉，煮沸；放入刀鱼，小火焖约4分钟，盛出待用。

 4.锅中留汤汁烧热，淋入适量水淀粉，搅匀，盛出浇在鱼身上即可。

小贴士　鸡蛋含有蛋白质、卵黄素、卵磷脂、维生素、铁、钙、钾等营养成分，具有保护肝脏、养心安神、滋阴润燥、益智健脑等功效。

酱焖多春鱼

材料	多春鱼270克，姜末、蒜末、葱花各少许	调料	白糖2克，陈醋2毫升，鸡粉1克，生粉、水淀粉、豆瓣酱、食用油各适量

相宜	葱+兔肉　提供丰富的营养 葱+蘑菇　降低血脂	相克	葱+红枣　引起上火 葱+狗肉　引起上火

1.热锅注油，烧至六成热，将多春鱼裹上生粉，放入油锅中，炸至金黄色，捞出。

2.用油起锅，倒入姜末、蒜末，爆香；加豆瓣酱，小火炒香。

3.注入清水，加入白糖、陈醋，待汤汁沸腾，倒入多春鱼，拌匀，用中火煮3分钟。

4.加入鸡粉，拌匀略煮；倒入水淀粉勾芡，最后撒上葱花即可。

小贴士　　葱含有挥发性硫化物，有杀菌、通乳、利尿、发汗和安眠等功效，对风寒感冒轻症、痢疾脉微、小便不利等病症有食疗作用。

酸辣鲷鱼

| 材料 | 鲷鱼300克，西红柿15克，洋葱、芹菜、小米椒各10克，香菜、姜片、蒜末、葱段、花椒各少许 | 调料 | 盐2克，鸡粉3克，料酒10毫升，豆瓣酱6克，生抽、老抽各5毫升，生粉、水淀粉、辣椒油、食用油各适量 |

| 相宜 | 西红柿+山楂　降低血压
西红柿+酸奶　补虚降脂 | 相克 | 西红柿+南瓜　降低营养
西红柿+虾　对身体不利 |

1.芹菜切碎；洋葱切粒；西红柿切小丁块；小米椒切圈；鲷鱼装盘，加生抽、鸡粉、料酒、生粉，腌渍约10分钟。

2.油锅烧至五六成热，放入鲷鱼，炸至黄色，捞出；锅底留油，放姜片、蒜末、葱段、花椒爆香，倒西红柿、小米椒、洋葱、芹菜炒匀。

3.淋入料酒，注入清水，加豆瓣酱、辣椒油、生抽、老抽、盐、鸡粉，拌匀煮沸，放入鲷鱼，拌至入味后盛出待用。

4.锅中留汤汁烧热，用水淀粉勾芡，浇在鱼身上，点缀上香菜即可。

小贴士　西红柿含有维生素C、胡萝卜素、有机酸等营养成分，具有增进食欲、帮助消化、生津止渴、清热解毒等功效。

香酥烧汁鱼

材料	沙丁鱼160克，瘦肉末50克，彩椒40克，姜片、蒜末、葱花各少许	调料	盐、鸡粉各3克，生粉20克，生抽6毫升，白糖2克，豆瓣酱、辣椒酱、水淀粉、食用油各适量

相宜	彩椒+苦瓜　　美容养颜 彩椒+空心菜　降压止痛	相克	彩椒+黄瓜　破坏维生素

 1.彩椒切粒；沙丁鱼装碗，加盐、鸡粉、生抽、生粉，腌渍10分钟。

 2.热锅注油，烧至五成热，放入沙丁鱼，炸至鱼肉熟软，捞出，装盘待用。

 3.锅底留油烧热，倒入肉末，炒至变色；加生抽炒匀，放入豆瓣酱，倒入蒜末、姜片，炒香，撒上彩椒，炒匀。

 4.注入清水，倒入辣椒酱，加盐、白糖、鸡粉，拌匀调味，用大火略煮；倒入水淀粉勾芡，调成味汁，浇在沙丁鱼上，点缀上葱花即可。

小贴士	彩椒含有胡萝卜素、B族维生素、维生素C、纤维素、钙、磷、铁等营养成分，具有清热消暑、补血、促进血液循环等功效。

鱼鳔木耳煲

材料	鱼鳔300克，金针菇120克，水发木耳15克，姜片、蒜末、葱段、葱花各少许	调料	料酒8毫升，生抽5毫升，鸡粉2克，盐2克，蚝油5克，食用油适量

相宜	金针菇+豆腐　降脂降压 金针菇+豆芽　清热解毒	相克	金针菇+驴肉　引起心痛

1.锅中注水烧开，淋入料酒，放入鱼鳔，汆去血渍，捞出。

2.用油起锅，倒入姜片、蒜末、葱段，爆香；放入金针菇、木耳，炒至变软。

3.倒入鱼鳔，炒匀；淋入料酒、生抽，加鸡粉、盐，炒匀调味；放入蚝油，炒匀、炒香。

4.将锅中的食材盛入砂锅中，置于旺火上，盖上盖，煮至沸腾；揭开盖，撒上葱花即可。

小贴士　　金针菇具有补肝、益肠胃、抗癌之功效，对肝病、胃肠道炎症、溃疡等病症有食疗作用。金针菇中锌含量较高，对预防男性腺疾病较有助益。

辣子鱼块

材料	草鱼尾200克，青椒40克，胡萝卜90克，鲜香菇40克，泡小米椒25克，姜片、蒜末、葱段各少许	调料	盐、鸡粉各2克，陈醋10毫升，白糖4克，生抽5毫升，水淀粉8毫升，豆瓣酱15克，生粉、食用油各适量

相宜	草鱼+豆腐 增强免疫力 草鱼+冬瓜 祛风、清热、平肝	相克	草鱼+甘草 对人体不利 草鱼+西红柿 抑制铜元素析放

1.泡小米椒切碎；胡萝卜切片；青椒切小块；香菇切小块；草鱼尾切小块，装碗，加生抽、鸡粉、盐、生粉，拌匀。

2.热锅注入油，烧至六成热，放入鱼块，炸至金黄色，捞出。

3.锅底留油，放入姜片、蒜末、泡小米椒，爆香；倒入胡萝卜、鲜香菇，炒香；加豆瓣酱，炒香。

4.放入鱼块，倒入清水、生抽、陈醋、盐、白糖、鸡粉，炒匀；放入青椒块，炒匀；淋入水淀粉勾芡，放上葱段即可。

小贴士	草鱼含有蛋白质、不饱和脂肪酸、钙、磷、硒、铁、锌等营养成分，具有温中补虚、抗衰老、养颜、改善缺铁性贫血等功效。

火焙鱼焖大白菜

材料	火焙鱼100克，大白菜400克，红椒1个，姜片、葱段、蒜末各少许	调料	盐、鸡粉各3克，料酒、生抽各少许，水淀粉、食用油各适量

相宜	白菜+猪肉　补充营养、通便 白菜+猪肝　保肝护肾	相克	白菜+兔肉　呕吐或腹泻 白菜+黄瓜　降低营养价值

 1.红椒洗净切小块；大白菜洗净切小块。

 2.锅中注水烧开，加盐、食用油，放入大白菜，煮半分钟，捞出。

 3.热锅注油，烧至四五成热，放入火焙鱼，略炸一会儿，捞出；锅底留油，放入姜片、葱段、蒜末爆香，放红椒炒香。

 4.放入火焙鱼，淋入料酒、生抽，炒匀；倒入大白菜，加清水、盐、鸡粉、水淀粉炒片刻即可。

小贴士　白菜含有粗纤维、胡萝卜素、维生素、钙、磷等营养成分，具有通利肠胃、养胃生津、除烦解渴、利尿通便、清热解毒等功效。

麻辣豆腐鱼

材料	净鲫鱼300克，豆腐200克，醪糟汁40克，干辣椒3克，花椒、姜片、蒜末、葱花各少许	调料	盐2克，豆瓣酱7克，花椒粉、老抽各少许，生抽5毫升，陈醋8毫升，水淀粉、花椒油、食用油各适量

相宜	鲫鱼+蘑菇　利尿美容 鲫鱼+西红柿　营养丰富	相克	鲫鱼+蒜　易伤身 鲫鱼+葡萄　产生强烈刺激

1.将豆腐洗净，切成小方块，待用。

2.用油起锅，放入鲫鱼，煎至两面断生；放入干辣椒、花椒、姜片、蒜末，炒出香辣味。

3.倒入醪糟汁，注入清水，加豆瓣酱、生抽、盐、花椒油，中火略煮；放入豆腐块，淋上陈醋，小火焖煮5分钟；盛出装入盘待用。

4.将锅中留下的汤汁烧热，淋入老抽，用水淀粉勾芡，制成味汁，浇在鱼身上，撒上葱花、花椒粉即可。

小贴士	鲫鱼含蛋白质、脂肪、B族维生素、铁、钙、磷等营养物质，有健脾利湿、活血通络、温中下气、利水消肿等功效。

麻辣香水鱼

材料	草鱼400克，大葱40克，香菜25克，泡椒25克，酸泡菜70克，姜片、干辣椒、蒜末、葱花各少许	调料	盐4克，鸡粉4克，水淀粉10毫升，生抽5毫升，豆瓣酱12克，白糖2克，料酒4毫升，食用油适量

相宜	草鱼+黑木耳　补虚利尿 草鱼+鸡蛋　　温补强身	相克	草鱼+甘草　对人体不利 草鱼+咸菜　易生成有毒物质

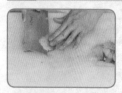

1.香菜、大葱洗净切段；泡椒切碎；草鱼肉切去鱼鳍、鱼头，斩成小块；横刀将鱼骨切开，再切成段；鱼腩骨切成小块；鱼肉切片。

2.鱼头、鱼骨、鱼腩一起加盐、鸡粉、水淀粉，腌渍10分钟；鱼肉加盐、鸡粉、料酒、水淀粉、食用油，腌渍10分钟。

3.姜、蒜、干辣椒下油锅爆香；倒入大葱、泡椒、酸泡菜、清水煮沸；加豆瓣酱、盐、鸡粉、白糖、鱼骨、鱼头煮片刻，捞出装碗待用。

4.锅内留汤汁烧开，放入鱼肉，淋入生抽，煮至熟透，盛入碗中；撒上香菜、葱花、花椒，浇上热油即可。

小贴士	草鱼含有蛋白质、多种维生素、铁、锌、硒等营养成分，具有暖胃和中、平降肝阳、祛风、滋补身体、延缓衰老、美容养颜等功效。

山楂鱼块

材料	山楂90克，鱼肉200克，陈皮4克，玉竹30克，姜片、蒜末、葱段各少许	调料	盐3克，鸡粉3克，生抽7毫升，生粉10克，白糖3克，老抽2毫升，水淀粉4毫升，食用油适量

相宜	山楂+芹菜　补血、消食、通便 山楂+鸡肉　促进蛋白质的吸收	相克	山楂+猪肝　破坏维生素C 山楂+柠檬　影响消化

1.玉竹切小块；陈皮切小块；山楂去核，切小块。

2.鱼肉切小块，装碗，加盐、生抽、鸡粉、生粉，拌匀，腌渍10分钟。

3.热锅注入油，烧至六成热，放入鱼块，炸至金黄色，捞出。

4.姜、蒜、葱花下油锅爆香；加陈皮、山楂、玉竹，炒匀；加清水、生抽、盐、鸡粉、白糖、老抽、水淀粉、鱼块，翻炒片刻即可。

小贴士　　山楂有消食化积、理气散瘀、收敛止泻、杀菌等功效，山楂所含的大量维生素C和酸类物质，可促进胃液分泌，增加胃消化酶类，从而帮助消化。

春笋烧黄鱼

材料	黄鱼400克，竹笋180克，姜末、蒜末、葱花各少许	调料	鸡粉、胡椒粉各2克，豆瓣酱6克，料酒10毫升，食用油适量

相宜	竹笋+莴笋　治疗肺热痰火 竹笋+鲫鱼　辅助治疗小儿麻痹	相克	竹笋+红糖　对身体不利 竹笋+羊肉　导致腹痛

 1.竹笋洗净切成薄片；黄鱼切上花刀。

 2.锅中注水烧开，倒入竹笋，淋入料酒，略煮片刻，捞出。

 3.用油起锅，放入黄鱼，煎至两面断生；倒入姜末、蒜末，炒香；放入豆瓣酱，炒出香味。

 4.注入清水，倒入竹笋，淋入料酒，拌匀，盖上盖，小火焖15分钟；加鸡粉、胡椒粉，煮至食材入味，撒上葱花即可。

小贴士　竹笋含有蛋白质、胡萝卜素、维生素B₁、维生素C、钙、磷、铁等营养成分，具有滋阴凉血、和中润肠、清热化痰、解渴除烦等功效。

铁板鹦鹉鱼

材料	鹦鹉鱼150克，洋葱90克，红椒30克，蒜末、姜片、葱花各少许	调料	生抽7毫升，料酒5毫升，鸡粉3克，豆瓣酱8克，盐、白糖各2克，生粉10克，水淀粉10毫升，芝麻油2毫升，食用油适量

相宜	洋葱+鸡肉　延缓衰老 洋葱+玉米　降压降脂	相克	洋葱+蜂蜜　伤害眼睛 洋葱+黄豆　降低钙吸收

1.洋葱洗净切丝，取部分切成粒；红椒洗净切粒；鹦鹉鱼装碗，加生抽、料酒、盐、鸡粉、生粉，裹匀，腌渍入味。

2.锅中注油，烧至六成热，放入鹦鹉鱼，炸至金黄色，捞出。

3.锅底留油，放入蒜、姜、爆香；倒入红椒粒、洋葱粒，炒香；加清水、鸡粉、豆瓣酱、生抽、盐、白糖、水淀粉、芝麻油，炒匀。

4.把洋葱丝放入烧热的铁板中，放入鹦鹉鱼，浇上汤汁，撒上葱花即可。

小贴士　洋葱含有一种称为硫化丙烯的油脂性挥发物，具有辛辣味，这种物质能抗寒，抵御流感病毒，有较强的杀菌作用。

红烧多宝鱼

材料	多宝鱼550克，水发香菇35克，姜丝、蒜末、红椒丝、葱丝、葱段各少许	调料	豆瓣酱8克，盐3克，鸡粉2克，生粉少许，老抽3毫升，生抽5毫升，料酒6毫升，水淀粉、食用油各适量

相宜	多宝鱼+木瓜　补气养血 多宝鱼+牛奶　健脑补肾、滋补强身	相克	多宝鱼+菠菜　不利于营养吸收

 1.香菇去蒂，切粗丝；多宝鱼装碗，加盐、鸡粉、生抽、料酒，抹匀，腌渍约15分钟，裹上生粉，备用。

 2.热锅注油，烧至六成热，放入多宝鱼，炸至鱼肉熟透，捞出，沥干油。

 3.锅底留油，放入蒜、葱、姜、红椒，爆香；倒入香菇，炒匀；加入清水和调味料，煮至汤汁沸腾；倒入多宝鱼，煮入味，盛出装盘。

 4.锅上火，烧热汤汁，倒入少许水淀粉，制成味汁，浇在鱼身上，撒上葱丝即可。

小贴士　多宝鱼含有蛋白质、维生素A、B族维生素、钙、铁等，有暖胃和中、平降肝阳的功效。此外，多宝鱼还含有一种特殊的脂肪酸，能帮助分解人体中的脂肪，有助于降低血脂、缓解大动脉和其他血管的压力，从而降低高血压的患病概率。

豆瓣酱焖红杉鱼

材料 净红衫鱼200克，姜片、蒜末、红椒圈、葱丝各少许

调料 豆瓣酱6克，盐2克，鸡粉2克，料酒5毫升，生抽7毫升，生粉、水淀粉、食用油各适量

相宜 红衫鱼+豆腐　营养更全面
红衫鱼+苦瓜　保护肝脏

相克 红衫鱼+鸡肉　降低营养价值

1.红衫鱼装盘，加盐、鸡粉、生抽、料酒、生粉，拌匀，腌渍约10分钟，至食材入味。

2.热锅注油，烧至五成热，放入红衫鱼，捞出，沥干油，待用。

3.锅底留油，放入姜、蒜、红椒，爆香；加入料酒、清水、豆瓣酱、盐、鸡粉、生抽，搅至沸腾；放入红衫鱼，煮至入味，盛出装盘。

4.将锅中余下的汤汁烧热，倒入水淀粉勾芡，浇在红衫鱼上，撒上葱丝即成。

小贴士 　红衫鱼具有高蛋白、低脂肪的特点，有补虚弱、暖脾胃、益筋骨的功效。其脂肪多为不饱和脂肪酸，能有效降低血液中胆固醇含量，增强血管弹性，防止动脉粥样硬化，对预防心脑血管疾病有积极作用。

木耳炒鱼片

材料	草鱼肉120克，水发木耳50克，彩椒40克，姜片、葱段、蒜末各少许	调料	盐3克，鸡粉2克，生抽3毫升，料酒5毫升，水淀粉、食用油各适量

相宜	木耳+青笋 补血 木耳+银耳 提高免疫力	相克	木耳+野鸭 消化不良 木耳+田螺 不利于消化

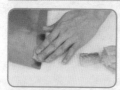

1. 木耳切小块；彩椒切小块；草鱼肉切片，装碗，加鸡粉、盐、水淀粉、食用油，腌渍10分钟。

2. 热锅注油，烧至四成热，放入滤勺，倒入鱼肉，炸至鱼肉断生，捞出，沥干油。

3. 锅底留油，放入姜片、蒜末、葱段，爆香；倒入彩椒、木耳，炒匀。

4. 倒入腌渍好的草鱼片，淋入料酒，加鸡粉、盐、生抽、水淀粉，快速翻炒至食材熟透即可。

小贴士 木耳含有蛋白质、多糖、钙、磷、铁、胡萝卜素、B族维生素、磷脂、固醇等成分。糖尿病患者适量食用木耳，不仅能润养心肺，还可降低血糖。

菠萝炒鱼片

材料	菠萝肉75克，草鱼肉150克，红椒25克，姜片、蒜末、葱段各少许	调料	豆瓣酱7克，盐2克，鸡粉2克，料酒4毫升，水淀粉、食用油各适量

相宜	菠萝+茅根　预防肾炎 菠萝+鸡肉　补虚填精、温中益气	相克	菠萝+牛奶　影响消化吸收 菠萝+鸡蛋　影响消化吸收

 1.菠萝肉去除硬心，再切片；红椒切小块；草鱼肉切片，装碗，加盐、鸡粉、水淀粉、食用油，腌渍10分钟至入味。

 2.热锅注油，烧至五成热，放入鱼片，滑油至断生，捞出，沥干油。

 3.用油起锅，放入姜片、蒜末、葱段，爆香；倒入红椒块、菠萝肉，快速炒匀。

 4.倒入鱼片，加盐、鸡粉、豆瓣酱、料酒、水淀粉，中火翻炒至食材入味即可。

小贴士　菠萝含有维生素、磷、柠檬酸、蛋白酶等成分，具有解暑止渴、消食止泻的作用。菠萝还含有菠萝酶，能分解蛋白质，帮助消化，有助于排出体内多余的脂肪。

醋椒黄花鱼

材料	净黄花鱼350克，香菜12克，姜丝、蒜末各少许	调料	盐3克，鸡粉少许，白糖6克，生抽5毫升，料酒7毫升，陈醋10毫升，食用油、水淀粉各适量

相宜	黄花鱼+姜　　　补虚养身、健脾开胃 黄花鱼+胡萝卜　　延缓衰老	相克	黄花鱼+奶酪　　影响钙的吸收 黄花鱼+蛤蜊　　导致营养的流失

1.香菜切小段；黄花鱼两面打上花刀，抹上盐，腌渍一会儿。

2.锅中注油烧至六成热，放入黄花鱼，中火炸至八成熟，捞出，沥干油。

3.锅底留油，放入姜丝、蒜末爆香；加入料酒、清水、陈醋、盐、白糖、鸡粉、生抽，煮片刻；放入黄花鱼，煮至入味，盛出待用。

4.锅中留汤汁烧热，淋入水淀粉勾芡，浇在鱼身上，撒上香菜段即可。

小贴士　黄花鱼含有蛋白质、微量元素和维生素，对体质虚弱的儿童来说，食用黄花鱼会收到很好的补益效果。

浇汁鲈鱼

材料	鲈鱼270克，豌豆90克，胡萝卜60克，玉米粒45克，姜丝、葱段、蒜末各少许	调料	盐2克，番茄酱、水淀粉各适量，食用油少许

相宜	鲈鱼+姜　　　补虚养身、健脾开胃 鲈鱼+胡萝卜　延缓衰老	相克	鲈鱼+奶酪　影响钙的吸收 鲈鱼+蛤蜊　导致铜、铁的流失

1.鲈鱼装碗，加盐、姜丝、葱段，拌匀，腌渍约15分钟；胡萝卜切丁。

2.鲈鱼切开，去骨，鱼肉切条，放入蒸盘；锅中注水烧开，倒入胡萝卜、豌豆、玉米粒，煮至断生，捞出。

3.蒸锅上火烧开，放入蒸盘，中火蒸15分钟，取出。

4.用油起锅，倒入蒜末，爆香；倒入焯过水的食材，炒匀；放入番茄酱，炒香；注入清水，煮沸；淋入水淀粉勾芡，浇在鱼身上即可。

小贴士	鲈鱼含有蛋白质、维生素A、B族维生素、钙、镁、锌、硒等营养成分，具有补肝肾、益脾胃、化痰止咳等功效。

剁椒鲈鱼

材料	海鲈鱼350克，剁椒35克，葱条适量，葱花、姜末各少许	调料	鸡粉2克，蒸鱼豉油30毫升，芝麻油适量

相宜	海鲈鱼+南瓜　预防感冒 海鲈鱼+人参　增强记忆力	相克	海鲈鱼+奶酪　影响钙的吸收 海鲈鱼+蛤蜊　导致铜、铁的流失

 1.海鲈鱼处理干净，背部切上花刀。

 2.取一个小碗，倒入剁椒、姜末，淋入蒸鱼豉油，加鸡粉，拌匀，制成辣酱。

 3.取一个蒸盘，铺上葱条，放入海鲈鱼，再铺上辣酱，摊匀；淋入芝麻油，待用。

 4.蒸锅上火烧开，放入蒸盘，盖上盖，用中火蒸10分钟至食材熟透；取出蒸盘，趁热浇上蒸鱼豉油，点缀上葱花即成。

小贴士　海鲈鱼含有蛋白质、维生素A、B族维生素、钙、镁、锌、硒等营养成分，具有补肝肾、益脾胃、化痰止咳等功效。

蒜烧鳜鱼

材料	鳜鱼350克，蒜瓣40克	调料	盐、鸡粉各2克，老抽2毫升，生抽5毫升，料酒、食用油各适量

相宜	鳜鱼+白菜　增强造血功能 鳜鱼+马蹄　凉血解毒、利尿通便	相克	鳜鱼+茶　不利身体健康

1.蒜瓣切开；鳜鱼处理干净，切上花刀。

2.热锅注油，烧至七成热，放入鳜鱼肉，小火炸至表皮酥脆，捞出，沥干油。

3.锅留底油烧热，倒入蒜瓣，炒香；放入鳜鱼，翻炒均匀。

4.注入清水，加盐，淋入料酒、老抽、生抽，加入鸡粉，炒匀调味；盖上盖，用小火焖煮约10分钟；揭盖，拌匀即可。

小贴士　鳜鱼含有蛋白质、不饱和脂肪酸、维生素、钙、钾、镁、硒等营养成分，具有补五脏、益脾胃、疗虚损等功效。

荷兰豆百合炒墨鱼

材料	墨鱼400克，百合90克，荷兰豆150克，姜片、葱段、蒜片各少许	调料	盐3克，鸡粉2克，白糖3克，料酒5毫升，水淀粉4毫升，芝麻油3毫升，食用油适量

相宜	荷兰豆+蘑菇　开胃消食 荷兰豆+百合　养心安神	相克	荷兰豆+虾　影响营养的吸收

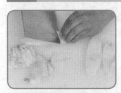

1.荷兰豆两头修整齐；墨鱼须切成段，身子片成片。

2.锅中注水烧开，加食用油、盐，倒入荷兰豆、百合，焯煮至断生，捞出。

3.锅中再倒入墨鱼，汆煮去杂质，捞出。

4.姜片、葱段、蒜片下油锅爆香；倒入墨鱼、料酒，翻炒；倒入荷兰豆、百合，加盐、白糖、鸡粉、水淀粉、芝麻油，翻炒收汁即可。

小贴士　荷兰豆含有尼克酸、胡萝卜素、维生素B_2、硫胺素等成分，具有益脾和胃、生津止渴等功效。

姜丝炒墨鱼须

材料	墨鱼须150克，红椒30克，生姜35克，蒜末、葱段各少许	调料	豆瓣酱8克，盐、鸡粉各2克，料酒5毫升，水淀粉、食用油各适量

相宜	墨鱼须+银耳　滋补肺阴 墨鱼须+木瓜　补肝益肾	相克	墨鱼须+茄子　导致腹泻 墨鱼须+碱　不利营养吸收

 1.生姜切细丝；红椒切粗丝；墨鱼须切段。

 2.锅中注水烧开，倒入墨鱼须，淋入料酒，煮约半分钟，捞出。

 3.用油起锅，放入蒜末、红椒丝、姜丝，爆香；倒入墨鱼须，炒肉质卷起；淋入料酒，炒匀。

 4.放入豆瓣酱，炒香；加盐、鸡粉，炒匀调味；淋入水淀粉勾芡，撒上葱段，炒出葱香味即可。

小贴士　墨鱼须口感爽滑，味道鲜美，含有维生素A、B族维生素、钙、磷、铁等营养物质，是一种高蛋白、低脂肪的滋补食品。女性食用墨鱼，对塑造体型、保持身材和保养肌肤等都有较好的食疗效果。

酱爆鱿鱼圈

材料	鱿鱼250克，红椒25克，青椒35克，洋葱45克，蒜末10克，姜末10克	调料	豆瓣酱30克，料酒5毫升，鸡粉2克，食用油适量

相宜	洋葱+火腿　防止有害物质的生成 洋葱+苹果　降压降脂	相克	洋葱+蜂蜜　伤害眼睛 洋葱+黄豆　降低钙吸收

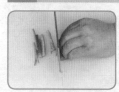 1.洋葱切丝；红椒切丝；青椒切丝；鱿鱼切圈。

 2.锅中注水烧开，倒入鱿鱼圈，氽煮片刻，捞出过凉水，再捞出。

 3.热锅注油烧热，倒入豆瓣酱、姜末、蒜末、翻炒爆香；倒入鱿鱼圈，淋入料酒，翻炒去腥。

 4.倒入洋葱，注入清水，倒入青椒、红椒，加鸡粉，翻炒匀即可。

小贴士	洋葱含有蛋白质、钾、维生素C、叶酸、锌、硒等成分，具有促进食欲、增强免疫力、抗菌杀菌等功效。

蚝油酱爆鱿鱼

| 材料 | 鱿鱼300克，西蓝花150克，甜椒20克，圆椒10克，葱段5克，姜末10克，蒜末10克，西红柿30克，干辣椒5克 | 调料 | 盐2克，白糖3克，蚝油5克，水淀粉4毫升，黑胡椒、芝麻油、食用油各适量 |

| 相宜 | 鱿鱼+黄瓜　营养全面丰富
鱿鱼+竹笋　营养互补 | 相克 | 鱿鱼+茄子　对人体有害
鱿鱼+鸭蛋　引起身体不适 |

1.鱿鱼切上网格花刀，再切成块。

2.锅中注水烧开，倒入鱿鱼，汆煮成鱿鱼卷，捞出。

3.热锅注油烧热，倒入干辣椒、姜末、蒜末、葱段，爆香；倒入甜椒、圆椒、西蓝花，注入清水，搅匀，略微煮一会儿。

4.倒入鱿鱼，加盐、白糖、蚝油，炒匀；倒入西红柿，炒匀；加水淀粉、黑胡椒、芝麻油，炒匀提味即可。

小贴士　鱿鱼含有蛋白质、钙、牛磺酸、磷、B族维生素等成分，具有开胃消食、增强免疫力、行气活血等功效。

酱香鱿鱼须

材料	鱿鱼700克，葱段、姜丝各少许，甜面酱15克	调料	盐1克，白糖、孜然粉各2克，生抽5毫升，料酒8毫升，食用油适量

相宜	鱿鱼+猪蹄　补气养血 鱿鱼+菠萝　促进儿童生长	相克	鱿鱼+石榴　降低蛋白质的吸收 鱿鱼+冬瓜　引起身体不适

1.鱿鱼切段，倒入沸水锅中汆煮去腥味，捞出，装碗。

2.往汆好的鱿鱼中放入姜丝、葱段、甜面酱，加料酒、盐、白糖、孜然粉，拌匀，腌渍30分钟。

3.另起锅烧热，倒入腌好的鱿鱼，炒至水分蒸发。

4.注入食用油、料酒、生抽，炒至食材入味即可。

小贴士　鱿鱼含有蛋白质、钙、牛磺酸、磷、维生素A、维生素B₁等营养成分，具有保护视力、保肝护肾等作用，当中的牛磺酸还能缓解疲劳。

鱿鱼须炒四季豆

材料	鱿鱼须200克，四季豆300克，彩椒适量，姜片、葱段各少许	调料	盐3克，白糖2克，料酒6毫升，鸡粉2克，水淀粉3毫升，食用油适量

相宜	鱿鱼+木耳　排毒、造血 鱿鱼+虾　　抵抗寒冷	相克	鱿鱼+柿子　　不利消化 鱿鱼+番茄酱　加重肾脏负担

1.四季豆切小段；彩椒切粗条；鱿鱼须切段。

2.锅中注水烧热，加少许盐，倒入四季豆，煮至断生，捞出；再倒入鱿鱼须，氽去杂质，捞出。

3.热锅注油，倒入姜片、葱段，爆香；放入鱿鱼，快速炒匀。

4.淋入料酒，倒入彩椒、四季豆，加入盐、白糖、鸡粉、水淀粉，炒至食材入味即可。

小贴士	鱿鱼含有蛋白质、牛磺酸、硒、碘、铜等营养成分，具有增强免疫力、益气补血、养颜护肤、降血压等功效。

茄汁鱿鱼卷

材料	鱿鱼肉170克，莴笋65克，胡萝卜45克，葱花少许	调料	番茄酱30克，盐2克，料酒5毫升，食用油适量

相宜	莴笋+蒜苗　预防高血压 莴笋+香菇　利尿通便	相克	莴笋+蜂蜜　引起腹泻 莴笋+乳酪　引起消化不良

 1.莴笋、胡萝卜洗净去皮切成薄片；鱿鱼肉切花刀，再切小块。

 2.锅中注水烧开，倒入胡萝卜片，煮至断生，捞出；倒入鱿鱼块，淋入料酒，余至鱼身卷起，捞出。

 3.用油起锅，倒入番茄酱，加盐，炒匀；倒入鱿鱼卷，炒匀；放入胡萝卜、莴笋片，大火快炒至断生。

 4.淋入料酒，炒匀；撒上葱花，炒出葱香味即可。

小贴士　莴笋含有膳食纤维、胡萝卜素、B族维生素、钾、钙、镁、铁锌等营养成分，具有扩张血管、养心润肺、增强免疫力等作用。

剁椒鱿鱼丝

材料	鱿鱼300克，蒜薹90克，红椒35克，剁椒40克	调料	盐2克，鸡粉3克，料酒13毫升，生抽4毫升，水淀粉5毫升，食用油适量

相宜	鱿鱼+青椒 促进消化 鱿鱼+黄瓜 全面营养	相克	鱿鱼+茶叶 影响蛋白质的吸收 鱿鱼+冬瓜 引起身体不适

1.蒜薹切段；红椒切条；鱿鱼切丝，装碗，加盐、鸡粉、料酒，拌匀。

2.锅中注水烧开，倒入鱿鱼丝，煮至变色，捞出。

3.用油起锅，放入鱿鱼丝，翻炒片刻；淋入料酒，炒匀提鲜；放入红椒、蒜薹、剁椒，翻炒均匀。

4.淋入生抽，加入鸡粉，炒匀调味；倒入适量水淀粉勾芡即可。

小贴士	鱿鱼含有蛋白质、牛磺酸、钙、磷、铁、钾、硒、碘、锰、铜等营养成分，能降低血液中的胆固醇含量，具有益气补血、养颜护肤、降脂降压等功效。

苦瓜爆鱿鱼

材料	苦瓜200克，鱿鱼肉120克，红椒35克，姜片、蒜末、葱段各少许	调料	盐3克，鸡粉2克，食粉4克，生抽4毫升，料酒5毫升，水淀粉、食用油各适量

相宜	苦瓜+辣椒　排毒瘦身 苦瓜+洋葱　增强免疫力	相克	苦瓜+黄瓜　降低营养价值 苦瓜+牛奶　不利营养的吸收

1.苦瓜洗净切开，去籽，切片；红椒切开，去籽，切小块，待用。

2.鱿鱼肉切上花刀，再切小块，装碗，加盐、鸡粉、料酒，拌匀，腌渍10分钟。

3.锅中注水烧开，放入食粉，倒入苦瓜片，煮至断生，捞出；倒入鱿鱼，煮至鱿鱼块卷起，捞出。

4.用油起锅，倒入红椒、姜、蒜、葱，爆香；倒入鱿鱼，淋入料酒，炒香；倒入苦瓜，炒匀；加盐、鸡粉、生抽、水淀粉炒匀即可。

小贴士　苦瓜含有维生素B₁、维生素C及矿物质，有清暑解渴、降血压、降血脂、促进新陈代谢等功效。此外，苦瓜还含有促进胰岛素分泌的成分，具有降低血糖的作用。

洋葱炒鱿鱼

材料	洋葱100克，鱿鱼80克，红椒15克，姜片、蒜末各少许	调料	盐3克，鸡粉3克，料酒5毫升，水淀粉、食用油各适量

相宜	洋葱+苦瓜　增强免疫力 洋葱+大蒜　防癌抗癌、消炎杀菌	相克	洋葱+蜂蜜　对眼睛不利 洋葱+黄豆　影响钙的吸收

1.洋葱洗净切成片；红椒洗净切开，去籽，切小块。

2.鱿鱼内侧切上麦穗花刀，再切小块，装碗，加盐、鸡粉、料酒、水淀粉，抓匀，腌渍10分钟。

3.锅中注入适量清水烧开，倒入鱿鱼，余至鱿鱼片卷起，捞出。

4.用油起锅，放入姜片、蒜末，爆香；倒入鱿鱼卷，淋入料酒，炒香；放入洋葱、红椒，炒匀；加盐、鸡粉、水淀粉炒匀勾芡即可。

小贴士　洋葱含有膳食纤维、钙、磷、铁、维生素C、维生素E、胡萝卜素等成分，尤其是其含有的烯基二硫化合物可刺激胰岛素的合成和分泌，糖尿病患者常食，有降血脂、降血糖、扩张血管、降血压、增加胃液分泌等功效。

糖醋鱿鱼

材料	鱿鱼130克，红椒20克，番茄汁40克，蒜末、葱花各少许	调料	白糖3克，盐2克，白醋10毫升，料酒4毫升，水淀粉、食用油各适量

相宜	鱿鱼+猪蹄　补气养血 鱿鱼+木耳　排毒、造血	相克	鱿鱼+茄子　易对人体有害 鱿鱼+冬瓜　易引起身体不适

1.鱿鱼洗净，在内侧打上网格花刀，再切成块；红椒洗净切小块。

2.取一碗，放入番茄汁、白糖、盐、白醋，拌匀，制成味汁。

3.锅中注入适量清水烧开，倒入鱿鱼，氽煮至鱿鱼片卷起，捞出。

4.用油起锅，放入蒜末、红椒，爆香；倒入鱿鱼卷，炒匀；淋入料酒，炒香；放入味汁，炒匀调味；淋入水淀粉勾芡，撒上葱花即可。

小贴士　鱿鱼含有钙、磷、维生素B_1等，这些都是维持人体健康所必需的营养成分。此外，鱿鱼还含有较多的不饱和脂肪酸和牛磺酸，有滋阴养胃、补虚泽肤的功效。

翠衣炒鳝片

材料	鳝鱼150克，西瓜片200克，蒜片、姜片、葱段、红椒圈各少许

调料	生抽5毫升，料酒8毫升，盐2克，鸡粉2克，食用油少许

相宜	鳝鱼+青椒　降低血糖 鳝鱼+木瓜　营养全面

相克	鳝鱼+菠菜　易导致腹泻 鳝鱼+葡萄　影响钙的吸收

1.西瓜片切成薄片；鳝鱼用刀斩断筋骨，切成段。

2.热锅注油，倒入蒜片、姜片、葱段，翻炒爆香；倒入西瓜片、鳝鱼，快速翻炒。

3.淋入料酒，倒入西瓜片、红椒圈，快速炒匀。

4.加入少许生抽、鸡粉、盐、料酒，炒至食材入味、熟透即可。

小贴士	鳝鱼含有蛋白质、脂肪、灰分、钙、铁、磷等成分，具有益气补血、清热解毒、强筋健骨等功效。

茶树菇炒鳝丝

材料	鳝鱼200克，青椒、红椒各10克，茶树菇适量，姜片少许	调料	盐2克，鸡粉2克，生抽、料酒各5毫升，水淀粉、食用油各适量

相宜	鳝鱼+藕	可以保持体内酸碱平衡	相克	鳝鱼+南瓜	影响营养的吸收
	鳝鱼+苹果	治疗腹泻		鳝鱼+狗肉	温热助火

 1.红椒、青椒洗净切条；鳝鱼肉切上花刀，再切段，改切成条；茶树菇洗净切好，焯水，待用。

 2.用油起锅，放入鳝鱼、姜片，炒匀。

 3.淋入料酒，倒入切好的青椒、红椒，放入茶树菇，炒约2分钟。

 4.加盐、生抽、鸡粉、料酒，炒匀调味；淋入水淀粉勾芡即可。

小贴士	鳝鱼含有蛋白质、卵磷脂、维生素A、铜、磷等营养成分，具有益智健脑、保护视力、增强免疫力、益气补血等功效。

484

绿豆芽炒鳝丝

| 材料 | 绿豆芽40克，鳝鱼90克，青椒、红椒各30克，姜片、蒜末、葱段各少许 | 调料 | 盐3克，鸡粉3克，料酒6毫升，水淀粉、食用油各适量 |

| 相宜 | 鳝鱼+韭菜　口感好、增强免疫力
鳝鱼+松子　美容养颜 | 相克 | 鳝鱼+银杏　易对身体不利
鳝鱼+黄瓜　降低营养 |

 1.红椒、青椒洗净，切开，去籽，切丝，待用。

 2.鳝鱼切成段，改切成丝，装碗，加鸡粉、盐、料酒、水淀粉、食用油，拌匀，腌渍10分钟。

 3.用油起锅，放入姜片、蒜末、葱段，爆香；放入青椒、红椒，炒匀；倒入鳝鱼丝，翻炒匀。

 4.淋入料酒，炒香；放入绿豆芽，加盐、鸡粉，炒匀调味；淋入水淀粉勾芡即可。

小贴士　鳝鱼含有的脑黄金（DHA）、卵磷脂是构成人体各器官组织细胞膜的主要成分，而且是脑细胞不可缺少的营养成分，有健脑益智、增强记忆力的作用。

干烧鳝段

| 材料 | 鳝鱼肉120克，水芹菜20克，蒜薹50克，泡红椒20克，姜片、葱段、蒜末、花椒各少许 | 调料 | 生抽5毫升，料酒5毫升，水淀粉、豆瓣酱、食用油各适量 |

| 相宜 | 鳝鱼+木瓜　　营养更全面
鳝鱼+金针菇　补中益血 | 相克 | 鳝鱼+狗血　　助热动火
鳝鱼+黄瓜　　降低营养 |

 1.蒜薹切长段；水芹菜切段；鳝鱼切花刀，用斜刀切成段。

 2.锅中注水烧开，倒入鳝鱼段，汆煮至变色，捞出。

 3.用油起锅，倒入姜片、葱段、蒜末、花椒，爆香；放入鳝鱼段、泡红椒，炒匀。

 4.加生抽、料酒、豆瓣酱，炒香；倒入水芹菜、蒜薹，炒至断生；淋入水淀粉勾芡即可。

| 小贴士 | 鳝鱼含有蛋白质、卵磷脂、维生素A、钙、铁、磷等营养成分，具有增强记忆力、保护视力、益气补血、排毒养颜、润肠通便等功效。 |

酱炖泥鳅

材料	净泥鳅350克，黄豆酱20克，姜片、葱段、蒜片各少许，辣椒酱12克，干辣椒8克，啤酒160毫升	**调料**	盐2克，水淀粉、芝麻油、食用油各适量

相宜	泥鳅+豆腐　　增强免疫力 泥鳅+黑木耳　补气养血、健体强身	**相克**	泥鳅+茼蒿　　降低营养 泥鳅+黄瓜　　不利营养吸收

1.用油起锅，倒入泥鳅，煎出香味，盛出，待用。

2.锅留底油烧热，撒上姜片、葱白，倒入蒜片，爆香；放入干辣椒，炒香；放入黄豆酱、辣椒酱，炒出香辣味。

3.注入啤酒，倒入煎过的泥鳅，加盐，炒匀，盖上盖，转小火煮约15分钟。

4.揭盖，倒入葱叶，用水淀粉勾芡，滴入少许芝麻油，炒至汤汁收浓即可。

小贴士	泥鳅含有维生素A、维生素B$_1$、维生素B$_2$、钙、磷、铁等营养成分，具有补中益气、养肾生精等功效。

蒜烧泥鳅

| 材料 | 泥鳅270克，蒜瓣35克，红椒圈、葱段各少许 | 调料 | 盐少许，鸡粉2克，老抽、生抽、料酒各少许，水淀粉、食用油各适量 |

| 相宜 | 泥鳅+豆腐　增强免疫力
泥鳅+甜椒　降血糖 | 相克 | 泥鳅+茼蒿　降低营养
泥鳅+蟹　对人体不利 |

 1.泥鳅装碗，加盐，拌匀，切去头部，挤出内脏，清理干净。

 2.锅中注水烧开，放入蒜瓣，煮1分钟，捞出。

 3.热锅注入油，烧至四成热，倒入蒜瓣，炸至金黄色，捞出；倒入泥鳅，炸2分钟，捞出。

 4.锅中注油烧热，倒入蒜瓣、泥鳅、料酒，炒匀；加清水、盐、鸡粉、老抽、生抽，煮10分钟；放葱段、红椒，淋入水淀粉勾芡即可。

小贴士　泥鳅含有蛋白质、不饱和脂肪酸、B族维生素、铁、磷、钙等营养成分，具有益智健脑、增强免疫力等功效。

蒜苗炒泥鳅

材料	泥鳅200克，蒜苗60克，红椒35克	调料	盐3克，鸡粉3克，生粉50克，料酒8毫升，生抽4毫升，水淀粉、食用油各适量

相宜	泥鳅+黑木耳　补气养血、健体强身 泥鳅+圆椒　　降血糖	相克	泥鳅+茼蒿　降低营养价值 泥鳅+蟹　　易对身体不利

1.蒜苗洗净，切段；红椒洗净切开，去籽，切成圈。

2.泥鳅装碗，加料酒、生抽、盐、鸡粉，拌匀；加入生粉，抓匀。

3.锅中注油烧至六成热，放入泥鳅，炸至酥脆，捞出。

4.锅底留油，放入蒜苗、红椒，炒香；倒入泥鳅，翻炒片刻；加料酒、生抽、盐、鸡粉、水淀粉炒匀即可。

小贴士　　泥鳅蛋白质含量较高，而脂肪含量较低，且多为不饱和脂肪酸，有利于抗衰老，降低血液黏稠度，具有降脂降压的作用，尤其适合中老年人食用。

带鱼烧白萝卜丝

| 材料 | 白萝卜300克，带鱼段300克，姜片、葱段、蒜末各少许 | 调料 | 料酒5毫升，生抽5毫升，盐2克，鸡粉2克，蚝油5克，食用油适量 |

| 相宜 | 白萝卜+豆腐　促吸收
白萝卜+羊肉　降低血脂 | 相克 | 白萝卜+猪肝　降低营养价值
白萝卜+黑木耳　易引发皮炎 |

1.白萝卜洗净去皮，切成丝，待用。

2.锅中注入油烧至六成热，放入带鱼段，炸至金黄色，捞出。

3.锅底留油，放入姜片、蒜末、葱段，爆香；倒入带鱼、料酒、生抽，加清水、盐、蚝油，炒匀。

4.倒入白萝卜丝，翻炒片刻，小火焖20分钟；揭盖，加鸡粉，翻炒均匀；放入葱段，炒出葱香味即可。

小贴士　白萝卜含有膳食纤维、胡萝卜素、维生素C、钾、钙、磷等营养成分，具有润肠通便、清热生津、增进食欲等功效。

豆瓣酱烧带鱼

| 材料 | 带鱼肉270克，姜末、葱花各少许 | 调料 | 盐2克，料酒9毫升，豆瓣酱10克，生粉、食用油各适量 |

| 相宜 | 带鱼+苦瓜　保护肝脏
带鱼+木瓜　补气养血 | 相克 | 带鱼+菠菜　不利营养的吸收
带鱼+南瓜　对人体不利 |

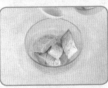
1.带鱼肉两面切上网格花刀，再切成块，装入碗中，加盐、料酒、生粉，腌渍至入味。

2.用油起锅，放入带鱼块，小火煎至断生，捞出。

3.锅底留油烧热，倒入姜末，爆香；放入豆瓣酱，炒出香味。

4.注入清水，放入带鱼块，加料酒，盖上盖，煮开后用小火焖10分钟，点缀上葱花即可。

| 小贴士 | 带鱼含有蛋白质、不饱和脂肪酸、磷、钙、镁、铁、碘等营养成分，对心血管系统有很好的保护作用，具有养肝补血、泽肤养发等功效。 |

五香烧带鱼

材料	带鱼肉300克，八角、桂皮、姜片、葱段各少许	调料	盐2克，生抽、老抽各2毫升，料酒3毫升，生粉、食用油各适量

相宜	带鱼+豆腐 营养更全面 带鱼+香菇 促进消化	相克	带鱼+菠菜 不利营养的吸收 带鱼+南瓜 对人体不利

 1.带鱼肉两面切上网格花刀，再切成大块，装盘，撒上生粉，抓匀。

 2.用油起锅，放入带鱼块，小火煎至两面断生，倒出多余的油分。

 3.放入姜片、葱段、八角、桂皮，炒香；注入清水，用中火煮至沸。

 4.加盐、生抽、老抽、料酒，拌匀调味，盖上盖，用小火煮5分钟，拣出八角、桂皮、姜片、葱段即可。

小贴士	带鱼含有蛋白质、维生素A、不饱和脂肪酸、磷、钙、铁、碘等营养成分，具有和中开胃、补脾益气、暖胃补虚、润泽肌肤等功效。

酥炸带鱼

材料	带鱼300克，鸡蛋45克，花椒、葱花各少许	调料	生粉10克，生抽8毫升，盐2克，鸡粉2克，料酒5毫升，辣椒油7毫升，食用油适量

相宜	带鱼+鸡蛋　强身健体 带鱼+牛奶　健脑补肾、滋补强身	相克	带鱼+菠菜　不利营养的吸收 带鱼+南瓜　对人体不利

 1.带鱼装碗，加生抽、盐、鸡粉，拌匀；倒入蛋黄，搅匀，撒上生粉，裹匀，腌渍10分钟。

 2.热锅注油，烧至四成热，倒入带鱼，炸至鱼肉呈金黄色，捞出，沥干油。

 3.锅底留油，倒入花椒，用大火爆香；放入带鱼，淋入料酒、生抽、辣椒油，翻炒均匀。

 4.加入盐，撒上葱花，快速翻炒出葱香味即可。

小贴士	带鱼含有蛋白质、维生素A、不饱和脂肪酸、磷、钙、铁、碘等营养成分，有和中开胃、补脾益气、暖胃补虚、润泽肌肤等功效。

醋焖腐竹带鱼

| 材料 | 带鱼110克，蒜苗70克，红椒40克，腐竹35克，姜末、蒜末、葱段各少许 | 调料 | 盐3克，生粉15克，白醋10毫升，生抽11毫升，料酒4毫升，水淀粉5毫升，鸡粉、食用油各适量 |

| 相宜 | 带鱼+苦瓜　保护肝脏
带鱼+香菇　促进消化 | 相克 | 带鱼+菠菜　不利营养的吸收
带鱼+南瓜　对人体不利 |

1.蒜苗切段；红椒切小块；带鱼切小块，装碗，加生抽、盐、鸡粉、料酒，抓匀；撒上生粉，裹匀。

2.锅中注油，烧至四成热，放入腐竹，炸至金黄色，捞出；放入带鱼，炸成焦黄色，捞出。

3.锅底留油，放入姜末、葱段、蒜末、蒜苗梗，爆香；倒入清水，放入腐竹，炒匀；加盐，煮至汤汁沸腾。

4.放入红椒，淋入生抽，倒入带鱼，放入蒜苗叶，翻炒匀；淋入白醋、水淀粉，炒匀即可。

| 小贴士 | 带鱼含有蛋白质、维生素B$_1$、维生素B$_2$、烟酸、钙、磷、铁等营养成分，能补脾益气、润泽肌肤、益血补虚，适合久病体虚、血虚头晕、气短乏力、营养不良者食用。 |

蒜香西蓝花炒虾仁

材料	西蓝花170克，虾仁70克，蒜片少许	调料	盐3克，鸡粉1克，胡椒粉5克，水淀粉、料酒各5毫升，食用油适量

相宜	虾仁+燕麦　有利牛磺酸的合成 虾仁+葱　　益气、下乳	相克	虾仁+西瓜　降低免疫力 虾仁+苦瓜　对人体不利

 1.西蓝花洗净，切成小块，待用。

 2.虾仁去虾线，装碗，加盐、胡椒粉、料酒，拌匀，腌渍15分钟。

 3.沸水锅中加入食用油、盐，倒入西蓝花，煮至断生，捞出。

 4.用油起锅，倒入虾仁，炒至转色；放入蒜片，炒香；倒入西蓝花，翻炒至熟软；加盐、鸡粉、清水、水淀粉，炒匀收汁即可。

小贴士　　虾仁含有蛋白质、维生素A、牛磺酸、钾、钙、碘、镁、磷等营养成分，具有化瘀解毒、补肾壮阳、通络止痛、开胃化痰等功效。

鲜虾葫芦瓜

材料	葫芦瓜200克，虾仁70克，姜末、葱段各少许	调料	盐2克，鸡粉2克，芝麻油4毫升，水淀粉4毫升，食用油适量

相宜	虾仁+韭菜　治夜盲、干眼、便秘 虾仁+白菜　增强机体免疫力	相克	虾仁+西红柿　生成有毒物质 虾仁+花菜　对人体不利

 1.葫芦瓜洗净，切开，再切成片，待用。

 2.锅中注入适量清水烧开，倒入虾仁，汆煮至虾身弯曲，捞出。

 3.热锅注油烧热，倒入姜末，爆香；倒入虾仁，翻炒片刻；倒入切好的葫芦瓜，翻炒匀。

 4.注入清水，加盐、鸡粉，翻炒入味；倒入葱段，炒匀；淋上水淀粉、芝麻油，翻炒片刻即可。

小贴士	虾仁含有蛋白质、B族维生素、钠、钾、镁、铁、锌等营养元素，具有补肾壮阳、健胃、红润肤色等作用。

美极什锦虾

材料	基围虾400克，口蘑10克，香菇10克，青椒10克，洋葱15克，红彩椒15克，黄彩椒20克	调料	盐2克，鸡粉3克，料酒5毫升，美极鲜酱油10毫升，白胡椒粉5克，食用油适量

相宜	基围虾+豆腐　　利于消化 基围虾+西蓝花　补脾和胃、补肾固精	相克	基围虾+花菜　对人体不利 基围虾+百合　降低营养

1.基围虾切去头部，再沿背部切一刀，但不切断；红彩椒、黄彩椒、青椒、洋葱、香菇、口蘑切丁。

2.取一碗，倒入酱油、盐、鸡粉、料酒、白胡椒粉、清水，拌匀，制成调味汁。

3.热锅注油，烧至六成热，放入基围虾，炸至转色，捞出；油温升高后再倒入，炸至更加酥脆，捞出。

4.用油起锅，放入洋葱，爆香；倒入香菇、口蘑、青椒、红彩椒、黄彩椒，炒至熟；放入虾炒匀；倒入调味汁，炒入味即可。

小贴士	基围虾含有优质蛋白质、B族维生素、钾、磷、钙、镁、硒、等营养成分，具有益气补血、防止动脉硬化、保护心血管等功效。

酱爆虾仁

| 材料 | 虾仁200克，青椒20克，姜片、葱段各少许，蚝油20克，海鲜酱25克 | 调料 | 盐2克，白糖、胡椒粉各少许，料酒3毫升，水淀粉、食用油各适量 |

| 相宜 | 虾仁+香菜　补脾益气
虾仁+豆苗　增强体质、促进食欲 | 相克 | 虾仁+猕猴桃　对人体不利
虾仁+浓茶　引起结石 |

1.青椒洗净，切开，去籽。切成片。

2.虾仁装碗，加盐、胡椒粉，拌匀，腌渍约15分钟。

3.用油起锅，撒上姜片，爆香；倒入备好的虾仁，炒至淡红色。

4.放入青椒片，倒入蚝油、海鲜酱，炒匀；加白糖、料酒，炒匀；倒入葱段，淋入水淀粉勾芡即可。

| 小贴士 | 虾仁含有蛋白质、维生素A、钾、碘、镁、磷、锌等营养成分，对儿童大脑和身体发育有积极作用，儿童宜常食。 |

腰豆炒虾米

材料	红腰豆80克，虾米60克，圆椒5克，黄彩椒5克	调料	盐2克，鸡粉3克，料酒、水淀粉各适量，食用油适量

相宜	虾仁+猪肝　治肾虚、月经过多 虾仁+枸杞　补肾壮阳	相克	虾仁+猪肉　耗人阴精 虾仁+南瓜　引发痢疾

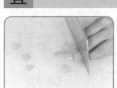 1.黄彩椒洗净切块；圆椒洗净切块。

 2.用油起锅，倒入虾米，炒香；加入圆椒、黄彩椒，翻炒均匀。

 3.放入备好的红腰豆，翻炒均匀。

 4.淋入料酒，加入盐、鸡粉，翻炒至入味；淋入水淀粉即可。

小贴士　虾仁含有蛋白质、维生素A、B族维生素、钙、镁、硒、铁、铜、锌等营养成分，具有益气补血、清热明目、降血脂等功效。

沙茶炒濑尿虾

材料	濑尿虾400克，沙茶酱10克，红椒粒10克，洋葱粒、青椒粒、葱白各10克	调料	鸡粉2克，料酒、生抽、蚝油各适量，食用油适量

相宜	洋葱+火腿　防止有害物质的生成 洋葱+苹果　降压降脂	相克	洋葱+蜂蜜　伤害眼睛 洋葱+黄豆　降低钙吸收

 1.热锅注油，烧至七成热，倒入濑尿虾，炸至转色，捞出，沥干油。

 2.用油起锅，倒入红椒、青椒、洋葱、葱白、沙茶酱，炒匀。

 3.放入炸好的濑尿虾，炒至食材熟。

 4.加鸡粉、料酒、生抽、蚝油，炒匀即可。

小贴士　洋葱含有维生素C、叶酸、钾、锌、硒及纤维素等营养成分，具有增强免疫力、刺激食欲、抗菌杀菌、帮助消化等功效。

鹿茸竹笋烧虾仁

材料	虾仁150克，竹笋200克，鹿茸5克，鸡汤200毫升，花椒少许	**调料**	料酒8毫升，鸡粉2克，盐2克，食用油适量

相宜	竹笋+鸡肉　暖胃益气、补精填髓 竹笋+猪腰　补肾利尿	**相克**	竹笋+羊肉　导致腹痛 竹笋+羊肝　对身体不利

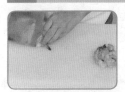
1.竹笋对半切开，再切成片；虾仁去虾线。

2.锅中注水烧开，倒入笋片，氽煮片刻，捞出。

3.热锅中注油，倒入花椒、笋片、虾仁、鹿茸，淋入料酒，翻炒去腥。

4.倒入鸡汤，加入盐、鸡粉，炒匀调味，盖上盖，大火焖20分钟；淋入水淀粉勾芡即可。

小贴士　竹笋具有清热化痰、益气和胃、利水道、帮助消化、去积食等功效。另外，竹笋含脂肪、淀粉很少，属天然低脂、低热量食品，是肥胖者减肥的佳品。

芦笋沙茶酱辣炒虾

材料	芦笋150克，虾仁150克，蛤蜊肉50克，白葡萄酒100毫升，姜片、葱段各少许	调料	沙茶酱10克，泰式甜辣酱4克，鸡粉2克，生抽5毫升，水淀粉5毫升，食用油适量

相宜	芦笋+黄花菜　养血、止血、除烦 芦笋+冬瓜　　降压降脂	相克	芦笋+羊肉　　导致腹痛 芦笋+养肝　　降低营养价值

 1.芦笋洗净切成小段；虾仁去虾线。

 2.锅中注入适量清水烧开，倒入芦笋，煮至断生，捞出；倒入蛤蜊肉，略煮一会儿，捞出。

 3.热锅注油，放入姜片、葱段，爆香；加沙茶酱、泰式甜辣酱，炒匀。

 4.倒入虾仁，淋入葡萄酒，炒匀；倒入芦笋、蛤蜊肉，炒匀；加鸡粉、生抽、水淀粉，翻炒至食材入味即可。

小贴士　芦笋含有天冬酰胺、硒、钼、铬、锰及多种氨基酸、维生素，具有调节机体代谢、增强免疫力、清热解毒等功效。

陈皮炒河虾

材料	水发陈皮3克，高汤250毫升，河虾80克，姜末、葱花各少许	**调料**	盐2克，鸡粉3克，胡椒粉、食用油各适量

相宜	河虾+燕麦　有利牛磺酸的合成 河虾+豆苗　增强体质、促进食欲	**相克**	河虾+橄榄　对人体不利 河虾+百合　降低营养

 1.水发陈皮切成丝，再切成末，待用。

 2.用油起锅，放入河虾、姜末、陈皮，炒匀；倒入高汤，拌匀。

 3.放入盐、鸡粉、胡椒粉，翻炒均匀。

 4.倒入备好的葱花，炒出葱香味即可。

小贴士	河虾含有蛋白质、维生素A、钙、镁、硒、铁、铜等营养成分，具有益气补血、清热明目、降血脂等功效。

韭菜花炒虾仁

材料	虾仁85克，韭菜花110克，彩椒10克，葱段、姜片各少许	调料	盐、鸡粉各2克，白糖少许，料酒4毫升，水淀粉、食用油各适量

相宜	虾仁+白菜　　增强机体免疫力 虾仁+西蓝花　利脾和胃、补肾固精	相克	虾仁+红枣　　对人体不利 虾仁+猕猴桃　对人体不利

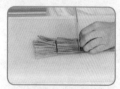

1.韭菜花切长段；彩椒切粗丝；虾仁去虾线，装碗，加盐、料酒、水淀粉，拌匀，腌渍10分钟。

2.用油起锅，倒入虾仁，翻炒均匀；撒上姜片、葱段，炒香。

3.淋入料酒，炒至虾身呈亮红色；倒入彩椒丝，炒匀；放入韭菜花，炒至断生。

4.转小火，加盐、鸡粉、白糖，用水淀粉勾芡即可。

小贴士	虾仁含有蛋白质、维生素A、虾青素、钾、碘、镁、磷、锌等营养成分，具有补肾壮阳、养胃、润肠等功效。

鲜虾豆腐煲

材料	豆腐160克，虾仁65克，上海青85克，五花肉75克，干贝25克，姜片、葱段各少许，高汤350毫升	调料	盐2克，鸡粉少许，料酒5毫升

相宜	上海青+黑木耳　平衡营养 上海青+蘑菇　　抗衰老	相克	上海青+螃蟹　对身体不利 上海青+南瓜　降低营养

1.虾仁去虾线；上海青切开，再切小瓣；豆腐切小块；五花肉切薄片。

2.锅中注水烧开，倒入上海青，煮至断生，捞出；倒入五花肉片，淋入料酒，煮去多余盐分，捞出。

3.砂锅置火上，倒入高汤、干贝、肉片，撒上姜片、葱段，淋入料酒，盖上盖，烧开后用小火煮30分钟。

4.加盐、鸡粉调味；倒入虾仁，放入豆腐块，拌匀，盖上盖，小火续煮约10分钟；放入焯熟的上海青即可。

小贴士	上海青含有膳食纤维、维生素B$_1$、维生素B$_2$、维生素C、钙、磷、铁等营养成分，具有改善便秘、保持血管弹性、增强免疫力等功效。

红酒茄汁虾

材料	基围虾450克，红酒200毫升，蒜末、姜片、葱段各少许	调料	盐2克，白糖少许，番茄酱、食用油各适量

相宜	基围虾+葱　　益气、下乳 基围虾+枸杞　补肾壮阳	相克	基围虾+西瓜　　降低免疫力 基围虾+西红柿　生成有毒物质

1.基围虾剪去头尾及虾脚，待用。

2.用油起锅，倒入蒜末、姜片、葱段，爆香；倒入处理好的基围虾，炒匀；加入番茄酱，炒香。

3.倒入红酒，炒至虾身弯曲；加白糖、盐，拌匀调味，盖上盖，烧开后用小火煮约10分钟，至食材入味。

4.揭盖，中火翻炒汤汁收浓即可。

小贴士	基围虾含有蛋白质、B族维生素、钙、磷、镁、锌等营养成分，具有补肾、壮阳、通乳、增强免疫力等功效。

泰式芒果炒虾

材料	基围虾300克，芒果130克，泰式辣椒酱35克，姜片、蒜片、葱段各少许	调料	盐、鸡粉各2克，生抽3毫升，料酒6毫升，食用油适量

相宜	芒果+木瓜　美肤养颜 芒果+鸡肉　强脾胃、生津液	相克	芒果+大葱　易致黄疸 芒果+竹笋　降低营养

1.基围虾去除头尾，再剪去虾脚；芒果切取果肉，改切条形。

2.用油起锅，倒入姜片、蒜片、葱段，爆香；放入基围虾，炒匀；淋入少许料酒，炒香。

3.加入泰式辣椒酱，淋上生抽，加入盐、鸡粉，炒匀、炒透。

4.倒入芒果，大火快炒至食材入味即可。

小贴士　芒果含有粗纤维、维生素C、铁、锌、镁、钾等营养成分，具有抗氧化、防衰老、止渴生津、清热去燥、促进消化等功效。

柠檬胡椒虾仁

材料	虾仁120克，西芹65克，黄油45克，柠檬50克	调料	胡椒粉2克，盐2克，料酒4毫升，黑胡椒粉、水淀粉各少许

相宜	虾仁+韭菜花　治夜盲、干眼、便秘 虾仁+豆腐　利于消化	相克	虾仁+红枣　对身体不利 虾仁+南瓜　引发痢疾

1.西芹洗净切开，用斜刀切成块，待用。

2.虾仁切小段，装碗，加盐、料酒、黑胡椒粉，挤入柠檬汁，加入水淀粉，搅匀，腌渍15分钟。

3.锅中注入适量清水烧开，放入西芹，加盐，煮至断生，捞出。

4.将黄油放入热锅中，开小火使其溶化；放入虾仁，大火翻炒至虾身弯曲；倒入西芹，炒香；转小火，加胡椒粉、盐，炒匀调味即可。

小贴士　虾仁含有蛋白质、维生素B$_{12}$、锌、碘、硒等营养成分，具有增强免疫力、补肾壮阳、理气开胃、延缓衰老等功效。

桂圆炒虾球

材料	虾仁200克，桂圆肉180克，胡萝卜片、姜片、葱段各少许	**调料**	盐3克，鸡粉3克，料酒10毫升，水淀粉16毫升，食用油适量

相宜	虾+豆苗　增强体质、促进食欲 虾+豆腐　利于消化	**相克**	虾+猪肉　耗人阴精 虾+金瓜　产生有害物质

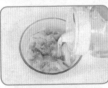 1.虾仁去虾线，装碗，加盐、鸡粉、水淀粉、食用油，腌渍约10分钟。

 2.锅中注水烧开，放入虾仁，煮至变色，捞出。

 3.热锅注入油，烧至四成热，放入虾仁，滑油片刻，捞出。

 4.锅底留油，放入胡萝卜片、姜片、葱段，爆香；倒入桂圆肉、虾仁，淋入料酒，炒匀；加鸡粉、盐、水淀粉炒匀勾芡即可。

小贴士　虾含有蛋白质、维生素A、钙、磷、钾、镁等营养成分，具有补肾壮阳、养血固精、化瘀解毒、通乳、益气等功效。

鲜虾炒白菜

材料	虾仁50克，大白菜160克，红椒25克，姜片、蒜末、葱段各少许	调料	盐3克，鸡粉3克，料酒3毫升，水淀粉、食用油各适量

相宜	白菜+猪肉　补充营养、通便 白菜+猪肝　保肝护肾	相克	白菜+羊肝　破坏维生素C

1.大白菜切小块；红椒切小块；虾仁去虾线，装碗，加盐、鸡粉、水淀粉、食用油，腌渍10分钟。

2.锅中注水烧开，加食用油、盐，倒入大白菜，煮至断生，捞出。

3.用油起锅，放入姜片、蒜末、葱段，爆香；倒入虾仁，淋入料酒，炒香。

4.放入大白菜、红椒，拌炒匀；加鸡粉、盐，炒匀调味；淋入水淀粉勾芡即可。

小贴士　大白菜含有维生素、矿物质、纤维素等营养成分，有养胃生津、除烦解渴、清热解毒的功效。其含糖量很低，纤维素含量高，对糖尿病有较好的食疗作用。

洋葱虾泥

材料	虾仁85克，洋葱35克，蛋清30毫升

调料	盐、鸡粉各少许，沙茶酱15克，食用油适量

相宜	虾仁+香菜　补脾益气 虾仁+白菜　增强机体免疫力

相克	虾仁+西瓜　降低免疫力 虾仁+白酒　对身体不利

 1.将洋葱清洗干净，切成粒，待用。

 2.虾仁去虾线，剁成泥，装碗，加盐、鸡粉，顺一个方向搅拌；加入蛋清，继续搅拌至虾泥起浆，制成虾胶；加入洋葱粒，拌匀。

 3.取一个干净的碗，抹上食用油；把虾胶团成球状，装入碗中。

 4.把虾胶放入烧开的蒸锅中，用大火蒸5分钟至熟，取出倒入另一个大碗中，搅碎；放入沙茶酱，搅拌均匀即可。

小贴士	虾肉含有丰富的蛋白质和DHA，还含有丰富的钾、碘、镁、磷等营养物质，是极佳的健脑食品。洋葱富含大蒜素、含硫化合物等抗氧化物质，具有增强宝宝免疫力、促进肠胃蠕动的功效。

虾仁四季豆

材料	四季豆200克，虾仁70克，姜片、蒜末、葱白各少许	调料	盐4克，鸡粉3克，料酒4毫升，水淀粉、食用油各适量

相宜	四季豆+香菇　　防癌、抗老化 四季豆+花椒　　促进骨骼成长	相克	四季豆+鱼　　影响人体对钙的吸收

1.四季豆洗净切段；虾仁去除虾线，装碗，加盐、鸡粉、水淀粉、食用油，腌渍10分钟。

2.锅中注水烧开，加食用油、盐，倒入四季豆，焯煮至断生，捞出。

3.用油起锅，放入姜片、蒜末、葱白，爆香；倒入虾仁，拌炒匀。

4.放入四季豆，炒匀；淋入料酒，炒香；加盐、鸡粉，炒匀调味；淋入水淀粉勾芡即可。

小贴士　四季豆富含膳食纤维、糖类、维生素C、维生素E、钾等营养素，有健脾养胃、利水消肿、润肠通便的作用，能有效缓解便秘、消化不良等症状。

香辣酱炒花蟹

材料	花蟹2只，豆瓣酱15克，葱段、姜片、蒜末、香菜段各少许	调料	盐2克，白糖3克，料酒、食用油各适量

相宜	花蟹+鸡蛋　补充蛋白质 花蟹+糯米　治水肿	相克	花蟹+南瓜　引起中毒 花蟹+红枣　患寒热病

1.花蟹由后背剪开，去除内脏，对半切开，再把蟹爪切碎，待用。

2.用油起锅，倒入豆瓣酱，炒香；放入姜片、蒜末，翻炒均匀。

3.淋入料酒，注入清水，倒入花蟹，拌匀；加白糖、盐，搅拌均匀，加盖，中火焖5分钟。

4.揭盖，放入葱段、香菜段，大火翻炒至断生即可。

小贴士　花蟹含有蛋白质、维生素A、钙、钾、镁、硒、蛋白质及铜等营养成分，具有清热解毒、抗结核、养筋活血等功效。

桂圆蟹块

材料	蟹块400克，桂圆肉100克，洋葱50克，姜片、蒜片、葱段各少许	调料	料酒10毫升，生抽5毫升，生粉20克，盐2克，鸡粉2克，食用油适量

相宜	螃蟹+冬瓜　养精益气 螃蟹+大蒜　精益气、解毒	相克	螃蟹+香瓜　导致腹泻 螃蟹+梨　损肠胃

1.蟹块装盘，撒上生粉，搅拌均匀。

2.热锅注油，烧至六成热，放入蟹块，炸至其呈鲜红色，捞出，装盘备用。

3.锅底留油，放入洋葱、姜片、蒜片、葱段，爆香。

4.倒入蟹块，淋入料酒，加入盐、鸡粉、生抽，炒匀；倒入桂圆肉，炒匀即可。

小贴士　螃蟹含有蛋白质、维生素A、钙、磷、钾等营养成分，具有舒筋益气、理胃消食、通经活络等功效。

鲜虾烧鲍鱼

<table>
<tr><td>材料</td><td>基围虾180克，鲍鱼250克，西蓝花100克，葱段、姜片各少许</td><td>调料</td><td>海鲜酱25克，盐3克，鸡粉少许，蚝油6克，料酒8毫升，蒸鱼豉油、水淀粉、食用油各适量</td></tr>
</table>

<table>
<tr><td rowspan="2">相宜</td><td>鲍鱼+竹笋</td><td>营养丰富</td><td rowspan="2">相克</td><td>鲍鱼+冬瓜</td><td>易导致腹泻</td></tr>
<tr><td>鲍鱼+葱</td><td>滋阴益精</td><td>鲍鱼+牛肝</td><td>引起身体不适</td></tr>
</table>

1.从鲍鱼上取下鲍鱼肉，刮去表面污渍，放入清水中，浸泡一会儿。

2.将鲍鱼肉、基围虾分别氽水，捞出；另起锅注水烧开，加盐、食用油，放入西蓝花，略煮片刻，捞出。

3.砂锅注油烧热，放入姜片、葱段，爆香；倒入海鲜酱，放入鲍鱼肉，炒匀；注入清水、料酒、蒸鱼豉油，烧开后用小火煮1小时。

4.倒入基围虾，加蚝油、鸡粉、盐，拌匀，盖好盖，用中小火煮5分钟；淋入水淀粉勾芡，盛入用西蓝花围边的盘中即可。

小贴
鲍鱼含有蛋白质、维生素A、维生素D、钙、铁、碘、锌、磷等营养成分，具有调经、润燥、利肠、滋阴补阳等功效。

油淋小鲍鱼

材料	鲍鱼120克，红椒10克，花椒4克，姜片、蒜末、葱花各少许	**调料** 盐2克，鸡粉1克，料酒、生抽、食用油各适量

| **相宜** | 鲍鱼+枸杞　　益肝肾、补虚损
鲍鱼+白萝卜　滋阴清热、平肝滋阳 | **相克** 鲍鱼+牛肝　引起身体不适
鲍鱼+鸡肉　消化不良 |

1.鲍鱼肉两面切上花刀；红椒洗净切开，去籽，切成小丁，待用。

2.锅中注入适量清水烧开，倒入料酒，放入鲍鱼肉、鲍鱼壳，加盐、鸡粉，煮去腥味，捞出。

3.油锅爆香姜片、蒜末；加入清水、生抽、盐、鸡粉，倒入鲍鱼肉，煮片刻；拣出壳，放入鲍鱼肉，点缀上红椒、葱花。

4.另起锅，注入少许食用油烧热；放入花椒，爆香；淋在鲍鱼肉上即可。

小贴士 鲍鱼含有蛋白质、维生素A、B族维生素、钙、铁、碘等营养成分，具有滋阴壮阳、止渴解渴、调经止痛、清热润燥等功效。

黄瓜拌花甲

材料	黄瓜200克，花甲肉90克，香菜15克，胡萝卜100克，姜末、蒜末各少许
调料	盐3克，鸡粉2克，料酒8毫升，白糖3克，生抽8毫升，陈醋8毫升，芝麻油2毫升

相宜	黄瓜+鱿鱼　增强人体免疫力 黄瓜+大蒜　排毒养颜	**相克**	黄瓜+柑橘　破坏维生素C	

 1.胡萝卜切丝；香菜切段；黄瓜切丝。

 2.砂锅中注水烧开，加料酒、盐，倒入胡萝卜、花甲肉，煮至熟，捞出。

 3.把黄瓜、胡萝卜、花甲装入碗中，倒入姜末、蒜末，加入香菜。

 4.加入盐、鸡粉、白糖，淋入生抽、陈醋、芝麻油，拌匀调味即可。

小贴士　黄瓜含有纤维素、葡萄糖、半乳糖、甘露糖、果糖等营养物质，对促进肠道蠕动、降低胆固醇有一定的作用。

老虎菜拌海蜇皮

| 材料 | 海蜇皮250克，黄瓜200克，青椒50克，红椒60克，洋葱180克，西红柿150克，香菜少许 | 调料 | 生抽5毫升，陈醋5毫升，白糖3克，芝麻油3毫升，辣椒油3毫升 |

| 相宜 | 黄瓜+鱿鱼　增强人体免疫力
黄瓜+大蒜　排毒养颜 | 相克 | 黄瓜+柑橘　破坏维生素C
黄瓜+香菜　降低营养价值 |

 1.洗净的西红柿对切片；洗净的黄瓜切丝；洗净的青椒、红椒切开去籽，切成丝；处理好的洋葱切成丝。

 2.锅中注水烧开，倒入海蜇皮，搅匀余煮片刻，捞出。

 3.将海蜇皮装入碗中，淋入生抽、陈醋，加入少许白糖、芝麻油、辣椒油，倒入香菜，拌入味。

 4.取一个盘子，摆上西红柿、洋葱、黄瓜、青椒、红椒，倒入海蜇皮即可。

 小贴士　　海蜇皮含有蛋白质、烟酸、B族维生素、维生素B$_2$等成分，具有清热化痰、消积化滞、润肠通便等功效。

醋香芹菜蜇皮

材料	海蜇皮250克，芹菜150克，香菜、蒜末各少许	**调料**	生抽5毫升，陈醋5毫升，辣椒油4毫升，白糖2克，芝麻油5毫升，盐、食用油各适量

相宜	芹菜+西红柿　降低血压 芹菜+牛肉　　增强免疫力	**相克**	芹菜+南瓜　腹胀、腹泻 芹菜+鸡肉　伤元气

 1.芹菜清洗干净，切成段，待用。

 2.锅中注水烧开，倒入海蜇皮，煮至断生，捞出。

 3.沸水中加少许盐、食用油，倒入芹菜，焯煮片刻，捞出装盘，待用。

 4.取一个碗，倒入海蜇皮、蒜末，放入生抽、陈醋、白糖、芝麻油、辣椒油，拌匀；倒入香菜，搅拌片刻，倒在芹菜上即可。

小贴士	芹菜含有糖类、膳食纤维、胡萝卜素、B族维生素、钙、钾等成分，具有平肝清热、祛风利湿、除烦消肿等功效。

党参西芹炒鲜贝

材料	水发干贝150克，党参10克，西芹350克，姜片、葱段各少许	调料	盐2克，鸡粉2克，水淀粉4毫升，食用油适量

相宜	西芹+羊肉　强身健体 西芹+莲藕　调理经血	相克	西芹+甲鱼　对身体不利 西芹+醋　损坏牙齿

 1.西芹洗净切长条，用斜刀切成段。

 2.热锅注油烧热，倒入姜片、葱段，爆香。

 3.倒入洗净的党参、干贝，翻炒均匀。

 4.淋入料酒，倒入西芹，快速翻炒匀；加盐、鸡粉、水淀粉，翻炒匀即可。

小贴士　西芹含有维生素C、维生素E、糖类、钙、磷、钾等营养成分，具有镇静安神、利尿消肿、平肝降压等功效。

扇贝肉炒芦笋

	芦笋95克，红椒40克，扇贝肉145克，红葱头55克，蒜末少许	调料	盐2克，鸡粉1克，胡椒粉2克，水淀粉、花椒油各5毫升，料酒10毫升，食用油适量

相宜	芦笋+冬瓜　降压降脂 芦笋+黄花菜　养血、止血、除烦	相克	芦笋+羊肉　导致腹痛 芦笋+羊肝　降低营养价值

 1.芦笋斜刀切段；红椒切小丁；红葱头切片。

 2.沸水锅中加入盐、食用油，倒入芦笋，汆煮至断生，捞出。

 3.用油起锅，倒入蒜末、红葱头，炒香；放入扇贝肉，炒匀；淋入料酒，炒匀。

 4.倒入芦笋、红椒丁，炒匀；加盐、鸡粉、胡椒粉、水淀粉炒匀勾芡；淋入花椒油，炒至入味即可。

小贴士　芦笋富含膳食纤维和维生素C、维生素E，有抗氧化、防衰老、润肠通便、排毒养颜的作用，非常适合女性使用。

葱姜炒蛏子

材料	蛏子300克，姜片、葱段各少许，彩椒丝适量	调料	盐2克，鸡粉2克，料酒8毫升，生抽4毫升，水淀粉5毫升，食用油适量

相宜	蛏子+西瓜　治疗中暑、血痢 蛏子+黄酒　治疗产后虚损、少乳	相克	蛏子+酒　易引发痛风

 1.锅中注入适量清水烧开，倒入蛏子，略煮一会儿，捞出，去除蛏子壳，挑去沙线，备用。

 2.热锅注油，倒入姜片、葱段、彩椒丝，爆香。

 3.倒入汆过水的蛏子肉，加入少许盐、鸡粉。

 4.淋入适量生抽、料酒，倒入少许水淀粉，翻炒至食材入味即可。

小贴士　蛏子含有蛋白质、维生素A、钙、铁、硒等营养成分，具有开胃消食、增强免疫力、清热解毒等功效。

蛏子炒芹菜

材料	蛏子350克，芹菜100克，红椒40克，姜片、蒜末、葱段各少许	调料	盐2克，鸡粉2克，料酒4毫升，蚝油、老抽、水淀粉、食用油各适量

相宜	蛏子+芹菜　降压降脂 蛏子+红椒　增进食欲	相克	蛏子+酒　易引发痛风

1.芹菜洗净切段；红椒洗净切开，去籽，再切丝。

2.锅中注入适量清水烧开，倒入蛏子，余煮半分钟，捞出装碗，倒入清水，洗净，待用。

3.用油起锅，放入姜片、蒜末、葱段，爆香；倒入芹菜、红椒，拌炒匀。

4.放入蛏子，淋入料酒，炒香；加盐、鸡粉、蚝油、老抽，炒匀调味；淋入水淀粉勾芡即可。

小贴士　蛏子含有蛋白质、脂肪、钙、铁、硒、维生素A等营养成分，具有补虚的功效。芹菜含有的粗纤维可刺激胃肠蠕动，促进消化。两者同食可增强儿童的食欲。

韭黄炒牡蛎

材料	牡蛎肉400克，韭黄200克，彩椒50克，姜片、蒜末、葱花各少许	调料	生粉15克，生抽8毫升，鸡粉、盐、料酒、食用油各适量

相宜	牡蛎+百合　润肺调中 牡蛎+芡实　治疗阴道流血	相克	牡蛎+柿子　引起肠胃不适 牡蛎+糖　导致胸闷、气短

1.韭黄切段；彩椒切条；牡蛎肉装碗，加料酒、鸡粉、盐、生粉，拌匀。

2.锅中注水烧开，倒入牡蛎，略煮片刻，捞出。

3.热锅注油烧热，放入姜片、蒜末、葱花，爆香；倒入牡蛎，翻炒均匀；淋入生抽、料酒，炒匀提味。

4.放入彩椒，翻炒匀；倒入韭黄段，炒匀；加鸡粉、盐，炒匀调味即可。

小贴士　牡蛎含有蛋白质、肝糖原、牛磺酸、维生素、钙、锌等营养成分，具有保肝利胆、滋阴益血、美容养颜、宁心安神、益智健脑等功效。

姜葱生蚝

材料	生蚝肉180克，彩椒片、红椒片各35克，姜片30克，蒜末、葱段各少许	调料	盐3克，鸡粉2克，白糖3克，生粉10克，老抽2毫升，料酒4毫升，生抽5毫升，水淀粉、食用油各适量

相宜	生蚝+青椒　提高食欲 生蚝+菜心　促进营养吸收	相克	生蚝+葡萄　易引起肠胃不适 生蚝+柿子　易引起肠胃不适

1.锅中注水烧开，放入生蚝肉，略煮片刻，捞出，装碗，加入生抽，滚上生粉，腌渍片刻。

2.热锅注油，烧至五成热，放入生蚝肉，炸至微黄色，捞出。

3.锅底留油，放入姜片、蒜末、红椒片、彩椒片，大火爆香。

4.倒入生蚝肉，撒上葱段，淋入料酒，加老抽、生抽、盐、鸡粉、白糖，翻炒匀；淋入水淀粉勾芡即可。

小贴士　生蚝含有氨基酸、B族维生素、牛磺酸和钙、磷、铁等营养成分，常食可提高机体免疫力。此外，生蚝还含有较多的锌，有补肾壮阳的作用。

蒜泥海带丝

材料	水发海带丝240克，胡萝卜45克，熟白芝麻、蒜末各少许	调料	盐2克，生抽4毫升，陈醋6毫升，蚝油12克

相宜	海带+猪肉　除湿 海带+豆腐　补碘	相克	海带+猪血　引起便秘 海带+咖啡　降低机体对铁的吸收

 1.胡萝卜洗净去皮，切成细丝，待用。

 2.锅中注水烧开，放入海带丝，搅散，大火煮至断生，捞出。

 3.取一个大碗，放入海带丝，撒上胡萝卜丝、蒜末，加盐、生抽、蚝油、陈醋，拌至食材入味。

 4.另取一个盘子，盛入拌好的菜肴，撒上备好的熟白芝麻即可。

小贴士　海带含有B族维生素、维生素E、昆布素、藻胶酸、钾、钙、碘、镁、铁等营养成分，具有增强免疫力、降血脂、补钙、美容等功效。

海带拌腐竹

材料	水发海带120克，胡萝卜25克，水发腐竹100克	调料	盐2克，鸡粉少许，生抽4毫升，陈醋7毫升，芝麻油适量

相宜	腐竹+猪肝　促进维生素的吸收 腐竹+胡萝卜　补钙明目	相克	腐竹+蜂蜜　影响消化吸收 腐竹+橙子　影响消化吸收

1.腐竹切段；海带切细丝；胡萝卜切丝。

2.锅中注入适量清水烧开，放入腐竹段，煮至断生，捞出；再倒入海带丝，煮至熟透，捞出。

3.取一大碗，倒入腐竹段、海带丝、胡萝卜丝，搅匀。

4.加盐、鸡粉，淋入生抽、陈醋，倒入芝麻油，搅拌至食材入味即可。

小贴士	腐竹含有蛋白质、纤维素、维生素E、B族维生素、铁、镁、锌、钙等营养成分，具有补钙、降低胆固醇含量、益智健脑等功效。

黄花菜拌海带丝

材料	水发黄花菜100克，水发海带80克，彩椒50克，蒜末、葱花各少许	调料	盐3克，鸡粉2克，生抽4毫升，白醋5毫升，陈醋8毫升，芝麻油少许

相宜	海带+冬瓜　降血压、降血脂 海带+排骨　治皮肤瘙痒	相克	海带+绿豆　活血化瘀、软坚消痰 海带+葡萄　减少钙的吸收

 1.彩椒洗净，切成粗丝；海带切成细丝。

 2.锅中注水烧开，淋上白醋，倒入海带丝，略煮；再倒入黄花菜、彩椒丝，加盐，续煮片刻，捞出。

 3.把焯煮熟的食材装入碗中，撒上蒜末、葱花，加入少许盐、鸡粉。

 4.淋入适量生抽、芝麻油、陈醋，搅拌至食材入味，装盘即可。

小贴士　海带含有海带聚糖、碘、钙、氟、胡萝卜素、维生素B$_1$等营养成分，有提高机体免疫力的功效。此外，海带还含有较多的维生素P，对维护血压的稳定有益处，比较适合高血压病患者食用。

紫菜生蚝汤

材料	紫菜5克，生蚝肉150克，葱花、姜末各少许	调料	盐2克，鸡粉2克，料酒5毫升

相宜	生蚝+青椒　提高食欲 生蚝+菜心　促进营养吸收	相克	生蚝+葡萄　易引起肠胃不适 生蚝+柿子　易引起肠胃不适

1.锅中注水烧开，倒入生蚝肉，淋入料酒，略煮一会儿，捞出。

2.另起锅注水烧开，倒入备好的生蚝、姜末、紫菜。

3.加入少许盐、鸡粉，搅拌均匀。

4.略煮片刻至食材入味，盛入碗中，撒上葱花即可。

小贴士　　生蚝含有蛋白质、牛磺酸及多种维生素、矿物质，具有滋阴养血、增强免疫力、宁心安神、益智健脑等功效。

紫菜虾米猪骨汤

材料	猪骨400克，虾米20克，紫菜、姜片、葱花各少许	调料	料酒10毫升，盐2克，鸡粉2克

相宜	紫菜+白萝卜　清心开胃 紫菜+榨菜　开胃消食	相克	紫菜+花菜　影响钙的吸收 紫菜+柿子　不利消化

1.锅中注水烧开，倒入猪骨，淋入料酒，氽去血水，捞出。

2.砂锅中注水烧开，放入姜片，倒入猪骨、虾米，淋入料酒，盖上锅盖，烧开后转小火煮40分钟至食材熟软。

3.揭开锅盖，放入紫菜，搅拌均匀，续煮20分钟。

4.加入少许盐、鸡粉，搅拌至汤汁入味，装入碗中，撒上葱花即可。

小贴士　　紫菜含有维生素B_1、烟酸、胆碱、丙氨酸、谷氨酸等成分，具有化痰软坚、清热利水、补肾养心等功效。